国家科学技术学术著作出版基金资助出版
"十四五"时期国家重点出版物出版专项规划项目

21世纪理论物理及其交叉学科前沿丛书

冷原子物理与低维量子气体

姚和朋　郭彦良　等　著

科学出版社

北　京

内 容 简 介

本书内容结合了近三十年国内外冷原子领域研究热点。前两章回顾了近代冷原子物理的发展历程,简要地总结了冷原子领域的常用基础知识。第三章至第七章,讲解了一、二维量子气体的基础理论知识体系与常用模型,并介绍了一些当下领域内的热门研究方向,如量子拓扑、多体局域化、量子涡旋等。第八章讨论了冷原子系统如何为量子信息、精密测量等前沿热点应用研究提供重要支持。作者结合自己的科研成果,通过对国内外代表性参考书、综述文章的总结以及与多位国际知名教授深入探讨,提炼出冷原子与低维量子气体前沿内容的核心知识点,并深入浅出地介绍给读者。

本书可供冷原子以及量子物理相关领域的学生学习使用,也可供相关领域的研究者阅读参考。

图书在版编目(CIP)数据

冷原子物理与低维量子气体 / 姚和朋等著. —北京:科学出版社,2024.3
(21世纪理论物理及其交叉学科前沿丛书)
"十四五"时期国家重点出版物出版专项规划项目
ISBN 978-7-03-078243-4

Ⅰ. ①冷⋯ Ⅱ. ①姚⋯ Ⅲ. ①原子物理学–研究 ②量子论–研究
Ⅳ. ①O562 ②O413

中国国家版本馆 CIP 数据核字(2024)第 060519 号

责任编辑:钱 俊 陈艳峰 崔慧娴 / 责任校对:樊雅琼
责任印制:张 伟 / 封面设计:无极书装

科学出版社 出版
北京东黄城根北街 16 号
邮政编码:100717
http://www.sciencep.com

北京九州迅驰传媒文化有限公司印刷
科学出版社发行 各地新华书店经销
*
2024 年 3 月第 一 版 开本:720×1000 1/16
2024 年 9 月第二次印刷 印张:16 1/4
字数:320 000
定价:**158.00** 元
(如有印装质量问题,我社负责调换)

序　言

　　量子物理是当前科学研究重要的领域之一，我国把加强量子科技的发展作为重要的战略和布局。冷原子与量子模拟是近代量子物理领域的重要前沿方向，为量子信息、精密测量、量子计算等提供了重要的理论与实验基础。近三十年，诺贝尔物理学奖多次颁发给冷原子领域的科学家。就在 2022 年，我的好友法国冷原子科学家 Alain Aspect 也获得了这一殊荣，巧合的是，《冷原子物理与低维量子气体》一书的两位作者也是在 Alain Aspect 所在的巴黎综合理工学院与巴黎高等光学研究院的校友。

　　该书的作者之一姚和朋，是在我的小组完成其本科科研和毕业论文的。在本科阶段，我就看出他对理论的浓烈兴趣以及对物理图像清晰描述的独特天赋。他的毕业课题是在微重力条件下如何使得原子获得比地面更低的温度，至今这一研究成果对我国空间站冷原子科学实验仍有指导意义。在当年的每次组会汇报上，无论是对前沿文献的阅读总结，还是对阶段性成果的汇报，他都能用缜密的逻辑、形象的叙述方式分享给全组人。我还听说，他在期中、期末考前，经常将自己的知识点进行总结，帮助同学准备那些难度较大的物理课程考试。而该书的另一作者郭彦良，也曾在攻读博士期间来我组访问，拥有较高的实验技术水平。在讨论交流中，能感受到他作为实验科研人员的理论功底，而他的生动形象的科研报告也展现出其头脑中清晰的物理图像，以及优异的语言表达能力。综上种种，我相信他们写出的将是一本理论逻辑缜密、叙述清晰、能使广大读者受益的参考书。

　　近二十年来，冷原子领域发展迅速，但中文参考书籍却很少。市场上，仍以英文参考书或由英文翻译成中文的参考书居多。而该书可看成是基于《量子统计力学》《原子的激光冷却与陷俘》等已有中文书籍进一步介绍当前冷原子前沿的专业书。该书受众不仅限于冷原子方向，也包括精密测量、量子信息等方向的人员。我认为，该书很适合大三至博士阶段在量子技术方向从事科研的学生阅读。它既可以作为量子统计、冷原子物理等相关课程的参考书，也是同学们完成科研课题过程中的好帮手。为此，我很高兴为广大读者推荐此书。

陈徐宗

北京大学

2023 年 9 月

前　言

　　冷原子与量子气体是近代量子物理学研究的重要前沿方向之一。它不仅是量子模拟方向的核心研究对象，也为量子信息、精密测量、量子计算等方向提供了重要的基础。自从世界上第一个玻色–爱因斯坦凝聚体问世以来，超冷原子的相关理论和实验技术飞速发展。近几十年间，我国在冷原子、量子计算、量子模拟、量子通信、精密测量等多个领域发展迅速。我们有许多举世瞩目的研究成果都发表在国际一流期刊上，对于一些问题的研究更是走在世界前列。

　　在我国的多个大学和研究所中，从事冷原子和量子气体研究的科研组越来越多，很多极具前沿性和挑战性的科研课题也涌现出来，越来越多的优秀青年工作者投入到这个领域的研究中。然而，对于所有量子物理或者冷原子物理的初学者们，想走进这个领域并不是一件容易的事。尤其对于想要进入这个领域从事研究的高年级本科生和研究生而言，精密又极具思维挑战性的物理、复杂的数学以及相当数量的英语专有名词，极大地增强了进入这个领域的初始阶段需要跨过的壁垒。作为作者，我们也经历过相同的阶段，深知在开始阶段一个好的老师或者一本好的母语参考书对于克服这个壁垒的重要性。然而，继《原子的激光冷却与陷俘》(王义遒) 等参考书之后，冷原子领域鲜有中文参考书。因此，本书的写作意图是为该领域增添一本中文参考书。我们通过总结国内外著名教授编写的经典著作、国际优秀学术期刊的科研论文 (包括知名综述文章)，提炼出冷原子与低维量子气体前沿内容的核心知识点，并深入浅出地向读者阐述。我们希望本书可以帮助相关领域的初学者快速入门，有助于相关领域的老师进行人才的培养，并有助于从事相关工作的研究者高效地查找所需的参考内容。

　　在本书中，前两章主要讲述了在实验中制备玻色–爱因斯坦凝聚的基本方法，以及理论上研究冷原子物理的一些基本描述方式和计算手段。在众多国内外的统计物理、量子统计物理等教材中通常也可能会出现与这一部分相关的内容的讲解，而本书主要是总结提炼了其中对冷原子物理研究最为重要的核心知识点。接下来，本书的主体部分主要介绍冷原子在低维下的特殊物理性质。选取这个角度作为切入点，是因为我们意识到低维量子气体是近二十年来国际上冷原子领域重要的研究方向之一。其原因有三：第一，在二维或一维等低维度的世界里，很多物理规律并不是三维世界的"简化版"；相反，低维体系存在许多不同于三维的量子效应，而这些效应可以引发更多有趣的物理现象与实际应用。第二，低维体系其实广泛地存在于我们的实验室与生活中，如一维导线、一维光束、二维界面等。第三，随着光晶格技术与原子芯片技术的发展，生成低维冷原子的技术难题已经被攻克。目前，世界上多个冷原子小组已经可以熟练掌握生成与操控低维冷原子体系，为研究更丰富的物理提供了可能。

在本书的论述中，我们既从实验角度讲解了低维冷原子气体的制备、操控和测量，也在理论上详细解释了低维气体的常用理论模型和计算方法。同时，我们也为读者展示了在低维系统中多个前沿研究课题的理论与实验结果，比如一维的玻色玻璃态、杂质在一维强关联系统中的输运、二维系统中的量子涡旋、二维系统中的拓扑态等。最后，在本书的最后一章 (第八章)，我们希望为读者提供一些关于冷原子系统应用层面的视野。所以我们以原子钟、原子干涉仪和里德伯原子为例，讲解了冷原子在精密测量和量子信息上的应用。

需要指出的是，冷原子研究领域有一个非常强的特征：在其发展过程中，实验技术的进步和理论的完善犹如人的双腿，相辅相成，缺一不可。可以说众多重大的科研成果都是在理论和实验的携手并进下完成的。因此，本书也力求能同时兼顾理论的模型计算与实验的技术细节。我们希望无论是专攻实验还是专攻理论的研究人员，都能对两个方面有详细的了解，抑或是从本书中找到他们在科研中需要的信息。

本书的两位主要作者都在国内的优秀大学完成了本科学业，并在巴黎综合理工学院与巴黎高等光学研究院读研时成为同学，随后都留在巴黎进入冷原子领域顶尖的研究小组攻读博士，分别主攻低维冷原子的理论与实验。在 2020 年完成博士答辩后，作者回首自己从本科到博士毕业的学习与科研经历，深深感受到这样一本中文参考书将可以使冷原子领域的科研人员获益，尤其是那些初学者，即本科生、硕士生以及低年级的博士生。因此，在从事博士后研究期间，我们都觉得应该投入一定的精力，结合自己的研究经验，基于已有书籍与近三十年国内外的一些研究热点的文献，来撰写这样一本书。我们希望以更广阔的视角把该领域的发展和前沿理论技术用中文总结成一本书——一本自己在几年前刚进入这个领域时会非常需要的参考书。

在有了这个想法之后，我们非常幸运地遇到了科学出版社的钱俊先生，他对本书的写作表示大力支持。于是，在接下来的一年时间里我们通过查阅更多的综述文献，与导师、科研合作者以及同是在冷原子专业不同方向的年轻学者交流，完成了这本书。同时，本书也很荣幸地得到陈徐宗教授和陈帅教授的肯定，并获得了国家科学技术学术著作出版基金的支持。

本书由姚和朋、郭彦良、王波涛、姚智斌共同撰写，其中姚和朋和郭彦良为主要作者。本书的第一、二、四、五、八章为姚和朋和郭彦良共同撰写，第三章为姚和朋单独撰写，第六章为郭彦良单独撰写，第七章为王波涛撰写，第八章为姚智斌、姚和朋、郭彦良共同撰写。

感谢陈徐宗教授和陈帅教授在阅读本书初稿时给予的认可与支持。感谢 Laurent Sanchez-Palencia 教授 (法国)、Hélène Perrin 教授 (法国)、Hanns-Christoph Nägerl 教授 (奥地利)、Thierry Giamarchi 教授 (瑞士) 在与作者近几年的科研合作中对一些冷原子基础知识的深入讨论,这使得我们能够在一些问题上可以阐述更有深度的见解。此外,在完成本书的过程中,我们也得到很多当时同是在海外从事冷原子研究的青年科研人员的大力支持:感谢王波涛和姚智斌为第七、八章的撰写做出的贡献,也感谢杨兵、李相良、叶祝雄、邹奕权、谢笛舟、陈丞、杨帆、陈泽恺等参与了本书内容的讨论和校对。最后,感谢科学出版社的钱俊先生和他的同事们在本书写作、校对、出版等各个环节付出的努力和给予的帮助。在这些探讨交流的过程中,我们发现几乎所有在海外求学的青年科研人员 (当然也包括我们自己在内) 都十分惦念祖国的科技发展,也都想着有朝一日能为此尽自己的一份力量。这种情怀和共识让我们感动,给我们更多力量来把这本书做得更好,同时也让我们对祖国未来在量子物理等前沿科学的发展充满信心和期待。

姚和朋　郭彦良

2023 年秋于欧洲

目　录

第一章 近代冷原子物理发展回顾

在本书写作的 2022 年,诺贝尔物理学奖颁发给了阿兰·阿斯佩 (Alain Aspect)、约翰·克劳泽 (John F. Clauser) 和安东·蔡林格 (Anton Zeilinger) 三位物理学家,以表彰他们为纠缠光子实验、违反贝尔不等式的验证和量子信息科学的开创所做的贡献。这三位科学家都通过开创性的实验,明确证明了量子力学是正确的,量子纠缠是真实存在的。这一验证也推动了爱因斯坦与玻尔之间关于量子力学争论的解决。而他们的贡献也为后续量子信息、量子调控等多个前沿应用领域做出了基础性的贡献。

冷原子物理与量子模拟是现代量子物理研究的重要领域之一,一方面冷原子系统是揭示物质量子性质的最佳系统之一,另一方面它也为量子信息、量子计算、精密测量等前沿应用领域提供了重要基础。冷原子物理研究的萌芽可以追溯到1924 年。在那一年,爱因斯坦在玻色 (Satyendra Nath Bose) 的文章中读到了一些关于光子统计的新的想法[1]。在那时,他立刻意识到了这个工作的重要性,并根据玻色的想法进行了延伸,从而得到了一个重要的猜想:如果持续将玻色子降低到足够低的温度,系统中的粒子将大量占据系统的基态,从而形成一种新的物态,即玻色–爱因斯坦能凝聚态 (Bose-Einstein condensation,BEC)。这一物态又被称为除气体、液体、固体、等离子体之外的第五物态。而在之后的七十多年里,经过物理学家的不懈努力,在 1995 年,世界上的多个小组发表了他们获得BEC 的文章:美国科罗拉多州的 E. A. Cornell 和 C. E. Wieman 小组利用 ^{87}Rb 原子获得了 BEC[2],麻省理工学院 (MIT) 的 W. Ketterle 小组利用 ^{23}Na 原子获得了 BEC[3],Hulet 小组利用自旋极化的 ^{7}Li 原子获得了 BEC[4]。他们的实验成果对冷原子领域是启发性和奠基性的。在那之后,世界各国的量子物理研究小组都先后制备出了低温下的 BEC 气体。作为一个具有非常好量子特性的物理系统,冷原子系统便自然而然地成为量子物理领域热门的研究对象之一,而基于该系统的许多有价值的理论和实验工作也都纷纷涌现出来[5]。值得一提的是,我们前面提到的诺贝尔奖得主、法国科学家 A. Aspect 所领导的位于巴黎综合理工学院与巴黎高等光学研究院的量子气体实验组,就是世界上优秀的冷原子物理小组的代表之一。他们在光学晶格与量子相变、量子输运问题、无序系统与安德森局域化、低维量子气体等多个领域都取得了重要的科研成果。

本章,我们将简要介绍从 1980 年开始的冷原子物理的发展。我们参照文献 [6]

的思路，将冷原子物理的发展史划分为三个阶段，并对每个阶段作简要的介绍和讨论。需要指出的是，由于篇幅限制，在本章中我们不可能对所有重要的科研成果进行面面俱到的完备的讨论。因此，我们只选取作者比较熟知的一些关键结论，并参照 [5-8] 等几篇较好的综述性文章和书籍，进行归纳和介绍。

1.1 20 世纪末：冷却与陷俘技术的发展

20 世纪初玻色–爱因斯坦凝聚被预言之后，最先被用来解释的是超冷液氦的实验。1938 年，Kapitza[9]、Allen 和 Misener[10] 观察到当把液氦冷却到低于 2.17K 时，它的黏度突然下降到零，这表明发生了从普通液体到一种新的物质状态的相变，而这个新的物质状态称为 "超流体"。一年后，London 对这一相变进行了进一步的解释，并注意到这个相变的临界温度与相同密度理想气体的玻色–爱因斯坦凝聚的临界温度非常接近，这说明超流体和玻色–爱因斯坦凝聚非常相关，所以从那时起，科学家开始通过了解超流体氦来进一步理解玻色–爱因斯坦凝聚的特性。然而，液氦超流体中的原子密度非常大，这导致原子之间的相互作用很强。因此，人们很难在微观层面上描述整个系统。相反，在稀薄的气体中，密度变低，相互作用变弱却可以用平均场等手段来描述并理解超流体或 BEC 的特性。在三维情况下超流体和 BEC 可以说是基本同时出现的，但是在更低的维度下，比如二维或者一维的很多情况，BEC 和超流体可能不会同时出现，这一点我们会在本书的后面章节中做详细的讲解。

为了得到稀薄气体的 BEC，首先一个问题就是如何把原子给冷下来，而光与原子之间的相互作用正是这一过程的关键之一。20 世纪 60 年代激光的出现打开了人们研究光子与分子原子相互作用的大门。Schieder、Jacquinot、Ashkin 和 Arimodo 等科学家在 70 年代利用可调谐染料激光 (dye laser) 偏转原子束研究微观世界里光子对分子原子的作用，进而从技术上用激光来控制对微小粒子的调控。在同一时代，Hansch 和 Schawlow 以及 Wineland 和 Dehmelt 也首次提出了如何利用碱性原子，即简单的单电子二能级系统和频率与二能级差接近共振的激光之间的相互作用来冷却原子。这就是我们熟知的所谓的多普勒冷却 (Doppler cooling)，利用光子和原子运动相反时得到的多普勒频移给原子施加一个与其运动相反的力，以减小其运动速度，降低其温度。在此期间，除了用激光来冷却原子，Ashkin、Letokhov 和 Phillips 等也提出在理论和实验上该如何利用激光来捕获和囚禁原子[11]。

首次成功实现冷却原子的实验是朱棣文等在贝尔实验室成功地将一团钠原子团冷却到几百微开的低温[12]。自此之后，向更低温度进发的号角吹响，接下来的十年内各实验室都在不断地发展实验技术手段。同一时期略晚，美国国家标准技

术研究所 (NIST) 的 W. D. Phillips 小组利用类似的实验装置成功地把原子团冷却到几十微开，甚至已经低于多普勒冷却极限[13]。这一惊喜的发现随后被巴黎高等师范学院的 Dalibard 和 Cohen-Tannoudji 用西西弗斯冷却成功地进行了解释。在这十年间，用激光、磁阱、磁光阱冷却并囚禁原子的技术层出不穷，发展迅猛。因为在激光和磁阱对冷却原子以及囚禁原子上做出的贡献，Claude Cohen-Tannoudji, 朱棣文 (Steven Chu) 和 William D. Phillips 获得了 1997 年的诺贝尔物理学奖[14-16]。

1.2 世纪跨越之间：量子简并气体与光晶格

在经历了第一阶段后，科学家们基本掌握了陷俘原子并制备出 BEC 的手段。在 20 世纪与 21 世纪交界的这十年，冷原子物理领域开启了一个新的发展阶段，其研究主要集中在两个大的方向：量子简并气体的制备，光晶格与量子模拟。

1. 量子简并气体的制备

在前面的论述中我们已经提到，自爱因斯坦提出 BEC 的概念以来，在真实的原子气体中制备出 BEC 是众多物理学家一直追求的目标。虽然通过 1.1 小节中提出的冷却与陷俘方法可以帮助我们获得微开量级的原子系统，但仍然不能达到制备 BEC 所需的温度。更具体地说，我们需要获得的是高相空间密度的气体，即系统的温度足够低使得德布罗意波长足够长，并且密度相对较高而使得原子之间的距离足够近。这样的话，当原子的平均间距达到德布罗意波长的尺度的时候，系统达到量子简并，我们就可以获得 BEC 的状态。对于大多数原子而言，在如此低的温度下，原子很容易与邻近的原子结合成为分子，或直接凝结成液体系统。因此，我们必须选出在如此低温和高密度的情况下仍能保持气体状态的原子。20世纪 80 年代初，美国麻省理工学院的 D. Kleppner 小组和荷兰阿姆斯特丹大学的 J. T. M. Walraven 小组采用氢原子系统开启了对 BEC 的探索[17,18]。他们提出了蒸发冷却的方式，即先用磁阱将原子囚禁起来，然后利用射频场将运动速度高的原子踢出去，从而使系统的平均动能降低而达到温度降低，而这一做法正是与一杯蒸发的水的降温方式类似。关于这一冷却方式我们会在第二章中进行更详尽的介绍。然而，直到 1995 年，这一方法并没有帮助他们获得氢原子中的 BEC。而 E. A. Cornell、C. E. Wieman 和 W. Ketterle 三个小组，利用类似的蒸发冷却的方式，在碱金属原子中实现了 BEC[2-4]，其中两个小组获得的 BEC 如图 1.1 所示。这三位科学家也因此被授予了 2001 年的诺贝尔物理学奖。碱金属元素的原子成为最先实现 BEC 的原因是其原子核外只有一个单电子，为冷却和囚禁原子提供了一个简单有效的二能级系统。在接下来的几年中，世界上越来越多的小组都在不同的原子系统中实现了 BEC。我们根据文献 [6] 中的总结进行简单罗列，它们包括：锂 (Bradley 等，1997)、钠 (Davis 等，1995)、钾 (Modugno 等，2001)、铷 (Anderson 等，1995；Cornish 等，2000)、铯 (Weber 等，2003)，以及氢 (Fried 等，1998)、氦 (Robert 等，2001；Pereira Dos Santos 等，2001)、镱 (Takasu 等，2003)、铬 (Griesmaier 等，2005)、钙 (Kraft 等，2009) 和锶 (Stellmer 等，2009；Martinez de Escobar 等，2009)。值得一提的是，我国北京大学、清华大学、中国科技大学、山西大学等学校也搭建了自己的 BEC 系统，他们不但获得了达到高相空间密度标准的 BEC，也基于各自的平台开展了量子相变、量子牛顿摆、拓扑等多个前沿课题的研究。

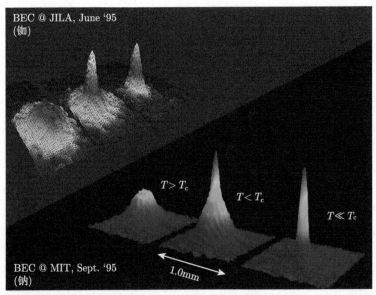

图 1.1　美国天体物理联合实验室 (JILA) 的 ^{87}Rb 原子系统 (上图) 与 MIT 实验室的 ^{23}Na 原子 (下图) 系统中获得的玻色–爱因斯坦凝聚体。在这两张图片中，左子图均代表温度刚刚超过临界凝聚温度的气体，中子图均代表刚刚形成凝聚体的同一气体，右子图均代表纯凝聚体。上图是动量分布的图像，下图是空间分布的图像。图片引自文献 [19]

　　除了玻色子系统外，科学家们还在其他方向进行着对量子简并气体的探索，如费米子的冷却。由于费米子的泡利不相容特性，其系统中的粒子趋向于远离其他粒子，而使得碰撞不充分，所以并不能充分进行蒸发冷却。在 2001 年，巴黎高等师范学院的 C. Salomon 小组和美国莱斯大学的 R. Hulet 小组都在各自的实验室中利用 ^{7}Li-^{6}Li 的玻色–费米混合气体，通过玻色子对费米子进行协同冷却，使得费米子达到更低的温度，最终获得达到费米温度附近的量子简并费米气体，即超冷费米海[20,21]。如果将系统进一步冷却到费米温度以下，费米子甚至会结合成分子从而形成分子 BEC。基于这类系统，量子简并费米气体也引发了多种多样有趣的研究。与此同时，世界上还有多个小组也开展了对分子系统、离子系统的冷却，以获得超冷分子、超冷离子，从而开展低温下这些系统的相关研究。

2. 光晶格与量子模拟

利用激光与原子的相互作用，将低温下的量子气体装载到光学晶格中，打开了冷原子物理领域研究的一扇新的大门：量子模拟[22,23]。光晶格由对射的激光相干涉而形成，由于光诱导原子的偶极矩，它与光场的相互作用导致势能形成一个与光场强度成正比的偏移 (即 AC-Stark 偏移)[24]。因此，光的干涉引起的周期性光强则对原子产生一个周期性的势能，即周期性的光晶格势[25]。在 1998 年的参考文献 [26] 中，Jaksch 等提出了周期性晶格势能中的冷原子可以产生一个量子相变：从超流态 (superfluid state) 到莫特绝缘态 (Mott insulator state)，如图 1.2 所示。在 1989 年，Fisher 等曾在文献 [27] 中讨论了这类超流体到绝缘体的相变是光晶格中一个典型的量子模型——玻色–哈伯德模型 (Bose-Hubbard model) 的重要特性，它是原子在格点之间的隧穿项 J 和在同一格点上相互作用项 U 相互竞争导致的结果，具体的数学性质我们会在第二章 2.3 节作更为详细的介绍。但在此处我们需要着重指出的是，在数学形式上，这一系统的模型与固体系统中的电子在 Bloch 理论下的模型是类似的。因此，把冷原子的物质流对应到电子的电流，我们就可以用光晶格中冷原子的超流–绝缘相变来模拟固体中电子的超导–绝缘相变，从而完成量子模拟的功能。

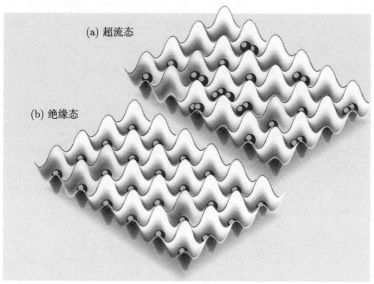

图 1.2 光晶格中的冷原子系统的两种量子态的示意图：(a) 超流 (SF) 态；(b) Mott 绝缘 (MI) 态。图片引自文献 [29]

在 2002 年，Bloch 和 Hänsch 所领导的实验小组在低温 ^{87}Rb 原子 BEC 系统中实现了光晶格[28]。通过飞行时间 (time-of-flight，TOF) 探测观测系统的相干图像，该实验可以探测到从超流态到绝缘态的相变 (具体讨论见第二章 2.3 节)。这一探测是具有重大意义的：它是量子模拟领域奠基性的文章之一，并搭建起了量子光学与凝聚态物理两个领域的桥梁[22]。

值得指出的是，利用冷原子对固体系统进行量子模拟，具有如下两点主要优势。

(1) 哈密顿量易调控：冷原子系统的哈密顿量参数，在实验中有易调节的优点。比如，通过改变光晶格的深度 (即调整激光的强度)，我们可以同时改变系统的隧穿项 J 和相互作用项 U 的强度。而通过费希巴赫 (Feshbach) 共振我们又可以单独调控相互作用项 U[30]。如果我们选用大磁矩的系统如 Cr, Dy, Er 原子[31,32]，表现出电偶极矩的极性分子系统[33,34] 或里德伯原子系统[35]，我们甚至可以在系统的哈密顿量中引入长程相互作用或各向异性的相互作用效果。同时，通过改变晶格的构型，我们甚至可以构造出矩形、三角形、六边形等多种几何构型的晶格。

(2) 系统信息易观测：冷原子实验系统中最常见的一个探测手段就是飞行时间探测，即突然将束缚原子的势阱全部关掉，让原子自由扩散一段时间，通过在起始和终止时刻进行拍照，来判断原子的位移。如果我们假设扩散的时间足够长，即原子团的初始尺寸相比于扩散后的半径可以忽略不计，那我们可以直接根据扩散时间来推算系统的动量分布。这种探测手段可以帮助我们有效获得系统的动量分布、关联函数等信息，它也是目前世界上各个冷原子实验小组普遍掌握的一项技术[36-40]。同时，多种多样的其他探测手段可以帮助我们获得丰富的冷原子系统的信息。例如，利用原位成像，我们可以获得系统中原子的精确位置分布[41]。而通过一些光谱学的探测，我们也可以获得系统的激发能谱、能带间隙、动力学结构因子等更复杂的信息[42]。

由于光晶格在参数和探测两个方面都有高控制度的优点，这使得它不但成为对已知模型进行量子模拟的优秀实验平台，也让我们甚至可以构造在凝聚态物理和固体物理中并不存在的晶格结构[23,25]。同时，值得指出的是，随着量子光学和激光技术的发展，越来越多的利用冷原子进行量子模拟的课题迸发出来，它们包括但不仅限于无序势能和准晶势能、拓扑绝缘体、量子牛顿摆、量子输运模型等。它们中的一些例子我们会在后面章节中进行具体讨论。

1.3　21 世纪：百家争鸣

在 20 世纪，量子气体的实验受到了降温技术与参数控制技术两方面的限制。而在 1.2 节提到的，随着进入 21 世纪，得益于磁场和激光的冷却与控制技术的进步，一方面我们可以获得达到量子简并的气体，另一方面我们也可以很好地操控系统的各个参数。与此同时，由于冷原子气体非常稀薄，其原子间的相互作用主要的贡献仅来自于两体相互作用，而多体相互作用通常可以忽略，再加上我们对系统参数的高控制性，这使得冷原子实验通常可以用完全真实的系统哈密顿量来描述。在其他一些领域中，我们通常无法精确描述系统的哈密顿量而需要使用简化模型来计算系统的性质。因此，这也就催生了冷原子领域的另一主要优点：大量的理论工作涌现出来，以帮助实验的推进。

得益于实验技术手段的进步及与实验高度相关的理论工作的涌现，冷原子物理在 21 世纪呈现出百家争鸣的现象。多种多样的研究方向都涌现了出来，而它们产出的成果对物理学的多个基础和应用领域都有所推动。我们可以借用文献 [6] 中的一张总结图来进行概括性的讲解。

如图 1.3 所示，我们展示了巨正则系综下冷原子物理的普适性哈密顿量 $\hat{K} = \hat{H} - \mu \int \mathrm{d}r \hat{\Psi}^\dagger(r) \hat{\Psi}(r)$。其中，基于图 1.3 中的式子，在我们考虑不同种类原子可能同时存在的情况下，$\hat{H}$ 项可以具体展开为

$$\hat{H} = \sum_\sigma \int \mathrm{d}^d r \hat{\Psi}_\sigma^\dagger(r) \left[-\frac{\hbar^2 \nabla^2}{2m_\sigma} + V_\sigma(r) \right] \hat{\Psi}_\sigma(r)$$

$$+ \frac{1}{2} \sum_{\sigma,\sigma'} \int \mathrm{d}^d r \int \mathrm{d}^d r' \hat{\Psi}_\sigma^\dagger(r) \hat{\Psi}_{\sigma'}^\dagger(r') U_{\sigma,\sigma'}(r'-r) \hat{\Psi}_{\sigma'}(r') \hat{\Psi}_\sigma(r), \qquad (1.1)$$

其中，σ 表示不同的原子种类；$\hat{\Psi}_\sigma(r)$ 表示原子的波函数场算符；m_σ 为 σ 原子质量；$V_\sigma(r)$ 为单原子受到的外势能场；$U_{\sigma,\sigma'}(r'-r)$ 为原子间的二体相互作用。

基于这一哈密顿量，我们已然可以看到冷原子领域丰富的研究方向与发展潜力，我们对其中的一些进行简单的罗列与介绍 (依据图 1.3 从动能项开始进行顺时针介绍)。

(1) 动能项：通过将冷原子系统装载进入很深的光晶格中，我们可以得到紧束缚近似下的格点模型，而系统动能项也将转化成格点之间的隧穿项。通过调控隧穿项的强度，我们可以进行丰富的量子模拟的研究。值得一提的是，通过振动晶格的方法，我们甚至可以获得隧穿项为虚数的哈密顿量[43]。同时，装载光晶格也可以让我们开展针对固体物理中与有效质量问题相关的量子模拟研究。

(2) 外势阱：外势阱通常是由磁场或光场所提供的一个单原子的外势能项。由于这个势能可能有多种多样丰富的表达形式，所以它也为我们提供了多种多样的研究方向的可能性。一方面，它可以是起到陷俘作用的简谐阱或者箱势阱，从而促使我们研究不同势阱下的量子气体基础性质的变化，如关联函数的衰减、原子动量分布等。另一方面，这个外势能也可以是晶格势能。如果我们提供一个周期

性的光晶格或超晶格，有助于我们研究超流–绝缘相变与量子模拟、晶格中的淬火与动力学、约瑟夫森结等问题。而如果我们提供一个无序势能或准周期势能，可以帮助我们研究安德森局域化、多体局域化、量子玻璃态、准晶体的量子模拟等多种有趣的问题。这里提到的一些内容我们会在后面的章节进行扩展介绍。

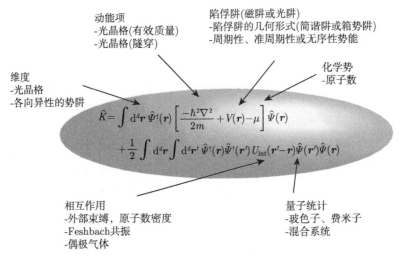

图 1.3   巨正则系综下冷原子哈密顿量 $\hat{K} = \hat{H} - \mu \int dr \hat{\Psi}^\dagger(r)\hat{\Psi}(r)$ 的普适性表达式及其各个项对应的多种研究方向。图片引自文献 [6]

(3) 化学势：通过改变装载的原子数，我们可以控制系统的化学势。一方面，对化学势的调控可以帮助我们开展对系统的基础热力学与统计物理性质的研究。另一方面，它还有助于我们开展很多前沿的应用研究。例如，瑞士苏黎世联邦理工学院的 T. Esslinger 和洛桑联邦理工学院的 J. P. Brantut 小组搭建了用隧道连接的两个冷原子池，通过控制两个原子池的化学势不同而造成势差，从而开展有势差的原子池间输运过程的研究[44]。

(4) 量子统计：前面已经提到，由于冷却技术的发展，科学家可以获得量子简并的玻色气体、费米气体甚至混合气体。而不同气体满足不同的量子统计规律，即原子波函数 $\hat{\Psi}_\sigma(r)$ 满足不同规律，这也使得我们可以在不同类型的系统中获得不同性质的物理。值得一提的是，如果在混合气体中刻意减小某一组分 σ 的含量，那么我们将获得一个含杂质的量子系统。我们将在第四章展开讲解这一问题。

(5) 相互作用：通过调整外势阱的束缚或原子数密度，系统的相互作用强度将会发生改变。对于有些特定的原子种类而言，我们甚至可以通过 Feshbach 共振精准而连续地调节系统的相互作用。在不同的相互作用极限下，系统将呈现完全不同的物理性质。例如，在各个维度下的弱相互作用气体，都可以利用平均场理论来描述；一维的强相互作用气体，将发生费米化，其部分性质将可以由理想费米子来描述。我们会在后面的章节对这些有趣的性质进行详尽的介绍。与此同时，另一个针对相互作用项的前沿热点方向为极性气体，它的一个典型的代表为里德伯原子。这样的系统具有长程相互作用，它可以实现分数填充 Mott 态、超固体、量子调控等多个有趣的实验现象[45]。而在本书的第八章，我们会对此进行简要介绍。

(6) 维度：随着光晶格和原子芯片技术的发展，我们可以通过施加一个合理的光晶格势阱或各向异性的势阱，获得一个等效的低维冷原子气体。而低维量子系统自身具有很多区别于三维系统的独特性质，因此其自身成为一个新的研究方向。这一点是本书的论述重点之一，我们将在本书的多个章节进行更为详尽的讲解。

而相对应于这些实验的前沿方向，冷原子物理的理论研究也被推到了一个新的高度，我们可以将其概括为两大类。

(1) 解析理论计算：在一些特定的条件下，冷原子系统的哈密顿量可以简化为解析可解的哈密顿量。例如，弱相互作用气体可以用平均场来描述，其零温和低温的物理性质可以由 Gross-Pitaevskii 方程与 Bogoliubov 激发来描述；深晶格中的量子气体可以用紧束缚近似下的 Bose-Hubbard 模型描述；一维玻色气体可以用 Bethe 拟设和杨–杨方程来描述等。

(2) 数值理论计算：随着计算机的发展，很多无法准确获得解析解的量子问题都可以通过编程运算得以解决。同时，冷原子领域的实验需求也推动了很多相对应的数值算法的发展。例如，复杂晶格中的理想气体可以用精确对角化 (exact diagonalization) 来求解；平衡态下有限温、有限相互作用的玻色系统可以由量子蒙特卡罗 (quantum Monte Carlo) 来求解；量子气体的含时演化问题则可以由密度矩阵重整化群 (density matrix renormalization group) 来求解等。

正是在这种理论与实验互相帮助、互相促进的情况下，冷原子与量子模拟领域得以在 21 世纪蓬勃地发展，形成了多个有趣的热点前沿课题。

需要指出的是，这里罗列的仅仅是冷原子物理前沿研究方向的一些例子，我们仅想通过简单介绍，使读者对冷原子物理的研究现状和前景有一个宏观的图像。这其中的有些研究方向，我们将在本书后面的章节进行更详尽的讲解。而对没有提及的其他方向，如果读者感兴趣，可以阅读相关的学术文献。

在本书中，我们将在第二章首先介绍量子简并气体的一些常用的基础性质与知识。而在后面的章节中，我们将选取一个切入点对该领域的一些前沿课题进行讲解，即维度。主要原因如下：第一，低维量子系统具有其独特的量子性质，如二维系统是研究量子涡流、拓扑效应等的最佳选项，其超流相变为 Berezinskii-Kosterlitz-Thouless (BKT) 相变，而一维系统也具有集体模、费米化等特殊性质，对这些基础物理性质的探索对量子物理的基础研究有建设性意义。因此，中国、欧洲、美国的多个冷原子领域的前沿研究小组，都在近二十年将目光放到了低维冷原子系统的研究上。甚至有些小组已经开始研究分数维度的维度跨越系统、含赝维度的冷原子系统等。第二，这一切入点与其他切入点是有密切交叠的，甚至可以说，低维量子系统已经成为研究冷原子各种课题的热门方向之一。例如，一维玻色气体在浅光晶格中的超流相变与浅准周期晶格中的玻璃态相变，一维玻色气体中杂质的运动，二维气体中的量子涡旋以及二维气体中拓扑的研究等。由于低维气体的特殊性质，它在观察冷原子系统的一些物理性质上有着自身天然的优势。第三，在固体物理、凝聚态物理中，低维系统普遍存在，如二维平面固体系统，两种不同固体区域的交界及固体链等。冷原子系统作为量子模拟的重要原材料，其低维性质的研究也对固体物理、凝聚态物理有着重要的意义。因此，在本书的后续章节中，我们将以低维玻色气体为切入点，首先讲解该维度下玻色量子气体的基本性质，然后在此基础之上，讨论与该低维气体高度相关的一些前沿应用方向。最后，在本书的最后一章，我们将简要介绍更为应用化的两个冷原子的研究方向：精密测量与量子调控。

第二章　冷原子与量子模拟

在本章，我们将介绍冷原子与量子模拟领域的基础知识和一些重要的相关实验。一方面，由于本书的读者会涉及本科二到四年级的学生，我们希望他们可以通过阅读本章，获得一些宏观的相应量子统计基础，从而更好地阅读后面的章节；另一方面，对于更广泛的读者而言，我们希望可以通过学习本章节和梳理冷原子的普适性基础知识，为后面章节深入讨论低维量子气体的性质做好铺垫。

2.1　量子玻色气体与玻色–爱因斯坦凝聚

对于大多数读者而言，在基础统计物理课程中应该已经学过一个重要结论，就是在足够低的温度下，玻色气体会形成著名的玻色–爱因斯坦凝聚 (BEC)。在本节，我们将会首先回顾与讨论平衡态下理想玻色气体 (即无相互作用的玻色气体) 的 BEC，并简要介绍其基本制备流程。

2.1.1　理想玻色气体

在统计物理中我们已经学过，玻色气体的统计分布由玻色–爱因斯坦分布描述，即

$$\langle N_\lambda \rangle = \frac{1}{z^{-1} \mathrm{e}^{\beta \epsilon_\lambda} - 1},　\tag{2.1}$$

其中，λ 为某一量子态；N_λ 和 ϵ_λ 分别为量子态 λ 的原子数和能量。而参数 z 叫做逸度 (fugacity)，其定义为

$$z = \mathrm{e}^{-\beta \mu},　\tag{2.2}$$

其中，$\beta = 1/k_\mathrm{B}T$ 为温度的倒数参数；μ 为系统的化学势。在常见的描述方法中，我们通常设基态能量为零，即 $\epsilon_0 = 0$。z 这一参量存在两个重要极限。首先，当 $z \ll 1$ 时，系统进入经典极限，即 $\langle N_\lambda \rangle$ 的表达式可近似于玻尔兹曼分布。其次，对于任一量子态，其原子数应不小于零，即 $\langle N_\lambda \rangle \geqslant 0$，这一条件等价于

$$0 < z < 1, \qquad -\infty < \mu < 0.　\tag{2.3}$$

当我们计算总原子数时，即

$$N = \sum_\lambda \langle N_\lambda \rangle,　\tag{2.4}$$

类似于我们在固体物理或统计物理课上学到的, 我们可以引入能量态密度 $g(\epsilon)$, 并取连续能态近似, 即

$$N = \sum_{\lambda} \langle N_{\lambda} \rangle = \int_0^{+\infty} g(\epsilon) \frac{1}{z^{-1}e^{\beta\epsilon} - 1} \cdot d\epsilon, \tag{2.5}$$

接下来我们略去中间的关于这一积分计算步骤, 读者可以自己推导得出, 由式 (2.5) 可以导出原子数密度 $n = N/V$(其中 V 为系统的体积) 的表达式为

$$n = \lambda_{\mathrm{T}}^{-3} Li_{3/2}(z), \tag{2.6}$$

其中, $Li_k(z) = \sum_{l \geqslant 1}(z^l/l^k)$ 为多重对数函数; λ_{T} 为德布罗意波长。

值得注意的是, 当参数 z 处于区间 $(0,1)$ 中时, 函数 $Li_{3/2}(z)$ 有最大值, 即 $\zeta(3/2) = 2.612$。那么此时出现了两个重要问题: 第一, 如果我们现在往系统中放置多于 $N_{\max} = 2.61V/\lambda_{\mathrm{T}}^3$ 原子数的原子, 那么我们的系统将会呈现何种状态? 第二, 如果我们固定系统的原子数不变, 然后持续降低温度, 即提高德布罗意波长 λ_{T}, 系统又将如何? 根据表达式 (2.6), 上述两种情况是不可能发生的。然而在真实的物理系统中, 这种情况又是真实存在的, 那我们该如何理解这一矛盾?

实际上, 正是上述讨论中的矛盾点激发了人们对玻色–爱因斯坦凝聚体的探索。在低温下, 玻色–爱因斯坦分布 (2.1) 会在基态附近有一个陡增, 而这一陡增会导致式 (2.5) 中将离散求和近似为积分的步骤不再成立。相应地, 我们应该单独考虑基态对这一求和的影响。因而, 我们可以重新写出总原子数的表达式为

$$n = n_0 + n' = \frac{z}{V(1-z)} + \lambda_{\mathrm{T}}^{-3} Li_{3/2}(z), \tag{2.7}$$

其中, n_0 和 n' 分别为基态原子数密度及激发态原子数密度。也就是说, 当逸度 z 增大并逐渐趋近于 1 的时候, 基态的原子数会陡然增多。而在热力学极限下, $z = 1$ 即是这一问题的奇点, 这也就意味着相变在此处发生, 系统将形成一种新的物态, 即玻色–爱因斯坦凝聚体。而这一相变的相变点为 $z_c = 1$, 即

$$(n\lambda_{\mathrm{T}}^3)_c = \zeta(3/2), \tag{2.8}$$

这里 $\rho = n\lambda_{\mathrm{T}}^3$ 也被定义为相空间密度 (phase space density)。而这一相变的序参量为凝聚体比例 (condensate fraction), 即

$$f_c = \frac{n_0}{n} = 1 - \frac{n'}{n}. \tag{2.9}$$

值得注意的是，如果我们展开式 (2.8) 中的德布罗意波长关于温度的表达式，就可以将其改写为临界温度的表达式，即

$$T_{\mathrm{c}} = \frac{1}{\zeta(3/2)^{3/2}} \frac{2\pi\hbar^2 n^{2/3}}{m k_{\mathrm{B}}}. \tag{2.10}$$

这一表达式与许多教科书上关于 BEC 相变的临界温度的表达式是一致的。

前面我们讨论的是均匀系统中 BEC 的性质。然而，通常在冷原子的实验中，玻色系统都是被囚禁在一个简谐阱 $V(r) = m\omega^2 r^2/2$ 中，其中 ω 为阱的频率。那么接下来，我们将讨论一下简谐阱对 BEC 性质的影响。

我们现在假设一团原子被囚禁在一个三维的简谐阱里，沿着 x, y 和 z 三个方向的阱频率分别为 ω_x, ω_y 和 ω_z。这样的简谐阱的势能可以写成下面的形式：

$$V_{\mathrm{tr}}(x, y, z) = \frac{1}{2}m(\omega_x^2 x^2 + \omega_y^2 y^2 + \omega_z^2 z^2). \tag{2.11}$$

由于每个原子有三个方向上的自由度，所以单粒子能 (single particle energy) 可以用三个方向上的振动能量的加和来表示，即任意的单粒子能可写为

$$E_{n_x, n_y, n_z} = \left(n_x + \frac{1}{2}\right)\hbar\omega_x + \left(n_y + \frac{1}{2}\right)\hbar\omega_y + \left(n_z + \frac{1}{2}\right)\hbar\omega_z, \tag{2.12}$$

其中，n_x, n_y 和 n_z 是三个整数，它们分别用来表示原子在三个维度上不同的振动能级。被囚禁在三维简谐阱中的原子最低的单粒子能是 $E_0 = \hbar(\omega_x + \omega_y + \omega_z)/2$，拥有最低单粒子能的原子也处于基态当中。现在我们只考虑一个单一方向 $j(j = x, y, z)$，当在这个方向上处于基态的原子所拥有的单粒子能与简谐阱的势能相等，即 $\frac{1}{2}m\omega_j^2 j^2 = \frac{1}{2}\hbar\omega_j$ 时，我们可以得到一个特征长度：

$$d_j = \sqrt{\hbar/(M\omega_j)}, \tag{2.13}$$

这个特征长度叫做简谐振动长度 (simple harmonic oscillation length)。如果一团原子在某一方向上处于基态，那这个原子团在该方向上的厚度就可以用简谐振动长度来描述。按照这个方式来理解，阱频率越大，则原子团在该方向上被压得越薄。后文中会用阱频率来解释如何制备或定义低维度气体。当温度的大小范围远远大于能级之间的能量差的时候，在半经典近似下我们可以用能量态密度再次计算处在激发能级上的原子总数的饱和值，记作

$$N_{\mathrm{exc}}^{(\mathrm{max})}(T) = \zeta(3)\left(\frac{k_{\mathrm{B}}T}{\hbar\omega_{\mathrm{ho}}}\right)^3, \tag{2.14}$$

这里 ζ 也和上文一样是黎曼函数，$\zeta(3) = 1.202$，而且其中 $\omega_{\mathrm{ho}} = (\omega_x \omega_y \omega_z)^{1/3}$ 也叫几何平均阱频率. 上面的公式说明了，对于一个处在简谐阱中的原子团来说，处于激发态的原子总数的最大值只和原子团温度有关. 对于任意温度而言，当原子数等于该温度下的激发态原子数饱和值的时候，所有激发态都被原子占满而处于饱和状态. 此时，任何额外的原子的加入都会处于基态当中. 所以，对于这个温度而言，该饱和原子数即为临界原子数. 而与上面的讨论类似，这也就等价地意味着，对于任意原子数的原子团而言，都有对应的临界温度，当温度低于该临界温度时就一定会有更多原子处于基态. 对于 N 个原子而言，这个临界温度可以写成

$$k_{\mathrm{B}} T_{\mathrm{c}} = \hbar \omega_{\mathrm{ho}} \left[\frac{N}{\zeta(3)} \right]^{1/3} = 0.94 \hbar \omega_{\mathrm{ho}} N^{1/3}. \tag{2.15}$$

如果温度 T 低于临界温度 T_{c}，那么总原子数 N 同时也会大于在该温度下的激发态饱和原子数 $N_{\mathrm{exc}}^{\max}(T)$，这时总原子数就可以写成激发态饱和原子数与基态原子数的和，即 $N = N_0 + N_{\mathrm{exc}}^{\max}(T)$. 如果我们把 $N = N_{\mathrm{exc}}^{\max}(T_{\mathrm{c}})$ 代入等式左边，就能够得到处于基态的原子数占所有原子数的比率与当前温度和临界温度比值二者之间的关系：

$$\frac{N_0}{N} = 1 - \left(\frac{T}{T_{\mathrm{c}}} \right)^3. \tag{2.16}$$

需要指出的是，虽然上面论述的 BEC 的存在理论早在 1924 年就被玻色、爱因斯坦预言，但在实验上真正观测到它是 1995 年，而这一成果也获得了 2001 年的诺贝尔物理学奖. 它的发现得益于激光技术与量子光学的发展，我们将在 2.1.2 小节进行介绍.

2.1.2　BEC 的制备

BEC 制备的原理，特别是多种冷却方式的原理及细节，在王义道先生著的《原子的激光冷却与陷俘》一书中已做了非常详尽的描述. 在这里我们只是简单介绍一些常用的原子冷却与 BEC 制备的方法和步骤，并展示一些世界上的量子气体实验组的实验设备作为范例，希望为读者提供一些关于冷原子实验冷却技术与步骤的大致轮廓. 而对一些具体的理论与技术细节，在本书中不再详细论述. 对这部分知识感兴趣并希望深入钻研的读者，我们建议详细阅读王义道先生著的《原子的激光冷却与陷俘》一书.

1. 从粒子源到磁光阱

在实验室中要获得 BEC，通常需要的温度在纳开量级（$10^{-7} \sim 10^{-9}$K），而要保证这种低温下的 BEC 的寿命，就需要把它制备在绝热的高度真空中，其真

空度一般要达到 10^{-11}mbar[①]。在实验中,初始的粒子源通常是存放于一个可以加热的烘箱中,烘箱的温度一般在室温量级。我们首先通过加热烘箱让粒子流源源不断地定向转移到一个可以束缚原子气的磁光阱 (MOT) 中去,以便完成下一步的冷却。

在这一步,我们要考虑的第一个问题就是如何在真空中将烘箱内的粒子源转移到 MOT 中去,并且在这一过程中我们既要保证足够的原子数又要确保绝热真空,甚至我们还希望在这一步能达到一定的降温减速效果。在通常实验中,两个常用的方法为二维磁光阱 (2D MOT) 和塞曼减速器 (Zeeman slower),如图 2.1 所示。通常对于大多数实验组而言,他们都是利用这两种方法之一来完成这一步。图 2.1(a) 是利用二维磁光阱将原子运输到三维的磁光阱中的实验装置示意图。首先,这个二维磁光阱的磁场部分来源于周围的两个反向亥姆霍兹 (anti-Helmholtz) 线圈,它们可以制造出在径向的磁场梯度。而二维磁光阱的光场部分有三束光,其中的两束光分别垂直于原子束流向方向,这两束光都是圆偏振,作用是降低原子在径向的速度,并把它们推到从粒子源到磁光阱的连接线上,而另一束光为助推光,把在这一条连线上的原子都推到磁光阱里,这样就完成这一步骤了。在二维磁光阱里,一般可以把原子在径向上的温度冷却到 400μK 左右,压强大概在 10^{-9}mbar。而图 2.1(b) 中的实验装置则是用塞曼减速来完成这一过程。塞曼减速是通过一个有线圈缠绕的直径递减的圆筒来实现的。在这样一个线圈上通上电流,则会产生一定的磁场和磁场梯度。由于粒子源烘箱有相对较高的温度,所以会产生很快的粒子束飞向磁光阱。这时,如果我们加载一束参数适当的激光,从磁光阱指向粒子源的方向射入,就可以利用多普勒效应下的光子的吸收与释放来降低粒子束的速度,从而能被磁光阱所获取。这一步骤结束之后,我们会把原子团从烘箱转移到磁光阱中,并且把原子的温度从室温降低到几百微开。

2. 在磁光阱中的初步冷却

接下来我们讲一下,在转移到磁光阱中之后,原子团是怎么被进一步冷却的。如图 2.2 所示,在磁光阱中,一共有六束激光,即分别两两垂直的三对互相对射的圆偏振激光,并且在上下还有一对反亥姆霍兹线圈,通上电流之后形成四极磁阱。通过光场和磁场的共同作用,原子团会被陷俘在磁阱的中心,也就是六束光相交会的中心。当原子被装载在磁光阱里一段时间后,一般它们会冷却到几十微开 (10^{-6}K) 的量级,并且得到 10^8 左右的原子数。这就像我们把一杯水放在冰箱里,一段时间后水的温度会降低一样。

在磁光阱的基础上,如果需要继续降低原子的温度,则需要更进一步的冷却技术,例如用光学黏团 (optical molasses) 或者压缩磁光阱 (compress MOT) 等过

---

① 1bar=10^5Pa。

程来进一步冷却原子，提高原子密度。其中，光学黏团的主要步骤是去掉磁阱，只保留六束激光，通过调节光的波长使得原子团像被囚禁在一坨由光制作的粗糙的黏团之中，这就像把快速运动的小球放置在一坨黏稠的沙土之中，充分降低了原子的运动速度，从而进行冷却。而压缩磁光阱则是将线圈中的电流变大，使得磁场梯度变大，同时将光强减弱，从而增强将原子推拽回磁阱中心的效果。虽然通过这些方式能够让原子进一步冷却，但是在这个过程中仍有一定瓶颈。举个最典型的例子，在这两个过程中都有冷却光存在，这个光与原子内态的双能级系统共振。如果有原子自发辐射射出一个光子，而这个光子又被另一个原子吸收并发生跃迁，那么这个光子的吐出与吸收过程就可以看成是这两个原子之间有相互作用力，所以原子密度就会被这个作用所限制。而前面我们提到了，获得 BEC 的关键参数是足够大的相空间密度，即需要低温和高密度两个条件，二者缺一不可。所以，想要进一步冷却原子团至 BEC，有些实验是需要通过把原子团转移到另一个更高真空的实验腔内通过蒸发冷却来完成的，比如图 2.1(a) 例子；还有一部分实验是在和磁光阱同一个腔里用纯光场完成蒸发冷却得到 BEC 的，比如图 2.1(b)范例。

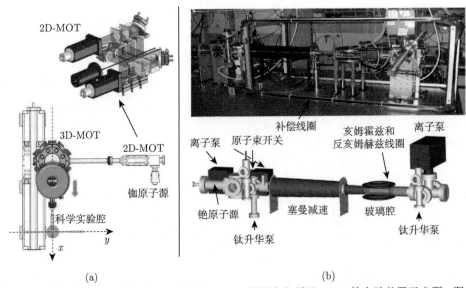

(a)　　　　　　　　　　　　　　(b)

图 2.1　两个制备 BEC 的示例。(a) 法国 Perrin 组制备铷原子 BEC 的实验装置示意图，图片来自文献 [46]；上方是二维磁光阱原理示意图，淡红色宽光束为水平和竖直方向的冷却光，细的深红色的线代表助推光；下方是总实验装置示意图。(b) 奥地利因斯布鲁克 Nägerl 组制备铯原子 BEC 的实验装置图，上为实物照片，下为示意图。图片来自文献 [47]

3. 转移原子团

当原子被运输到磁光阱之后，虽然可以利用磁光阱以及光学黏团等手段初步将原子团冷却到微开的量级，但是并不能继续冷却到纳开量级从而形成 BEC，还需要进一步的更深度冷却——蒸发冷却才能实现 BEC。而一部分实验的蒸发冷却是在与磁光阱腔不同的实验腔内进行的。对于这些实验而言，转移的方式主要是光转移和磁转移，而其中道理相同，都是利用光和磁场对原子的作用将原子囚禁在势能最低点，再通过转移势能最低点来完成对原子团的转移。如图 2.1(a) 所示，磁光阱冷却过后光会逐渐关掉，只留下四极磁阱，而后保持磁场不变，但是会使原来磁光阱线圈的电流渐渐减弱，磁光阱上下的另一端还有另一对反亥姆霍兹磁线圈，让这一对线圈电流逐渐增大，从而保证原子看到的磁阱是不变的，以避免激发原子团。这个后通电的线圈是嵌入在可滑动的轨道上的，通过滑动这一对线圈就可以通过转移磁阱的方式来整体平移原子团。把原子团送入实验腔之后，又会通过相同的方式 (即线圈电流交替) 保证磁阱不变，来固定原子团在实验腔里。而原线圈电流降为零后又滑动回磁光阱的位置，由此循环往复。我们可以看到，在图 2.1 的相关实验装置图中有一束绿色的光穿过实验腔，那是因为当在实验腔里的磁场梯度增强的时候，原子虽然更容易被囚禁在零磁场处，但是也会有更多原子因为马约拉纳损失 (Majorana losses) 而从磁势能零点位置场逃逸出去。对于这个过程，我们可以这样简单理解，因为原子只有在低场搜寻态 (low field seeker state) 的磁子能级上才能被囚禁在磁场零点处，当原子经过磁场零点的时候不再能感受到磁场的存在，那么之前分裂的磁子能级就会重新简并，而由于惯性，当原子穿过中心继续运动重新看到磁场时，磁子能级再次分裂，如果这次原子所处在的磁子能级是一个高场搜寻态 (high field seeker state)，那么原子就不能再被磁场中心囚禁。所以，当磁场梯度变大时，原子穿过磁场零点次数变多，而从磁势能零点位置场逃逸出去的原子也会变多。为了能够减少这种损失，实验所用的一个方法就是将一束蓝失谐的激光穿入磁阱中心，堵住可以漏掉原子的地方。

另一种常见的转移方式是文献 [48] 首先提出来的，它是由很多组反亥姆霍兹线圈组成的，像一个人的手臂构成直角的形状，如图 2.2 所示。通过改变每对线圈中通过的电流来改变磁场中心，即零势能点的位置，用这种方式将原子团转移到另一个实验腔里去。当然，上面提到的两种磁转移的方式需要该类原子塞曼子能级 (Zeeman sub level) 的基态为低场搜寻态，即能被囚禁在磁场的势能零点，比如铷原子。对于基态为高场搜寻态的原子，比如铯原子稳定的基态，要想进行转移就不能用转移磁场的方法，因为它们更倾向于往磁场更高的地方跑。一般会用光转移的方式，比如光镊 (optical tweezers) 的方式，把原子团束缚在光强较强的位置，然后通过移动透镜改变焦点的方式移动原子团。

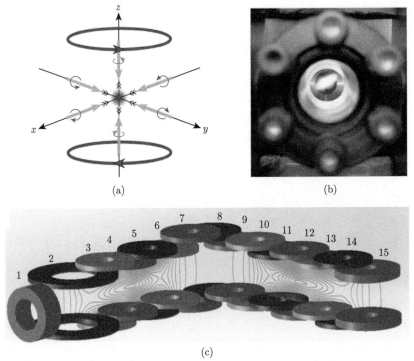

图 2.2　磁光阱、磁转移示意图。(a) 磁光阱的示意图，黄色箭头代表 MOT 的激光，每束箭头尾端的蓝色旋转箭头代表该束激光的偏振方向，中心红色的点代表原子团，而上下两个紫色的线圈表示反亥姆霍兹线圈。(b) 钠原子团在磁光阱里的照片，钠的跃迁光波长为 532nm 左右，是黄色可见光，所以原子团肉眼可见地呈黄色，图片自来文献 [49]。(c) 磁转移的装置示意图，从 2 到 15 标号的皆为反亥姆霍兹线圈，1 号为助推线圈，图片取自文献 [50]

4. 对原子团的深度冷却：蒸发冷却

当把原子团转移到实验腔中之后，距离得到 BEC 还差一步，即蒸发冷却。蒸发冷却的示意图如 2.3 图所示，其本质为：我们通过某些手段把较热的原子 (运动速度较大的原子) 在原子团中蒸发掉，之后再经过原子间的充分碰撞，在一定时间内系统会再一次达到稳态，即原子的动量分布遵循玻尔兹曼分布，这样就会让原子的平均动能降低，温度也就随之降低。我们可以举一个实际的例子来理解这个问题。例如，我们想降低一个班级的平均身高，最好的办法就是选出这个班级中身高最高的两名同学换到别的班级，经过几次操作后，我们就能有效地降低这个班级的平均身高。

那回到冷原子系统中，我们应该如何挑出能量高的原子并蒸发掉呢？最常用的两种方法为通过光偶极阱或射频磁场完成蒸发。通过光偶极阱蒸发冷却的方法可以看成是在光阱的基础上再加上一个磁场梯度，这样的话，通过加强磁场梯度就可打破光阱的对称性，让光阱渐渐倾斜，一端的开口降低，这样热原子就会从这个低口逃逸出来。就像是势能阱的"短板效应"一样，改变磁场梯度，让"短板"逐渐变短，这样就能完成蒸发冷却，得到 BEC，图 2.3(a) 为该方法的示意图。另一种常见的方式是用射频蒸发冷却，这种方式一般和四极磁阱配合，主要是用射频信号来将能被陷俘的基态的塞曼子能级和其他不能被陷俘的塞曼子能级耦合，这样就能把能量高的原子激发到另一个不能被陷俘的塞曼子能级，然后逃出磁阱。

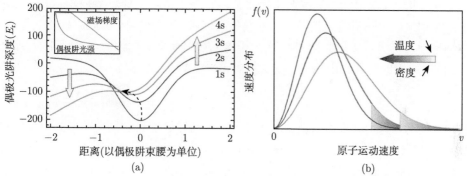

图 2.3 蒸发冷却示意图。(a) 光偶极阱随着磁场梯度增加，渐渐打破两边能量边缘的对称性，使得一边高度降低从而将热原子倾倒出来。(b) 从原子速度分布的角度来描述蒸发冷却的示意图，图片来自文献 [50]

当然，蒸发冷却还有一些其他的方法。例如，利用两个光偶极阱，一个光强大另一个光强小，然后势阱形成了一个高脚杯的构型，但这个"高脚杯"没有底座，杯子和底座连接的细长玻璃部分也是中空且与杯子相连通的，这样原子就被大部分囚禁在这段中空细长的阱里，还有一部分在宽阔敞口的"酒杯"中，通过降低光强，即渐渐降低"瓶口"高度，来把热原子蒸发掉。

通过以上各类蒸发冷却的方式，我们就能够有效地降低原子团的温度，并提高系统的相空间密度。其系统的典型参数一般可以达到 10^{-9}K 的温度，可以囚禁大约 10^5 个原子，并将相空间密度提升至 BEC 相变的量级。

值得指出的是，在获得纳开量级的 BEC 后，我们可以更进一步超深度冷却原子，至皮开的量级 ($10^{-10} \sim 10^{-12}$K)。通常的冷却方法为脉冲冲击冷却 (delta-kick cooling)[51] 或两步交叉冷却 (two-stage crossed-beam cooling)[52,53]。值得注意的是，这类冷却通常有两个特点。第一，它们都需要在微重力环境下进行；第二，它们只能进一步降低系统的平均动能而获得更低的温度，但不能提升系统的相空间密度。关于这类冷却的更多细节，我们建议对此感兴趣的读者参考上述提到的文献，这里就不再赘述。

2.2　相互作用下的量子玻色气体

在 2.1 节，我们讨论了在均匀系统和简谐阱中的无相互作用的 BEC 的性质。然而，在实际量子气体实验中，原子间的二体相互作用通常是一个不可忽视的物理过程，虽然在大部分情况下有相互作用的气体仍然可以通过上述步骤进行冷却，但获得的超冷原子系统中的相互作用将对系统的多个重要性质产生不可忽视的影响。本节中，我们将讨论相互作用下的量子气体的常用描述方法。

在冷原子实验中，其系统温度通常都在小于 1 mK 的量级。在这种情况下，原子的二体散射过程只有 s 波散射，其散射的性质可以由散射长度 a_s 描述，这里的详细推导及说明可参见文献 [5]。而由于这一散射是各向同性的，我们可以将这一 s 波散射对应的相互作用项用狄拉克函数表示，即

$$V_\mathrm{int}(\boldsymbol{r}) = g\delta(\boldsymbol{r}), \tag{2.17}$$

其中，参数 g 为相互作用常数。这一等效过程的详细推导参见文献 [54]。通常，参数 g 可以表示为散射长度 a_s 的函数。在三维系统中，其关系为

$$g_\mathrm{3D} = \frac{4\pi\hbar^2 a_\mathrm{3D}}{m}, \tag{2.18}$$

其中，a_3D 为三维散射长度。而这一表达式在低维系统中的具体形式，我们将在后面的章节作详细的讲解。同时，值得注意的是，表达式 (2.17) 告诉我们，系统原子间的二体相互作用为短程相互作用，即其哈密顿量表达式为

$$\mathcal{H} = \sum_{1 \leqslant j \leqslant N} \left[-\frac{\hbar^2}{2m}\nabla^2 + V(\boldsymbol{r}_j) \right] + g\sum_{j<\ell} \delta(\boldsymbol{r}_j - \boldsymbol{r}_\ell), \tag{2.19}$$

其中，$V(\boldsymbol{r}_j)$ 为系统的外部势能。大多数的冷原子气体系统均可以用这种哈密顿量描述，而常见的特例为里德伯原子构成的系统，其相互作用为长程相互作用。关于这种系统的一些性质和实验进展，我们将在第八章进行讲解。

2.2.1　平衡态的 Gross-Pitaevskii 方程与托马斯–费米近似

对于常见的短程相互作用的冷原子系统，当系统形成凝聚体的时候，系统的二体相互作用为弱相互作用。这时，我们可以用平均场近似理论描述系统的性质。其核心为，系统的波函数 Ψ 可以写成每一个原子的单原子波函数 ψ 的乘积，即

$$\Psi(\boldsymbol{r}_1, \boldsymbol{r}_2, \cdots, \boldsymbol{r}_N) = \psi(\boldsymbol{r}_1) \times \psi(\boldsymbol{r}_2) \times \cdots \times \psi(\boldsymbol{r}_N), \tag{2.20}$$

其中，$\boldsymbol{r}_i$ 为第 i 个原子的坐标；N 为系统的总原子数。我们已知系统在波函数 Ψ 下的本证能量 E 可以表达为

$$E(N, \Psi) = \langle \Psi | \mathcal{H} | \Psi \rangle. \tag{2.21}$$

当温度趋于 0 时，系统应处于基态。因而，在平均场近似式 (2.20) 与归一化条件 $\int \mathrm{d}\boldsymbol{r} |\psi(\boldsymbol{r})|^2 = 1$ 下，我们可以利用拉格朗日乘子法计算最低能量的满足条件。其详细推导我们这里不再赘述，读者可以自行完成推导或参见文献 [54]。最终，我们得到的解为

$$\mu\psi(\boldsymbol{r}) = \left[-\frac{\hbar^2 \nabla^2}{2M} + V_{\mathrm{tr}}(\boldsymbol{r}) + g|\psi(\boldsymbol{r})|^2 \right] \psi(\boldsymbol{r}). \tag{2.22}$$

这一方程被叫做 Gross-Pitaevskii 方程 (GP 方程)，是冷原子领域最常用的方程之一，可以用来描述弱相互作用下的冷原子系统。其中，方程右侧波函数的前三项分别表示单原子感受到的动能项，外势能项 (如简谐势阱、光晶格势能等)，以及平均场描述下的相互作用项。而式 (2.22) 左侧的化学势 μ 即为拉格朗日乘子，其表达式为

$$\mu = \frac{\partial F}{\partial N}, \tag{2.23}$$

其中，F 为系统的吉布斯自由能。在低温近似下，系统的自由能与系统的总能量相等，即 $F = E$。因而，我们也可以得出

$$\mu = \frac{\partial E}{\partial N}. \tag{2.24}$$

我们上面给出了 GP 方程，它可以用来描述弱相互作用下处于基态的原子。当原子数非常多，并满足 $Na \gg d_j$ 的时候 (d_j 是简谐振子长度，见方程 (2.13)；a 是散射长度)，原子之间的排斥相互作用能远远大于基态原子的动能。这时，在不含时 GP 方程的动能、势能以及相互作用能三项中我们可以忽略掉动能项，这一近似就是托马斯–费米 (Thomas-Fermi) 近似。在这种近似下，不含时 GP 方程就可写成

$$\left[V_{\mathrm{tr}}(\boldsymbol{r}) + g|\psi(\boldsymbol{r})|^2 - \mu \right] \psi(\boldsymbol{r}) = 0. \tag{2.25}$$

因为波函数不为零，所以空间中原子密度分布可以写成

$$n(\boldsymbol{r}) = |\psi(\boldsymbol{r})|^2 = \frac{\mu - V_{\mathrm{tr}}(\boldsymbol{r})}{g}. \tag{2.26}$$

在这种情况下，被束缚在三维简谐阱里的玻色气体的化学势则可写为

$$\mu = \frac{1}{2} M \omega_{\mathrm{ho}}^2 R_{\mathrm{ho}}^2 = \frac{\hbar \omega_{\mathrm{ho}}}{2} \left(\frac{15Na}{d_{\mathrm{ho}}} \right)^{2/5}, \tag{2.27}$$

其中，$R_{\mathrm{ho}}^2 = 2\mu/M\omega_{\mathrm{ho}}^2$；$d_{\mathrm{ho}} = \sqrt{\hbar/M\omega_{\mathrm{ho}}}$。

　　现在，如果一团原子被囚禁在三维的简谐阱中，这个简谐阱的势能 V_{tr} 可以写成方程 (2.11)，那么原子密度在空间中的分布就可以写成

$$n(\boldsymbol{r}) = n(0)\left(1 - \frac{x^2}{R_x^2} - \frac{y^2}{R_y^2} - \frac{z^2}{R_z^2}\right), \tag{2.28}$$

这里，$n(0)$ 是 0 点处 (即阱的中心处) 的原子密度。因为阱的中心处势能最低，所以这里的原子密度最大，其值为 $n(0) = \mu/g$。而 $R_j^2 = 2\mu/M\omega_j^2$ $(j = x, y, z)$ 也被称为被阱束缚的 BEC 在 i 方向上的托马斯–费米半径 (Thomas-Fermi radius)。

　　在方程 (2.28) 中，我们不难看出，在原子团的边缘原子密度会降为 0，这一点却和我们一开始所做的假设自相矛盾。因为一开始我们认为相互作用的强度要远远大于动能项，所以就省略了动能项。但在原子密度为零的地方相互作用也为 0，所以此时就不能再忽略动能项的作用了。所以我们在凝聚体的边缘引入一个新的长度，这个长度叫消退长度 (healing length)，用 ξ 表示。我们认为在这段长度里，原子相互作用从有到无，而我们不能再用托马斯–费米近似来忽略动能项的作用。消退长度 ξ 的具体表达式可以写成

$$\xi = \sqrt{\frac{\hbar^2}{2M\mu}} = \frac{1}{\sqrt{8\pi a_{3D}n}}. \tag{2.29}$$

　　我们现在考虑另一个简单的模型：假设原子团被束缚在一个长度为 L 的一维箱势阱里。这就意味着方程 (2.28) 里的阱势能 V_{tr} 为常数，所以原子密度 n 就是均匀分布的。但是在箱势阱的边缘，原子的密度不会是从 n 到 0 的突然变化，这个变化也是有一定过渡长度的，而这个使得密度平滑下降的过渡的长度也正是消退长度，模型如图 2.4 所示。

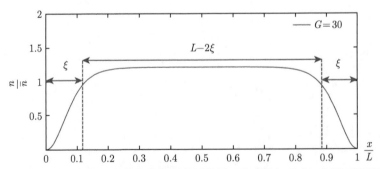

图 2.4　被囚禁长度为 L 的在一维箱势阱中原子团的原子密度空间分布。在原子团的两个边缘，经历 ξ 之后，原子密度变为零。该图是通过解 GP 方程所得到的，参数设置为 $G = Ng = 30$，$M = \hbar = 1$. 图片取自 Jean Dalibard 课件

2.2.2 非平衡态的 Gross-Pitaevskii 方程与流体动力学

上面我们提到的式 (2.22), 所描述的是平衡态下弱相互作用的冷原子气体, 所以公式里没有时间的参量。但研究 BEC 或者超流体的非平衡态也是非常重要的课题之一, 因为我们可以根据其动态演化得到很多重要的信息。例如在后面的章节里, 我们会提到一些对超流体的激发, 如旋转超流体等, 所以在这里我们来说一下用来描述弱相互作用下非平衡态的 Gross-Pitaevskii (GP) 方程, 与式 (2.22) 相比, 它多了时间项, 其表达式为

$$\mathrm{i}\hbar\frac{\partial\psi}{\partial t}(\boldsymbol{r},t) = \left[-\frac{\hbar^2\nabla^2}{2M} + V_{\mathrm{tr}}(\boldsymbol{r}) + g|\psi(\boldsymbol{r},t)|^2\right]\psi(\boldsymbol{r},t), \tag{2.30}$$

一般情况下, 弱相互作用下的 BEC 会是一个超流体, 也会满足一般情况下的流体动力学方程。上述的含时 GP 方程其实也可以看成两个不同的流体动力学的方程, 即连续性方程和欧拉方程。我们先来看如何从 GP 方程得到连续性方程。

在含时的 GP 方程左右两边, 同时乘以 $\psi^*(\boldsymbol{r},t)$ 并消掉共轭项, 能得到新的方程:

$$\mathrm{i}\hbar\left(\psi^*\frac{\partial}{\partial t}\psi + \psi\frac{\partial}{\partial t}\psi^*\right) = \frac{\hbar^2}{2M}\left(\psi\nabla^2\psi^* - \psi^*\nabla^2\psi\right), \tag{2.31}$$

这个方程也就等价于

$$\frac{\partial}{\partial t}|\psi|^2 + \nabla\cdot\left[\frac{\hbar}{2Mi}(\psi^*\nabla\psi - \psi\nabla\psi^*)\right] = 0. \tag{2.32}$$

因为有 $|\psi(\boldsymbol{r},t)|^2 = n(\boldsymbol{r},t)$, 所以这个方程就可以用针对经典的可压缩的流体的连续性方程的形式来重新写出, 即

$$\frac{\partial n}{\partial t} + \nabla\cdot(n\boldsymbol{v}) = 0, \tag{2.33}$$

这里, $\boldsymbol{v}$ 是流体的流速, 它的定义是

$$\boldsymbol{v} = \frac{\hbar}{2Mi|\psi|^2}\left(\psi^*\nabla\psi - \psi\nabla\psi^*\right). \tag{2.34}$$

上述推导读者可以自行完成, 这里不再赘述。如果我们用超流体的密度和相位来描述超流体的波函数的话, 即

$$\psi(\boldsymbol{r},t) = \sqrt{n(\boldsymbol{r},t)}\mathrm{e}^{\mathrm{i}\phi(\boldsymbol{r},t)}, \tag{2.35}$$

当我们把这个波函数的表达式代入方程 (2.34) 中时，就能够得到超流体局部流速的表达式：

$$\boldsymbol{v}(\boldsymbol{r}, t) = \frac{\hbar}{M} \nabla \phi(\boldsymbol{r}, t). \tag{2.36}$$

对于一个超流体而言，从方程 (2.36) 可以看出，其流速是和相位的梯度成正比的。我们来求这个超流体流速的旋度，可以得到

$$\nabla \times \boldsymbol{v} = \frac{\hbar}{M} \nabla \times \nabla \phi = 0. \tag{2.37}$$

因为一个标量的梯度的旋度一定为零，所以我们惊奇地发现了一个超流体特殊的性质，即无旋性。当我们把式 (2.35) 代入非平衡态的 GP 方程 (2.30) 的时候，就能够得到超流体的相位是如何随着时间演化的：

$$\hbar \frac{\partial \phi}{\partial t} = \frac{1}{2} M \boldsymbol{v}^2 - \frac{\hbar^2}{2M\sqrt{n}} \nabla^2(\sqrt{n}) + gn + V_{\mathrm{tr}}. \tag{2.38}$$

因为超流体的相位直接和流速相关，所以根据式 (2.36) 的关系，我们可以把上述公式重新写成关于流速随着时间演变的公式：

$$-M \frac{\partial \boldsymbol{v}}{\partial t} = \nabla \left[\frac{1}{2} M \boldsymbol{v}^2 - \frac{\hbar^2}{2M\sqrt{n}} \nabla^2(\sqrt{n}) + gn + V_{\mathrm{tr}} \right]. \tag{2.39}$$

从式 (2.26) 我们可以看出，当没有一个外加的势能阱的时候，即 $V_{\mathrm{tr}} = 0$，BEC 就是一团平摊开的均匀的玻色气体。这时候由于相互作用所导致的能量变化就可以等效于系统的化学势 (chemical potential)，即 $\mu = gn$。根据吉布斯–杜安方程 (Gibbs-Duhem equation)，我们就可以得到在零温下均匀系统的化学势是如何随着压强变化而变化的，所以有 $\mathrm{d}p = n\mathrm{d}\mu$。这个公式也可以用来形容平摊开的玻色气体系统，按照上述描述我们可以推出 $p = \partial E / \partial V = gn^2/2$。因此，方程式 (2.39) 可以重新写成[55]

$$\frac{\partial \boldsymbol{v}}{\partial t} = -\frac{1}{Mn} \nabla p - \nabla \left(\frac{v^2}{2} \right) + \frac{1}{M} \nabla \frac{\hbar^2}{2M\sqrt{n}} \nabla^2(\sqrt{n}) - \frac{1}{M} \nabla V_{\mathrm{tr}}. \tag{2.40}$$

这个方程与形容经典的流体动力学的欧拉方程非常相似。对于形容非黏滞性，即无摩擦力的经典流体，其欧拉方程可以写成

$$\frac{\partial \boldsymbol{v}}{\partial t} - \boldsymbol{v} \times (\nabla \times \boldsymbol{v}) = -\frac{1}{Mn} \nabla p - \nabla \left(\frac{v^2}{2} \right) - \frac{1}{M} \nabla V_{\mathrm{tr}}. \tag{2.41}$$

对比这两个方程,一个是描述经典流体的欧拉方程 (2.41),另一个是描述超流体的方程 (2.40),我们发现有两处不同。从等式左边来看,我们不难发现描述超流体的式 (2.40) 比描述经典流体的式 (2.41) 缺少一项,这是因为对于具有无旋特性的超流体而言这一项一定是零。而对于等式右边而言,多出来的含有 $\hbar$ 的那一项描述的就是量子压强 (quantum pressure)。所以说超流体的"连续性方程" (2.33) 以及超流体的"欧拉方程" (2.39) 这两个方程合二为一,就可以等效成形容弱相互作用的超流体的非平衡态 GP 方程,这两个不同的公式也就是把它拆分成分别针对密度和相位的表达式。通过这两个针对超流体的流体动力学方程,我们可以更好地计算超流体的元激发 (elementary excitation) 问题或超流体的其他动力学问题,比如集体模 (collective mode)[56] 和我们下文即将说到的 Bogoliubov 激发等。

2.2.3 均匀玻色气体的 Bogoliubov 激发能谱

我们上文提到了元激发,即对超流体的一种很微弱的激发。这里提到的激发方式可以是多种多样的,比如突然小幅度地改变原子间的相互作用、用激光将原子团搅拌一下让它旋转起来或者是推一下原子团让它有一个振荡等。下面我们就用微扰的方法来研究玻色气体的元激发,从而获得它的激发能谱。具体来说,我们可以从一个超流体的稳态开始,通过对超流体的流速和密度做微扰,代入上述非平衡态 GP 方程来求出它的解。而一种等价的方法是,我们也可以用上文提到的与含时 GP 方程等价的两个方程,即超流体的连续性方程 (2.33) 和欧拉方程 (2.39) 去求解。

对于一个均匀的静态的超流体而言,它的密度也是均匀的,处处为 n_0,而它的相位也应该是均匀的,处处相同的,所以相位的梯度 (即流速) 也应该为零。所以我们可以用行波的形式来写出在基态上对密度和流速的微扰,可以写成

$$n(\boldsymbol{r}, t) = n_0 + n_1 \mathrm{e}^{\mathrm{i}(\boldsymbol{k}\cdot\boldsymbol{r}-\omega t)}, \quad v(\boldsymbol{r}, t) = v_1 \mathrm{e}^{\mathrm{i}(\boldsymbol{k}\cdot\boldsymbol{r}-\omega t)}, \tag{2.42}$$

这里,n_1 和 v_1 是非常小的量,形容在密度上和在流速上非常小的浮动;$\boldsymbol{k}$ 是波矢量;ω 是激发频率。我们把这个新的密度的表达式 (2.42) 代入流体力学方程中针对流体密度的连续性方程 (2.33) 中去,我们可以发现:

$$n_1 \omega = n_0 \boldsymbol{v}_1 \cdot \boldsymbol{k}, \tag{2.43}$$

而把式 (2.42) 代入描述超流体流速的欧拉方程中,并只取 n_1, v_1 的一阶项 (因为 n_1 和 v_1 已经非常小,所以省略掉一阶以上的高阶项),最后我们就会得到

$$v_1 \omega = \frac{k}{M}\left(\frac{\hbar^2 k^2}{4M} + g n_0\right)\frac{n_1}{n_0}. \tag{2.44}$$

把上述通过流体动力学得到的两个方程合到一起，最终我们会得到 Bogoliubov 激发能谱，即色散关系 (dispersion relation)：

$$E_k = \sqrt{\frac{\hbar^2 k^2}{2M}\left(\frac{\hbar^2 k^2}{2M} + 2gn_0\right)} = \frac{\hbar^2 k^2}{2M}\sqrt{1 + \frac{2}{(k\xi)^2}}, \tag{2.45}$$

其中，E_k 是系统因为元激发而拥有的能量。上式所描述的关系曲线在图 2.5 中描绘出来。我们可以看出，当元激发的能量在两个不同极端的时候，会有两种不同的表现形式。当在能量非常低的极限下，我们有 $E_k \ll \mu = gn_0$，所以有 $\hbar^2 k^2/2M \ll \mu$。这时，色散关系就可以写成

$$E_k \simeq \sqrt{\frac{\mu}{M}}\hbar k = c\hbar k. \tag{2.46}$$

式中，$c = \sqrt{\mu/M}$ 是声速，即在这个体系下声子传播的速度。所以在这个极限里，我们能得到声子激发能谱，对应的状态被称为声子态 (phonon regime)。在这个状态下，元激发能量和动量 $\hbar k$ 之间是线性关系，斜率就是声速。

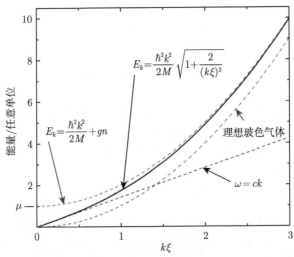

图 2.5　Bogoliubov 色散关系图。黑色实线所画出的就是式 (2.45) 中提到的 Bogoliubov 激发能谱。还有两种极限情况下的激发能谱，两条红色虚线形容能量较高时，原子看成自由粒子态时的色散关系曲线，表现为抛物线，这两条红虚线的区别只是有没有相互作用。黑色虚线形容的是能量很低的极限，即原子在声子态上的色散关系，表现为一条直线。图片来自文献 [57]

反之，在高能量的极限下，我们有 $E_k \gg \mu$，所以我们可以推出 $\hbar^2 k^2/2M \gg \mu$ 和 $k\xi \gg 1$。这时我们发现色散关系可以重新写成

$$E_k = \frac{\hbar^2 k^2}{2M}\sqrt{1 + \frac{4M\mu}{\hbar^2 k^2}} \simeq \frac{\hbar^2 k^2}{2M} + \mu. \tag{2.47}$$

可以看出这就是自由粒子的激发能谱，只是在理想玻色气体 (无相互作用) 的自由粒子激发能谱的基础上加上了化学式。在这种极限下的状态被称为自由粒子态 (free-particle regime)。那么如何界定并区别声子态和自由粒子态的边界在哪呢？从上面的讨论中可以看出，这个边界取在 $k\xi = 1$。当波长 $\lambda = 2\pi/k$ 大于消退长度的时候系统处在声子态，反之，当波长小于消退长度的时候属于自由粒子态。

对于超流体而言，温度趋近于零，德布罗意波长长于消退长度，系统是处在声子态上的。那么声速对于一个系统的意义是什么呢？声速其实是能够激发超流体的临界速度。对于二维的超流体以及证实有临界激发速度的相关实验[58]，我们会在第五章讲解二维基础实验和理论时着重探讨。

上面，我们通过微扰法计算了 Bogoliubov 激发能谱。值得注意的是，我们在参阅其他科研文献时，还有可能看到另一种得出 Bogoliubov 能谱的方法，即通过 Bogoliubov 变换来对哈密顿量进行对角化。这里，我们将对这一方法的主要步骤进行简要的介绍。

首先，我们以动量空间 $|p\rangle$ 为基底，将哈密顿量写成二次量子化的形式，即

$$\mathcal{H} = \epsilon_0 + \sum_{\bm{p}\neq 0}\left\{\left[\epsilon(\bm{p}) + gn\right]\hat{a}_p^\dagger\hat{a}_p + \frac{gn}{2}\left(\hat{a}_p\hat{a}_{-p} + \hat{a}_p^\dagger\hat{a}_{-p}^\dagger\right)\right\}, \tag{2.48}$$

其中，$\hat{a}_p^\dagger$ 和 $\hat{a}_p$ 为真实粒子的产生和湮灭算符。我们不难发现，这一哈密顿量是存在非对角项的。为了将其对角化得到能谱，我们需要进行 Bogoliubov 变化，从而得到准粒子的产生、湮灭算符 $\hat{b}_p^\dagger$ 和 $\hat{b}_p$，其定义如下：

$$\hat{b}_p^\dagger = u_p\hat{a}_p^\dagger - v_p\hat{a}_{-p}, \qquad \hat{b}_p = u_p\hat{a}_p - v_p\hat{a}_{-p}^\dagger, \tag{2.49}$$

其中，u_p 和 v_p 满足条件

$$u_p = u_{-p}, \quad v_p = v_{-p}, \quad u_p^2 - v_p^2 = 1. \tag{2.50}$$

其中，算符 $\hat{b}_p^\dagger$ 和 $\hat{b}_p$ 对应的 Bogoliubov 准粒子为激发粒子–空穴对。以 Bogoliubov 准粒子为基底，我们可以重新描述哈密顿量 (2.48)，得到对角化的哈密顿量表达式

$$\mathcal{H} = \epsilon_0 + \sum_{\bm{p}\neq 0} E(\bm{p})\hat{b}_p^\dagger\hat{b}_p, \tag{2.51}$$

其中，$\hat{b}_p^\dagger\hat{b}_p$ 为动量为 $\bm{p}$ 的准粒子，即动量为 $\bm{p}$ 的激发，而 $E(\bm{p})$ 的表达式为

$$E(\bm{p}) = \sqrt{\frac{p^2}{2m}\left(\frac{p^2}{2m} + 2gn\right)}. \tag{2.52}$$

这便得到了与前一种方法同一表达形式的 Bogoliubov 能谱。

关于凝聚体与超流体的叙述如下。

当量子系统的温度低于某临界温度时，量子系统会形成超流体 (superfluid)。例如，当 ^{4}He 低于 2.17K 时，会形成超流体，这一相变也是著名的 Λ 相变 (Lambda 相变)。超流体是一种完全缺乏黏性的物质状态，将其放入瓶中，它甚至可以从瓶口逃逸而出，如图 2.6 所示。而正如在第一章中提到的，超流体首先是被 P. Kapitsa、J. F. Allen 和 A. Misener 于 1937 年发现的。

图 2.6　液氦在足够低的温度下形成超流体喷泉的实验效果图。图片引自文献 [59]

对于常见的三维玻色系统而言，当其达到玻色–爱因斯坦凝聚时，系统便同时获得了超流的特性。系统中非超流部分所占的组分可以通过 Bogoliubov 理论的准粒子描述计算。对于一个含有超流组分的系统，我们可以用图 2.7 来描述。如图所示，我们将一根金属棒插入量子系统中，并让金属棒以速度 v 向右匀速运动。在一般参考系下，系统中处于常流体 (normal fluid，NF) 的组分由于与金属棒之间的黏滞摩擦力，也会随着金属棒以速度 v 向右运动，而超流的部分则感受不到与金属棒之间的摩擦力，从而在原地静止。

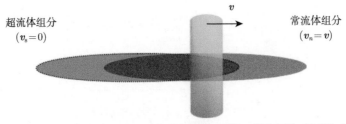

图 2.7　一根金属棒在同时具有常流体和超流体的系统中的运动示意图。图片取自 L. Sanchez-Palencia 冷原子课程课件

接下来我们来推算超流组分的表达式。我们用准粒子描述一般流体的部分，假设其动量和能量分别为 $\boldsymbol{p}$ 和 $E(\boldsymbol{p})$。我们现在变换到以金属棒为原点的参考系，即金属棒静止而超流组分以速度 $\boldsymbol{v}$ 向左运动。在此参考系下，常流体的组分也静止，其能量为 $E(\boldsymbol{p})+\boldsymbol{p}\cdot\boldsymbol{v}$。由于在此参考系下，Bogoliubov 准粒子满足玻色–爱因斯坦分布，我们则可以写出粒子布居数为

$$N_{\boldsymbol{p}} = \frac{1}{\exp\left[\dfrac{E(\boldsymbol{p})+\boldsymbol{p}\cdot\boldsymbol{v}}{k_{\mathrm{B}}T}\right]-1}. \tag{2.53}$$

我们可以看出，当 $E(\boldsymbol{p})+\boldsymbol{p}\cdot\boldsymbol{v}>0$，即 $|\boldsymbol{v}|<\min[E(\boldsymbol{p})/\boldsymbol{p}]$ 时，对于任意的 $\boldsymbol{p}$，$N_{\boldsymbol{p}}$ 均大于 0，即两种流体可以同时存在于系统中。

在低温下，当系统处于声子激发极限内，即 $k_{\mathrm{B}}T\ll\hbar c/\xi$，我们可以推出一般流体的组分 f_n 为

$$f_n = 1 - f_{\mathrm{s}} = \frac{2\pi^2(k_{\mathrm{B}}T)^4}{45mn\hbar^3 c^5}, \tag{2.54}$$

而超流组分可表达为 $f_{\mathrm{s}}=1-f_n$。

在这里，需要强调的是，虽然大部分情况下超流体与凝聚体是同时出现的，但它们并不是完全相同的概念。通常我们所说的超流体以及超流组分，是指缺乏黏滞性而不随着系统运动的组分。而我们所说的凝聚体，则是大量玻色子在基态聚集而发生相变形成的物态，即 BEC。而凝聚体组分 f_{c} 通常是指热力学极限下零动量的组分，通常由类似于式 (2.9) 的式子来表达。

其实，在现代冷原子与量子气体的研究中，的确存在具有超流性的非凝聚体和不具有超流性的凝聚体的情况。例如，对于一维的超冷玻色子而言，在低温、弱相互作用下，系统会形成满足 GP 方程的超流体，但由于一维气体的特殊性，系统的关联函数始终会显示出递减特性，所以并不能形成真实的凝聚体。再例如，在图 2.5 中我们可以看出，如果玻色气体之间没有相互作用，那么我们会发现没有声子态，在零点处的切线斜率也为零，也就是说当搅拌棒滑动速度不为零时系统就会受到激发。在这种情况下，并没有这样一个大于零的临界速度来定义系统是否被激发。这就会导致系统虽然还属于凝聚体，但不具有超流特性。

2.3 光晶格中的玻色气体

在冷原子研究中，一个非常热点的研究方向就是把超冷原子置于光晶格 (optical lattice) 中，从而模仿在固体物理中的周期性势能。固体晶格中运动的物体是电子，它可以对应光晶格系统中的冷原子。而固体原子核提供的周期性势场，可

以等效于激光提供的光晶格外势场。在固体物理中，原子核间距过小且电子质量过轻，这使得对于系统参数的控制和相关物理量的测量都具有一定困难。而对于这个问题，冷原子系统有着其自身的优势。一方面，光晶格的间距为激光的波长的二分之一，大概是在 100nm 的量级，远大于固体晶格的 0.1nm 量级的周期；另一方面，原子的质量又是电子的 10^5 倍左右。这也就使得我们在光晶格中研究超冷原子的行为，并用其来揭示更多固体物理中熟知但不可解的模型成为可能。在本节，我们将介绍光晶格的构造、光晶格中的能带理论、光晶格的玻色–哈伯德模型以及超流–绝缘相变等相关的重要基础知识。

2.3.1　光晶格的构造及其哈密顿量

构造光晶格的基本方法是将两个逆向传播的激光束重叠，如果激光的波长为 λ，那么我们将得到一个由两束激光干涉形成的周期为 $\lambda/2$ 的周期性束缚阱。如果我们想生成三维光晶格势能，最简单的办法就是用三对具有正交偏振的正交的光学驻波。在靠近阱的中心处，其势能可以近似地写为

$$V_L(x,y,z) = V_0[\sin^2(k_x x) + \sin^2(k_y y) + \sin^2(k_z z)], \tag{2.55}$$

以及一个由于高斯光束形成的额外的简谐束缚。需要指出的是，在很多科研文献中，光晶格的势阱深度 V_0 的单位通常为反冲能量 (recoil energy) E_r，它的大小是由原子质量和光波矢量决定的，写成

$$E_r = \frac{\hbar^2 k^2}{2m}. \tag{2.56}$$

图 2.8 展示了一个典型的三维光晶格的结构，以及它所形成的晶格状的原子团示意图。在这里我们想指出一个有趣的事实：如果将一到两个维度的晶格势撤掉而换成弱束缚的势能，我们将获得二维或一维气体，关于这种情况我们将在后面的章节中进行详细的讲解。

回到三维，当获得一个周期性的势能之后，原子在光晶格里的本征态将与电子在完美固体里的本征态相似。在固体物理中我们学过，对于低温下在一个满足周期性条件的势能 $V(R+r) = V(R)$ 中的粒子，它的精确本征态为布洛赫态 (Bloch state) $\Psi_{n,q}$，其量子数为能带数 n 和逆晶格的第一布里渊区的准动量 q。在强束缚的离散格点系统中，一个比较常用的描述系统性质的单原子基底为万尼尔函数 (Wannier function)。它与布洛赫态为离散傅里叶变换的数学关系，即

$$\Psi_{n,q}(r) = \sum_R W_{n,R}(r) e^{iqR}. \tag{2.57}$$

通过选择合适的归一化条件，不同格点的万尼尔基底可以是相互正交的。在此，需要强调的是，布洛赫态为系统哈密顿量的单原子本征态，而万尼尔态并非系统哈

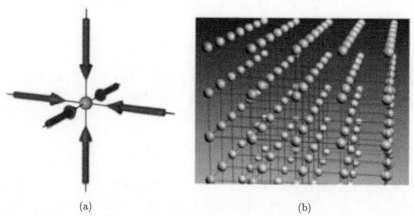

$$\text{(a)}\qquad\qquad\qquad\qquad\qquad\qquad\qquad\text{(b)}$$

图 2.8   (a) 由三对对射的驻波形成的三维光晶格示意图; (b) 原子团分布示意图。图片引自文献 [5]

密顿量的本征态。然而,系统的能带结构则可以通过系统的布洛赫态或万尼尔态来确定。

三维光晶格中的冷原子系统,其哈密顿量的普遍形式为

$$\mathcal{H} = \int \mathrm{d}^3 x \psi^\dagger(x) \left[-\frac{\hbar^2}{2m}\nabla^2 + V_0(x) + V_{\mathrm{T}}(x) \right] \psi(x)$$
$$+ \frac{1}{2}\frac{4\pi a_{\mathrm{sc}}\hbar^2}{m} \int \mathrm{d}^3 x \psi^\dagger(x)\psi^\dagger(x)\psi(x)\psi(x), \tag{2.58}$$

这里,$\psi(x)$ 为原子的场算符;$V_0(x)$ 为光晶格势能;$V_{\mathrm{T}}(x)$ 为简谐阱势能;a_{sc} 为 s 波散射长度。

2.3.2 光晶格中的能带理论

上文提到过,我们研究光晶格中的冷原子物理,一个很重要的出发点就是冷原子在光晶格中的状态性质与电子在固体晶格中的状态性质非常相似。在固体物理中,位置周期性排列的原子核会对电子形成一个周期性的势阱,电子在里面的运动状态决定了整体材料的导电性质,即系统为导体、半导体或是绝缘体。而在冷原子物理中,光晶格也对冷原子构成了一个周期性的势阱,冷原子在里面的运动性质也决定了整体的系统是超流的抑或是绝缘的。在凝聚态的固体物理,与系统导电性相关的很重要的一点就是能带理论,在这里我们简单了解一下光晶格里所对应的能带理论。

当有晶格存在的时候,系统的色散曲线将不再是自由粒子的抛物线型,而会成为分立的能带结构,原子的有效质量也会因此而改变。下面,我们以单粒子模型来呈现在一维光晶格中的能带结构。当原子在一维光晶格中的时候,它的哈密

顿量可以写成

$$\hat{H} = \frac{\hat{p}^2}{2m} + V_0 \sin^2(k_L x), \tag{2.59}$$

其中，$\hat{p}$ 是动量算符；k_L 是形成光晶格的光的波矢；V_0 同式 (2.55) 中的一样用来形容每个隔点势能阱的深度。原子在此哈密顿量下满足平衡态的薛定谔方程，则可以写成

$$E\psi(x) = \left[-\frac{\hbar^2 \nabla^2}{2M} + V_0 \sin^2(k_L x) \right] \psi(x). \tag{2.60}$$

由于这个方程是一种特殊形式的微分方程，即马蒂厄微分方程 (Mathieu differential equation)，所以它可以通过解析的方式来求解。我们可以用晶格光场的反冲能量 E_r，以及定义 $y = k_L x, C = E/E_r - V_0/2E_r, r = -V_0/4E_r$，来简化这个平衡态的薛定谔方程，并得到

$$f''(y) + [C - 2r\cos(2y)] = 0. \tag{2.61}$$

可以通过这个形式来求解马蒂厄函数的本征值和本征解。它的本征值就对应着本征能量，由于通常是分离的结构，对应着不同的能带。它的本征解就是原子在光晶格中的本征态，也就是布洛赫函数。具体推导过程这里不再赘述，读者可以自行推导，我们仅给出最后的能带结构，如图 2.9 所示，q 是晶格中原子的准动量，n 是能带阶数。根据能带的对称性，我们称其为 s, p, d, $\cdots$ ($n = 0, 1, 2, \cdots$) 能带。我们可以看到，随着光晶格深度不断加深，能带之间的断层变得越来越大。

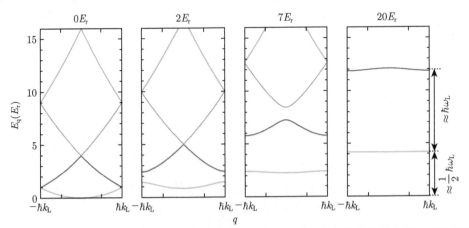

图 2.9　一维光晶格的能带结构图。我们选取了几个势阱深度并将能量投影到第一布里渊区 (first Brillouin zone) 内，晶格深度是 $0E_r$ 时是自由粒子的情形，$2E_r$ 时 s 和 p 能带出现明显的分裂，$7E_r$ 是紧束缚近似模型的临界晶格深度时，p 和 d 能带出现了较大的分裂，$20E_r$ 时 $16E_r$ 以下只有 s 和 p 能带，并且能带宽度变窄。图片取自文献 [50]

在固体物理中，我们可以用微扰理论来近似计算自由电子近似和紧束缚近似这两种极限的晶格情形，分别对应较浅和较深的晶格深度。在光晶格实验中，我们通常可以通过调节晶格光的光强来控制光晶格深度从而达到两种极限，在晶格较浅时通常用 Bloch 波函数来描述系统，而当晶格较深的时候则采用万尼尔函数来计算。当晶格较深，系统处于紧束缚情况时，s 能带可以近似写成

$$E(q) = \frac{1}{2}\hbar\omega_{\mathrm{L}} - 2J\cos\left(\frac{qa}{\hbar}\right), \tag{2.62}$$

其中，J 是两个相邻晶格之间的隧穿项 (晶格越深，隧穿能力越弱 J 越小)；q 是在第一简约布里渊区的准动量；a 则是晶格之间的距离。需要指出的是，能带理论是对于单原子周期势阱的模型，但是在很多实际情况中我们要考虑一个阱中多个粒子之间的相互作用，这种多体系统就可以用下文提到的玻色–哈伯德模型来描述。

2.3.3 紧束缚近似：玻色–哈伯德模型

基于上述哈密顿量，如果我们忽略简谐阱成分 $V_{\mathrm{T}}(x)$，并取深晶格近似，即晶格深度 V_0 足够大，那么我们可以利用紧束缚近似把系统的本征函数 $\psi(x)$ 写成以万尼尔函数为基底的形式。这里，我们所说的"足够大"主要为两个要点：① 在每一个晶格格点上的热能和平均相互作用能远小于基态 Bloch 能态和第一激发带的能带间隙，这就意味着波函数 $\psi(x)$ 并没有激发态上的组分；② 万尼尔函数在单个晶格周期内就递减到非常弱的水平，这就意味着我们只考虑在单一格点内部的原子间相互作用。在这两个假设下，我们可以写出系统的玻色–哈伯德模型 (Bose-Hubbard model，BH 模型) 的哈密顿量：

$$\mathcal{H} = -J\sum_{<R,R'>}\left(\hat{b}_R^\dagger\hat{b}_{R'} + \mathrm{H.c.}\right) + \frac{U}{2}\sum_R \hat{n}_R(\hat{n}_R - 1) - \sum_R \mu\hat{n}_R, \tag{2.63}$$

其中，R 为晶格中的格点数，R' 则为取值为 R 的所有最近邻格点；$\hat{b}_R^\dagger$ 和 $\hat{b}_R$ 分别是在格点 R 上的玻色子的产生和湮灭算符，而 $\hat{n}_R = \hat{b}_R^\dagger\hat{b}_R$ 则是格点的布居数。哈密顿量中这三项的系数分别是隧穿参数 J、相互作用参数 U 和化学势 μ。对于冷原子系统而言，J 和 U 是可以通过系统的晶格强度 V、反冲能量 E_{r} 等参数计算而得到的[5,60]。其中，在三维系统中，隧穿项 J 的表达式为

$$J = \frac{4}{\sqrt{\pi}}\left(\frac{V_0}{E_{\mathrm{r}}}\right)^{3/4}\exp\left[-2\left(\frac{V_0}{E_{\mathrm{r}}}\right)^{1/2}\right], \tag{2.64}$$

而相互作用项 U 则依赖于系统的三维散射长度 a_{sc}，其表达式为

$$U = \sqrt{\frac{8}{\pi}} k a_{\mathrm{sc}} E_{\mathrm{r}} \left(\frac{V_0}{E_{\mathrm{r}}} \right)^{3/4}. \tag{2.65}$$

详细的推导可见参考文献 [5,60]。

在玻色–哈伯德模型中，最主要的研究兴趣之一在于 Mott 相变，即系统从一个可压缩的导电态——超流 (SF) 态，到一个不可压缩的绝缘态——Mott 绝缘 (MI) 态的相变。当 $U \ll J$ 时，系统处在超流态，其本征态可以近似地写为

$$|\Psi_N\rangle (U \to 0) = \frac{1}{\sqrt{N!}} \left(\frac{1}{\sqrt{N_{\mathrm{L}}}} \sum_R \hat{a}_R^\dagger \right)^N |0\rangle, \tag{2.66}$$

其中，N_{L} 为系统总格点数。由于项 $\frac{1}{\sqrt{N_{\mathrm{L}}}} \sum_R \hat{a}_R^\dagger$ 等价于产生算符 $\hat{a}_{q=0}^\dagger$，这个式子表示的就是系统的 N 个原子都处于最低能带的 $q = 0$ 的布洛赫态上。实际上，这个表达式的本质核心就是，SF 态的基态可以表达为 $|GS\rangle = |\psi_0\rangle |\psi_0\rangle \cdots |\psi_0\rangle$。而在另一个极限 $U \gg J$ 下，系统则进入 Mott 绝缘态，以每个晶格填充一个原子为例，系统的本征态可以写成 $|1,1,1,\cdots,1\rangle$。如果我们定义 $|0\rangle = |0,0,\cdots,0\rangle$，那么可以将 MI 态的态函数写成表达式

$$|\Psi_{N=N_{\mathrm{L}}}\rangle (J \to 0) = \left(\Pi_R \hat{a}_R^\dagger \right) |0\rangle, \tag{2.67}$$

即局域 Fock 态的乘积。

本小节将主要介绍三维玻色–哈伯德模型的性质，而关于一维玻色–哈伯德模型的特殊特性，我们将在第三章进行详细介绍。在三维空间中，Jaksch 等首先在文献 [60] 中从理论上提出了在冷原子系统中研究 SF-MI 相变，他们提出的理论相图如图 2.10 所示。图 2.10(a) 展示了三维 BH 模型在没有外简谐阱的情况下的相图。在此图中，黑色的实线表示 SF-MI 相变点；黑色实线的左侧为晶格格点上不同整数填充数的 Mott 绝缘态；黑色实线的右侧为超流态，其每个晶格的原子数是波动的，这是由格点间的相位相干而导致的；红色箭头表示固定一个相互作用强度，持续减小化学势，通过这一过程我们可以连续经过几个 SF、MI 区域；当有简谐阱存在时，我们观测到的真实情况就如红色箭头所示。图 2.10(b) 展示了在简谐阱 $V_{\mathrm{trap}}(r) = m\omega^2 r^2/2$ 中的光晶格冷原子系统的相分布图。这里，红色箭头的起点等价于简谐阱的底部位置。沿着红色的箭头方向，也就等价于沿着阱势能增大的方向，即等效的局部化学势 $\mu(r) = \mu_0 - V_{\mathrm{trap}}(r)$ 减小的方向。由于在图 2.10(b) 中相互作用 U 和隧穿参数 J 是固定的，而化学势 $\mu(r)$ 是逐渐减小的，

所以这也就与图 2.10(a) 中的红色箭头完全等价，系统将连续穿过多个 MI 和 SF 区域。而由于原子的数密度在两个区域内分别呈现出平原和上坡的特性，这一模型的原子数密度也被称为"婚庆蛋糕模型"。

第一个在三维 BH 模型中观测到 Mott 相变的实验来自 2002 年 Greiner 等的文献[61]。在该实验中，他们首先在有简谐阱的三维光晶格中制备了冷原子气体；在原子数固定的情况下，利用扫描参数 J/U 来观测相变现象。在他们的设备中，作者固定了散射长度并通过更改光晶格的深度来扫描参数 J/U。正如前文所提到的，这里晶格深度是由反冲能量 $E_r = \hbar^2 k^2/2m$ 来标定的。通过参数扫描，我们观察到系统从 SF 相进入 MI 相。具体来说，文献 [61] 中展示了实验中的物质波干涉的吸收成像，如图 2.11 所示。对于较浅的晶格深度，由于 SF 相的相干性，我们可以在一定的扩散时间后看到明显的干涉峰；相反，当晶格深度较深时，由于系统进入了 MI 区域，系统扩散图像不再具有相干性，而是显示出一个类似于高斯分布的图案，这正是玻色子在单格点上局域化的特征图案。因此，从图 2.11(a)~(h)，我们观察到了随着晶格深度的增加，系统从 SF 到 MI 的相变过程。

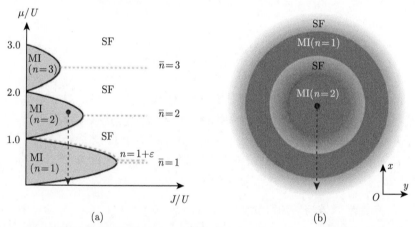

(a) (b)

图 2.10　三维玻色–哈伯德模型中的 Mott 相变，引自文献 [5]。(a) 零温下三维玻色–哈伯德模型的相变示意图。其中，虚线分别表示整数原子数密度 $n = 1, 2, 3$ 在超流态中的点。这些虚线与实线的交界处为参数 J/U 在相变处的临界值，这一临界值是随着 n 的增大而减小的。需要指出的是，此示意图表示的系统是没有简谐阱的系统。(b) 婚庆蛋糕模型：在有简谐阱的光晶格系统中的相图分布。两张子图中的红色圆点代表了简谐阱底部，沿着红色箭头所指的方向，简谐阱势能不断增加，这也就意味着等效的化学势不断减小，即 $\mu(r) = \mu_0 - V_{\text{trap}}(r)$，从而使得 MI、SF 相交替出现

需要指出的是，在较低的维度，我们仍然可以在 BH 模型中观察到 MI-SF 相变，以及类似图 2.10(a) 中的 Mott 叶图案，但在一些细节的性质上会有一些区别，这将在后面的章节中有所讲解。

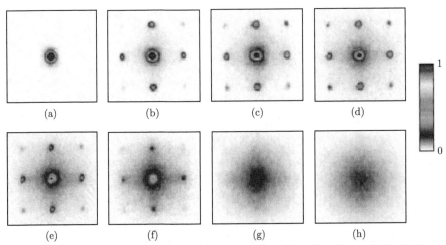

图 2.11　当原子从光晶格系统释放后的物质波干涉图样吸收成像。其中，不同子图的光晶格深度分别为 (a) $0E_r$, (b) $3E_r$, (c) $7E_r$, (d) $10E_r$, (e) $13E_r$, (f) $14E_r$, (g) $16E_r$, (h) $20E_r$。该探测的扩张时间为 15ms。其中，(a) 由于处于无晶格状态，为没有明显干涉图样的 SF 相。而对于其他子图而言，有干涉图样为 SF 相的特征，而没有干涉信号的子图为 MI 相的特征。本图片引自文献 [61]

2.4　量子费米气体

前面我们介绍了关于三维空间中超冷玻色子的性质。对于费米子而言，如果我们利用类似的冷却、束缚方法，系统也会进入量子简并状态，形成简并费米气体，并且量子简并的条件仍为 $n\lambda_{dB}^d \geqslant 1$（$d$ 为系统维度）。然而，由于费米子的泡利不相容性质，系统并不能形成 BEC，而是只能形成量子简并费米气体，即超冷费米海。在本小节，我们将对这种系统的性质进行基本介绍。

2.4.1　简并费米气体与索末菲近似

类似于玻色系统，我们仍然可以用磁阱、光阱等手段束缚费米气体，并用类似的冷却手段获得低温。然而，值得注意的是，在深度冷却 (如蒸发冷却) 时，由于费米子的泡利不相容特性，其系统中的粒子总趋向于远离其他粒子，而使得碰撞不充分，所以并不能高效地实行蒸发冷却。这时，比较常用的方法为协同冷却法，即将某种玻色子与费米子混合，并对玻色子进行蒸发冷却。由于玻色子的凝聚特性，其蒸发冷却效率较高，在每段时间内，玻色子自身通过蒸发冷却大幅降低温度。同时，由于玻色子和费米子之间的碰撞，二者也形成某种热平衡，从而使得一定的温度从费米子传导到玻色子，导致玻色子升温，费米子降温。重复上述过程，最终在玻色子的带动下，费米子可以达到更低的温度，最终获得量子简并费米气体，即超冷费米海。在 2001 年，巴黎高等师范学院的 C. Salomon 小组和美国莱斯大学的 R. Hulet 小组, 在各自的实验室中利用 ^{7}Li-^{6}Li 的玻色–费米混合气体, 对费米子组分进行协同冷却, 将其冷却到量子简并的状态, 详细信息请感兴趣的读者参阅文献 [20, 21]。在后面的讨论中, 我们也将对这两个实验中的费米压的观测进行详细的讨论。

值得指出的是, 虽然超冷费米海与超冷玻色子有类似的量子简并条件和冷却手段, 但二者仍有很多不同。最核心的几点如下:

(1) 费米子产生的只是一个向量子简并区域的转变, 而非一个类似于 BEC 的相变。

(2) 费米子的超流需要相互作用。

(3) 冷费米子的相互作用特性与玻色子完全不同: 对于无自旋的玻色子而言, 其主要相互作用为 s 波散射的短程相互作用; 对于无自旋费米子而言, 其相互作用小到可以忽略; 而对于自旋 1/2 的费米子而言, 其主要相互作用为自旋单重态的 s 波散射。

接下来, 我们将借助公式推导, 更加详细地讲解超冷费米子的主要性质。

在统计物理中我们也已经学过费米气体的统计分布, 即费米–狄拉克分布,

$$\langle N_\lambda \rangle = \frac{1}{e^{\beta(\epsilon_\lambda - \mu)} + 1} \tag{2.68}$$

其中, λ 为某一量子态; N_λ 和 ϵ_λ 分别为量子态 λ 的原子数和能量; $\beta = 1/k_B T$ 为温度的倒数参数; μ 为系统的化学势。在极限 $T = 0$ 下, 我们知道当 $\epsilon_\lambda < \mu$ 时, $N_\lambda = 1$, 而当 $\epsilon_\lambda > \mu$ 时, $N_\lambda = 0$, 即 N_λ 呈现出阶梯函数的特性。同时, 我们可以定义费米能 ϵ_F 和费米温度 T_F, 即

$$\epsilon_F = \mu \qquad (T = 0) \tag{2.69}$$

和

$$T_F = \frac{\epsilon_F}{k_B}. \tag{2.70}$$

通常, 费米温度就是我们所说的费米子的量子简并温度。

当系统温度在 $0 < T \ll T_F$ 的范围内时, 我们通常可以用索末菲近似来计算系统的相关热力学性质。其具体内容如下: 通常, 我们需要计算积分

$$I = \int d\epsilon N(\epsilon) f(\epsilon), \tag{2.71}$$

其中, $N(\epsilon)$ 满足费米–狄拉克分布。通过索末菲近似, 这一积分可以表达成

$$I = \int_{-\infty}^{\mu} \mathrm{d}\epsilon f(\epsilon) + \frac{\pi^2}{6}(k_\mathrm{B}T)^2 f'(\mu) + O(T^4), \tag{2.72}$$

其中，我们忽略了 T^4 以上的高阶修正。

接下来，我们举几个利用索末菲近似来计算低温费米气体的物理性质的例子。考虑一个三维简谐阱中的自旋为 s 的费米气体，其束缚阱的平均频率为 $\bar{\omega} = (\omega_x\omega_y\omega_z)^{1/3}$，其态密度为 $g(\epsilon) = \epsilon^2/(2\hbar^3\bar{\omega}^3)$。在温度 $0 < T \ll T_\mathrm{F}$ 下，其原子数可以用索末菲近似计算出

$$\frac{N}{2s+1} = \int_{-\infty}^{\mu} \mathrm{d}\epsilon g(\epsilon) + \frac{\pi^2}{6}(k_\mathrm{B}T)^2 g'(\mu) \tag{2.73}$$

$$= \frac{\mu^3}{6(\hbar\bar{\omega})^3} + \frac{\pi^2}{6}(k_\mathrm{B}T)^2 \frac{\mu}{(\hbar\bar{\omega})^3}. \tag{2.74}$$

如果假设其化学势为 $\mu = \epsilon_\mathrm{F} + \delta\mu$，那么我们可以得出

$$\delta\mu = -\frac{\pi^2}{3}\epsilon_\mathrm{F}\left(\frac{T}{T_\mathrm{F}}\right)^2, \tag{2.75}$$

即化学势的变化量关于温度的依赖关系。

更进一步，我们可以计算该系统在 $0 < T \ll T_\mathrm{F}$ 时的内能，即

$$U = \int \mathrm{d}\epsilon g(\epsilon)\epsilon N(\epsilon) \tag{2.76}$$

$$= \frac{3N\epsilon_\mathrm{F}}{4}\left[1 + \frac{2\pi^2}{3}\left(\frac{T}{T_\mathrm{F}}\right)^2\right], \tag{2.77}$$

而对于经典体系而言，我们知道系统的内能与温度的依赖关系呈线性，即 $U_\mathrm{cl} = 3Nk_\mathrm{B}T$，所以从式 (2.76) 中我们可以明显地看到费米气体量子简并的特性。更进一步，由于零温极限 $U(T=0) = 3N\epsilon_\mathrm{F}/4 > 0$，我们可以得出结论：由于费米子的泡利不相容性，零温费米子的内能仍大于 0。1999 年，科罗拉多大学的 DeMarco 和 Jin 在超冷 ^{40}K 费米气体中观测了其系统能量 (即内能) 随温度演化的关系图[62]，如图 2.12 所示。在图中，我们可以明显地观察到当温度较大时，系统的内能与经典系统的表达式 U_cl 相近，而随着温度趋近于 0，系统内能与经典表达式的差别 δU 逐渐增大。很明显可以看出，这一实验数据也验证了在 $T = 0$ 的极限下，系统的内能不为 0。

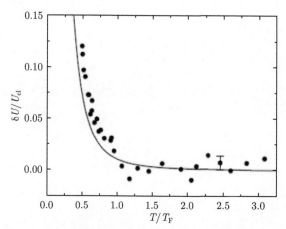

图 2.12 简并费米气体 ^{40}K 的能量随温度演化的关系图。其中黑点为实验观测数据，黑色实线为理论预测表达式。本图片引自参考文献 [62]

2.4.2 费米压与密度分布

对于经典气体而言，由于其满足状态方程 $P\Omega = Nk_{\mathrm{B}}T$，在极限 $T = 0$ 时，系统的压强为 0。然而，对于理想费米气体而言，由于其零温下的内能 $U(T = 0)$ 为非零值，则其在零温下的压强也不为零。我们将这一数值定义为费米压，其表达式为

$$P_{\mathrm{F}} = -\left.\frac{\partial U}{\partial \Omega}\right|_{T=0,N} \tag{2.78}$$

在一个箱势阱中，我们可以运用类似的索末菲近似，算出系统的内能表达式为 $U = (2s+1)\sqrt{2}\Omega m^{3/2}\epsilon_{\mathrm{F}}^{5/2}/(5\pi^2\hbar^3)$。代入式 (2.78)，我们可以得出箱势阱中的费米压为

$$P_{\mathrm{F}} = \frac{\hbar^2}{5m}\left(\frac{6\pi^2}{2s+1}\right)^{2/3} n^{5/3}, \tag{2.79}$$

即该压强与原子密度的 5/3 次方成正比。

现在，我们考虑一个简谐阱结构。对于一个量子费米气体系统，由于其原子数远大于 1，在泡利不相容机制的作用下，其系统宽度远大于简谐阱的谐振子长度 $l = \sqrt{\hbar/m\omega}$，因此，我们可以忽略在简谐阱中量子态的分立性，使用半经典近似。因而，我们可以表达原子的密度分布为

$$n(\boldsymbol{r}) = \int \frac{\mathrm{d}\boldsymbol{p}}{(2\pi\hbar)^3} f(\boldsymbol{r}, \boldsymbol{p}), \tag{2.80}$$

其中，$f(\boldsymbol{r}, \boldsymbol{p})$ 为相空间的概率密度。代入费米子的态密度及费米狄拉克分布，我

们可以得到

$$n(\boldsymbol{r}) = \int \frac{\mathrm{d}\boldsymbol{p}}{(2\pi\hbar)^3} \frac{2s+1}{\mathrm{e}^{\beta[\epsilon(\boldsymbol{r},\boldsymbol{p})-\mu]}+1}, \tag{2.81}$$

其中，$\epsilon(\boldsymbol{r},\boldsymbol{p}) = \dfrac{\boldsymbol{p}^2}{2m} + V(\boldsymbol{r})$ 为系统的动能加外势能。在温度等于 0 时，我们可以得到极限下的表达式

$$n(\boldsymbol{r}) = \frac{2s+1}{6\pi^2\hbar^3}\{2m[\epsilon_{\mathrm{F}} - V(\boldsymbol{r})]\}^{3/2}, \tag{2.82}$$

当外势场为简谐阱时，即 $V(\boldsymbol{r}) = \sum_j m\omega_j^2 x_j^2/2$，系统的原子数密度分布可以写成

$$n(\boldsymbol{r}) = \frac{2s+1}{6\pi^2\hbar^3}(2m\epsilon_{\mathrm{F}})^{3/2}\left[1 - \sum_j \left(\frac{x_j}{L_j}\right)^2\right]^{3/2}, \tag{2.83}$$

其中，$L_j = \sqrt{\dfrac{2\epsilon_{\mathrm{F}}}{m\omega_j^2}}$。从表达式 (2.83) 中，我们可以看出它的结构类似于相互作用的玻色子的托马斯–费米分布。其中，需要注意的是对应于玻色子的化学势 μ 和对应于费米子的费米能 ϵ_{F}。同时，费米子的表达式中的指数为 3/2。换而言之，量子简并的费米子具有更宽的原子数密度分布。在零温下的该分布，也是零温费米气体非零费米压的重要特征。

在 2001 年，巴黎高等师范学院的 C. Salomon 小组和美国莱斯大学的 R. Hulet 小组，都在各自的实验室中利用制备的 ^{7}Li-^{6}Li 的玻色–费米混合气体，观测到了费米压的存在[20, 21]。我们以 R. Hulet 小组的实验为例进行讲解。如图 2.13(a) 所示，R. Hulet 小组将 ^{7}Li-^{6}Li 的玻色–费米混合气体冷却至费米温度及其以下的温度，并观察其原子数密度的温度变化。当系统温度在费米温度 $T = T_{\mathrm{F}}$ 时，玻色气体与费米气体具有相似的分布宽度。而当系统进一步冷却时，虽然二者的分布宽度均有缩小，但由于费米压的存在，玻色气体的缩小程度远大于费米气体。更进一步，在图 2.13(b) 中，作者画出了 ^{6}Li 原子云原子数分布的 $1/e$ 轴向长度 r（即 r 满足 $n(r)/n(0) = 1/e$）随温度的变化图。图中，虚线为经典系统 $(r/R_{\mathrm{F}})^2$ 的解析表达式，其中 $R_{\mathrm{F}} = (2k_{\mathrm{B}}T_{\mathrm{F}}/m\omega^2)^{1/2}$ 为费米半径，实线为利用费米–狄拉克分布算出的表达式，而空心圆点为实验数据。在极限 $T \to 0$ 处，我们观察到 $(r/R_{\mathrm{F}})^2 = 0.48$。正是由于在 $T = 0$ 时，简谐阱里的每一个态都被单个费米子占据，直至费米能，这使得系统具有一个非零的平均能量和一个相应的费米压。而正是这个费米压导致了我们观测到的零温下的 r 值。因此，本实验实现了第一次在超冷费米系统中对费米压的观测。在同一时间，巴黎高等师范学院的 C. Salomon 小组做了类似的费米压测量实验，详细内容见文献 [20]，这里就不再赘述。

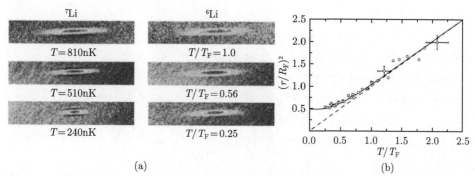

(a)   (b)

图 2.13 玻色–费米混合气体 ^{7}Li-^{6}Li 的费米压观测实验。(a) 在不同温度下两种气体的二维分布颜色成像图,其中,温度的不确定度为 8%,原子数的不确定度为 15%。(b) ^{6}Li 原子云原子数分布的 $1/e$ 轴向长度 r(即 r 满足 $n(r)/n(0) = 1/e$)随温度的变化图,其中 r 的不确定度为 3%。虚线为经典系统 $(r/R_{\mathrm{F}})^2$ 的解析表达式,实线为利用费米–狄拉克分布算出的表达式,而空心圆点为实验数据。当 $T = 0$ 时,极限为 $(r/R_{\mathrm{F}})^2 = 0.48$。本图引自文献 [21]

2.4.3 费米–哈伯德模型

接下来,我们讨论将费米系统置于三维光晶格中的情况。当我们将相互作用的费米子置于周期性势场中时,其物理系统仍可以像玻色子一样用哈伯德哈密顿量描述。对于接下来的讨论,我们假设原子系统只处于最低能带上,并且只包含两个可能的自旋态 $|\uparrow\rangle, |\downarrow\rangle$。在这个假设下,系统的哈密顿量可以用费米–哈伯德 (Fermi-Hubbard) 模型描述。在此处,我们假设一个外简谐势阱存在,其哈密顿量可写为

$$\mathcal{H} = -J \sum_{<R,R'>,\sigma} \left(\hat{c}_{R,\sigma}^\dagger \hat{c}_{R',\sigma} + \mathrm{H.c.} \right) + \frac{U}{2} \sum_R \hat{n}_{R,\uparrow} \hat{n}_{R,\downarrow} + \frac{1}{2} m\omega^2 \sum_{R,\sigma} R^2 \hat{n}_{R,\sigma}, \quad (2.84)$$

其中,下标 σ 表示自旋的维度。在玻色–哈伯德模型中,我们已经讨论过,零温的相极大地依赖于原子填充数,以及相互作用和动能的比值。在费米子中,其相图也极大地依赖于相互作用。但需要注意的是,由于只有自旋不同的两个费米子才可以占据相同的格点,因此其相互作用项只能来自于不同自旋的原子。

在费米–哈伯德模型中,一个重要的参数是系统的填充系数。考虑到在真实实验中一个外简谐阱的存在,我们在此处定义一个填充参数的特征值,即平均填充参数 ρ_{c},

$$\rho_{\mathrm{c}} = \frac{N_{\mathrm{F}} d^3}{\zeta^3}, \quad (2.85)$$

其中,$\zeta = \sqrt{2J/m\omega^2}$ 为在周期性晶格和简谐阱的综合外势场中的单原子波函数的特征局域化长度。在实验上,通过升高总原子数 N_{F}、降低隧穿参数 J 或者加

强简谐阱的束缚，我们都可以提高填充参数的数值。

图 2.14 展示了苏黎世联邦理工大学 T. Esslinger 小组在 2005 年发表的对于光晶格系统中无相互作用的费米气体的费米面观测[63]，图中的五个子图展示了在绝热关闭光晶格后系统的 TOF 图像。从图 2.14(a)~(e)，通过改变原子数和光晶格的深度，持续升高该系统的填充参数。在这一改变下，系统从一个低填充的导电态，变成了一个单种原子均在单个格点完全局域化的能带绝缘体 (band-insulator)。同时，值得一提的是，在图 2.14(b) 中我们还可以清晰地看到第一、第二布里渊区的边界。

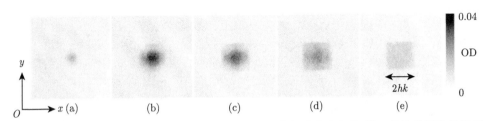

图 2.14　费米面观测实验: 图中展示的是三维晶格中的超冷费米气体 ^{40}K 绝热关闭光晶格后的 TOF 图像。从 (a)~(e), 填充系数逐渐升高, 系统从一个导体变成能态绝缘体。本图引自文献 [63]

在 2008 年，苏黎世联邦理工大学 T. Esslinger 小组和德国马克斯–普朗克研究所的 I. Bloch 小组分别完成了相互作用的费米–哈伯德模型的相图观测，见文献 [64,65]。我们以 I. Bloch 小组的实验为例，介绍这一情况下的物理特性。在该实验中，该小组为系统施加了一个不均匀的外简谐场，其哈密顿量中的相应项写为

$$\mathcal{H}_t = V_t \sum_i (i_x^2 + i_y^2 + \gamma^2 i_z^2)(\hat{n}_{i,\downarrow} + \hat{n}_{i,\uparrow}), \tag{2.86}$$

其中，阱频率比值为 $\gamma = \omega_z/\omega_\perp$，$i_j$ 为 j 方向的格点数，而 $\omega_\perp = \omega_x = \omega_y$。在该系统中，判定其物相主要依据三个能量，即相互作用参数 U，能带宽度 $12J$，以及阱特征能量 E_t，其表达式为

$$E_t = V_t \left(\frac{3\gamma N_\sigma}{4\pi} \right)^{2/3}, \tag{2.87}$$

其中，$N_\sigma = N_\uparrow = N_\downarrow$ 为等自旋组分气体的单个自旋组分的原子数，这一参数与前面提到的特征填充参数是一致的。在三种不同的范围内，系统将呈现不同的物相，如图 2.15 所示。具体而言:

(1) 当 $U \ll E_t \ll 12J$ 时，系统处在浅简谐阱及弱相互作用的状态。这时，系

统的费米能小于晶格带宽，原子会在系统中扩散以减小其动能，这会使得我们获得一个原子填充数 $\langle n_{i,\sigma} \rangle < 1$ 的导电态，即金属态。

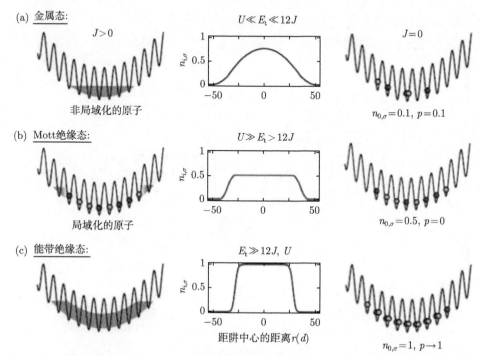

图 2.15　零温下简谐阱中的费米自旋混合气哈伯德模型的相关物相。左侧为其不同物态的示意图，中间为对应的简谐阱中的参数范围及原子密度分布，右侧为快速关闭隧穿 J 之后单、双原子数占据的格点的示意图，其中 ρ 为双原子占据格点的组分。图片引自文献 [64]

　　(2) 当 $U \gg E_t > 12J$ 时，由于极强的相互作用，根据系统原子填充数的不同，系统可能处于费米液体态 ($\langle n_{i,\sigma} \rangle \neq 1/2$) 或 Mott 绝缘态 ($\langle n_{i,\sigma} \rangle = 1/2$)。

　　(3) 当 $E_t \gg U, 12J$ 时，系统的简谐阱束缚极强，这会导致系统成为一个不可压缩的能带绝缘体状态，其填充数为整数 ($\langle n_{i,\sigma} \rangle = 1$)。

　　而图 2.15 中的中间和右侧分别展示了在不同物态下的原子数密度分布图和淬火至零隧穿极限的单、双原子布居示意图，我们对此不再做深入介绍，详细信息可参见文献 [64]。

　　图 2.16 展示了在实验测量中的自旋混合费米气体的电子云尺寸 R_{sc} 和压缩参数 $E_t/12J$ 的测量数据图。其中，实验数据结果用实心球表示，不同颜色的数据表示不同的相互作用参数 $U/12J$，而实线为密度平均场理论 (DMFT) 的计算结果。在相互作用为 $U/12J = 0.5, 1$ 时 (即图中的绿色和蓝色数据)，当系统的束缚增大至 $E_t > 12J$ 时，我们可以看到系统进入能带绝缘体的状态。而当继续增

强相互作用 $U/12J = 1.5$ 时 (即红色数据)，随着系统束缚参数的增强，我们观察到一个缓慢减小的区域 $(0.5 < E_t/12J < 0.7)$，之后继续增大束缚，系统的原子云尺寸会以较大速度减小。而这一区域正是符合一个不可压缩的 Mott 绝缘态的内核，被可压缩的金属态外壳环绕的结构的物理性质。同时，对于无相互作用的情况 (灰色数据)，我们看到图 2.16 中 A~E 的 TOF 图像，重现了图 2.14 中的结果。

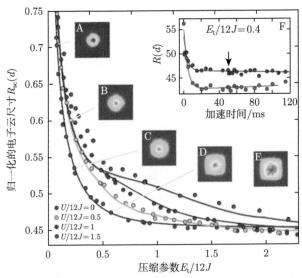

图 2.16　自旋混合费米气体的电子云尺寸 R_{sc} 和压缩参数 $E_t/12J$ 的测量数据图。其中，不同颜色的数据表示不同的相互作用参数 $U/12J$。图中实线为密度平均场理论的计算结果。A~E 展示了五个数据点的准动量分布。F 为在束缚参数 $E_t/12J = 0.4$ 下的加速时间与电子云尺寸的关系图。图片引自文献 [64]

以上，我们介绍了关于超冷费米子的一些常用的基础知识和基础理论，以及一些相关的实验测量。在最近十年中，超冷简并费米气体的科学研究蓬勃发展。利用其自身自旋的属性，其主要引发的应用有量子传导 (quantum transport)、关于物体磁态的量子模拟、关于拓扑性质的量子模拟等。然而在本书中，我们将不再对超冷费米子的这些应用做详细介绍，对这些内容感兴趣的读者建议查看相关文献，例如文献 [66-70]。在第三章，我们将回到玻色子的介绍，并正式进入对低维气体的基本理论的讨论。

第三章　一维玻色量子气体理论

随着量子光学与量子技术的发展，人们可以利用一些前沿技术改变冷原子系统的维度而制造出低维冷原子系统。一维玻色量子系统由于具有多种特殊的物理性质，在近几十年的科研中吸引了很多理论和实验物理学家的关注并对其进行研究。在本章，我们首先将笼统地介绍一下一维玻色量子系统的独特性质、研究兴趣和制备方法；然后，将详细介绍一维玻色气体的描述方式和基本性质。首先，针对连续系统中的一维玻色量子气体，我们会着重解释当今科研中最常运用的两种描述方式：粒子性描述的 Lieb-Liniger 模型和场算符描述的 Tomonaga-Luttinger 模型，以及在这些模型下描述的玻色气体体现出的一些基本性质。之后，我们将介绍一维玻色量子气体在不同深度的晶格系统中的基本性质及其相图。我们希望通过本章的讲解，让读者了解一维玻色气体的常用描述方式 (即常用哈密顿量和常用模型) 以及它的基本物理性质，为阅读更高级的科研文献打下坚实基础。

3.1　一维玻色量子气体简介

3.1.1　一维玻色量子气体的特殊性

传统的三维量子气体是 2000 年左右这一时期科学家研究的重点。而最近十几年来，一维玻色量子气体由于其特殊的物理性质引起了物理学家的广泛关注和兴趣。其主要特殊点可以总结为两点：相互作用与密度关系的逆向性和单原子行为的集体性，下面我们分别对其做详细介绍。

1. 相互作用与密度的逆向性

考虑均匀体系中一维度为 d 的玻色量子气体系统，其哈密顿量主要含有两个部分：动能项和相互作用项。考虑两种极端情况：完全非局域化 (delocalized) 的系统和完全局域化 (localized) 的系统，两种系统的示意图如图 3.1 所示。对于完全非局域化的情况，原子均匀分布在整个系统中，原子之间的相互作用非常充分。而因为它们之间的相互作用为短程排斥相互作用，所以每个原子的独立运动都受到较强的限制。对于这种极限情况，我们估算每个原子的平均能量 $e_1 = E/N$ 的时候，可以认为动能忽略不计，而其能量近似等于它感受到的相互作用能

$$e_1 \simeq \frac{1}{2}gn \tag{3.1}$$

其中，g 是原子相互作用耦合常数，定义与前面章节相同；n 为原子数密度。而对于另一种极端情况，也就是完全局域化的情况，每个原子几乎可以在体积为 $1/n = V/N$ 的空间中完全独立而充分地自由运动，原子之间由于距离过远而几乎感受不到相互作用，所以我们在估算每个原子能量 e_2 的时候，可以忽略相互作用能，得到

$$e_2 \simeq \frac{\hbar^2}{2ma^2\Delta x^2} = \frac{\hbar^2 n^{2/d}}{m}, \tag{3.2}$$

其中，d 是原子所在空间的维度，而 $\Delta x = 1/n^d$ 是每个原子在每一个维度上的近似的自由运动空间。如果一个系统是强相互作用系统，那么它应该满足条件 $e_1 \gg e_2$，即原子的排斥作用效果远大于其自由运动。在三维空间 ($d = 3$) 中，这也就意味着

$$n^{1/3} \gg \frac{\hbar^2}{mg}, \tag{3.3}$$

即原子数密度较高的系统其相互作用较强，这也符合我们的一般认知。而相反，对于一维系统 ($d = 1$) 而言，我们会得到

$$n^{-1} \gg \frac{\hbar^2}{mg}. \tag{3.4}$$

而这个式子告诉我们，原子数密度越低的系统处于强相互作用，这和我们的传统认知是完全相反的。更有趣的是，对于一维玻色子，当它处于极强相互作用和低温的时候，它会被费米化，而其部分性质和理想费米子完全一致。这个有趣的现象只在一维时发生，我们会在本章后面的 3.2 节进行更详细的介绍。还有一点值得强调的是，在二维空间 ($d = 2$) 中，上面的讨论表明相互作用不会和 n 的幂函数成正比，这是因为在二维空间中的相互作用和散射理论更加复杂，我们会在第五章对其进行更详细的讲解。

(a)   (b)

图 3.1　相互作用的量子气体的两种极端情况：(a) 完全非局域化；(b) 完全局域化

我们通过观察公式 (3.4) 的结构，还可以定义一个无量纲的参数

$$\gamma = \frac{mg}{\hbar^2 n}. \tag{3.5}$$

这个参数也叫做 Lieb-Liniger 参数。对于一维玻色子体系而言，它是判断相互作用强度的直接指标。我们可以根据 γ 的大小来判断系统是否处于强相互作用极限

$(\gamma \gg 1)$ 或弱相互作用极限 $(\gamma \ll 1)$。在后面的讨论中，我们将广泛采用这一参数来讨论系统的相互作用强弱。

2. 单原子行为的集体性

我们可以通过日常生活中交通路面的车辆行驶来理解一维气体的这一特殊性质。如图 3.2 展示的是两种不同场景下的车辆行驶状况：单行道和多行道。单行道可以看成是一个一维系统，假设所有车辆正在匀速行驶，这时车辆 A 突然急刹车，那么其他车辆的匀速行驶势必会因此而发生改变，所有车辆都会或多或少受到它的影响，即便在远方的车辆 B 也无法幸免。相反，如果考虑有四条行车道的多行道，这可以被看成一个二维系统，即便车辆 A 急刹车，在远处另一条车道的车辆 B 有可能完全不会感受到这一动作造成的影响。通过这一事例，我们可以类比理解在一维体系中的单原子行为的集体性。在一维体系中，单个原子的某一行为总能转化成某种形势的扰动并在整个体系中传播，从而影响到其他所有原子。也正因此，一维冷原子可以很好地用量子场来描述，这一描述也称为 Luttinger 描述。我们会在本章的 3.2.4 节对这一描述进行详细的介绍。

(a)	(b)

图 3.2　两种典型交通行车道示意图，用于解释一维系统的集体性行为。(a) 单行道；(b) 多行道

3.1.2　一维玻色量子气体的制备方法

接下来，我们将简单地介绍在具体实验中是如何制备一维冷原子气体的。

光晶格切割法是冷原子系统较为常见的一种制造低维量子气体的方法。首先，我们按照第二章所讲解的步骤，制造一个三维的冷原子团，通常为三维的玻色–爱因斯坦凝聚体 (BEC)。然后，如图 3.3(a) 所示，我们利用两组对射的激光束，制造出一个频率极大、波长极短的二维光晶格。这个光晶格的作用相当于切片，把三维的冷原子气体砍成了一堆一维冷原子束，如图 3.3(b) 所示。我们可以将这个过程理解为平时我们在厨房中做菜的时候切土豆，如果在横竖两个方向都切很多刀，就会得到一堆一维结构的土豆丝。在这里，光晶格就充当了厨房中切土豆的菜刀的角色，而切出来的原子的横截面积则取决于光晶格的深度和周期，即这组对射激光的光强和频率。同时，相邻原子束之间的距离是由光晶格的波长控制的，即激光频率。在这里，对于每一个原子束，由于在光晶格切割的两个维度上其系统的尺度极小，能级差极大，这导致几乎没有物理作用会发生在这两个维度，所以我们可以把每一个原子束都看成是一个一维冷原子体系。利用类似的方法，我们也可以用一维光晶格切割产生二维冷原子系统。这种切割法的好处在于，对于通常切割产生的一维冷原子体系，我们可以很好地控制系统的相互作用，其相互作用常数 γ 通常可以调到很小或很大的值而几乎没有任何限制。但它的缺点是，在实际的实验系统中，我们通常会一次产生 $100 \sim 10000$ 个一维冷原子束，而不是单一的一维原子束。但它们之间距离一般较远，冷原子束之间不会有相互作用，所以这种多个一维冷原子束组成的系统通常可以通过一些有效的加权平均把其等效为单个的一维冷原子体系。

(a)　　　　　　　　　　　　　　　　　　(b)

图 3.3　　光晶格切割法示意图。(a) 二维光晶格的激光束示意图；(b) 切割后的一维冷原子束组。图片来自文献 [5]

另一种比较常见的方法是原子芯片法，详见文献 [71]。需要指出，相比于光晶格切割法，原子芯片制造的一维冷原子体系的优点是只有一个冷原子束。然而，它的缺点在于系统的相互作用只能在有限的范围内调节，通常这种情况下产生的系统为弱相互作用，对于 $\gamma > 1$ 的相互作用强度，原子芯片系统一般很难达到。

3.2　连续系统中的一维玻色气体

在本节中，我们将详细介绍连续系统中的一维玻色系统。首先，我们将介绍 Lieb-Liniger 模型与 Lieb-Liniger 哈密顿量，这一模型把整个系统看成是二体相互作用的独立粒子组成的体系。这也是在冷原子科研中最常用到的描述系统的模型。之后，我们将介绍两种可以有效求解这一哈密顿量的算法：Bethe 拟设和 Yang-Yang 热动力学算法。最后，我们将讨论 Luttinger 液体理论，这一理论用场算符的算法来描述低温的一维系统，提出了另一种有效描述一维玻色体系的哈密顿量。我们希望通过阅读本章，读者能够掌握一维连续玻色气体的所有基础知识，为大家阅读前沿文献提供必要的基础。

3.2.1 Lieb-Liniger 模型与短程相互作用

在本章中，我们将总是考虑在不同外势能下的排斥相互作用的一维冷玻色子体系。而描述这种体系最常用到的模型就是 Lieb 和 Liniger 在 1963 年提出的 Lieb-Liniger 模型[72,73]，它的哈密顿量写为

$$\mathcal{H} = \sum_{1 \leqslant j \leqslant N} \left[-\frac{\hbar^2}{2m} \frac{\partial^2}{\partial x_j^2} + V(x_j) \right] + g \sum_{j < \ell} \delta(x_j - x_\ell), \tag{3.6}$$

其中，m 是原子质量；x 是原子的空间坐标；g 是上文中提到的二体相互作用耦合常数，当 $g > 0$ 时为排斥相互作用。在哈密顿量中，其中的三项从左到右依次为动能项、外势能项和二体相互作用项。对于外势能项 $V(x)$，我们将在本章讨论多种不同情形：无外势能、简谐阱系统、一维周期性晶格系统。

在此，我们需要详细讨论一下相互作用项中耦合常数 g 的实际物理意义，即其与实际实验参数的对应关系。根据 3.1.2 节所介绍的，我们讨论的一维系统通常是由一个横向 (y, z 方向，即横截面方向) 的强束缚而形成的。这种束缚总可以近似地由某个横向的简谐阱来描述，其对应的频率为 $\omega_\perp$。我们在本章中讨论的是严格一维气体，即它应满足条件

$$\hbar\omega_\perp \gg k_{\mathrm{B}}T, \mu, \tag{3.7}$$

其中，T 为系统的温度；μ 是系统的化学势。这一条件意味着在一维系统的横向没有任何有效的能量激发可以发生，也就说明所有有意义的物理效应全部发生在径向 (x 方向，即沿着一维系统的方向)。在实际实验中，相互作用通常是由 Feshbach 共振[74] 或二维光晶格[75] 控制的，在这种实验系统中包含相互作用信息的物理量为三维散射长度 a_{sc}。在冷原子体系中，这种散射通常为 s 波散射。对于一个由三维系统制备出来的严格一维系统而言，我们通常可以定义它的一维散射长度[76]为

$$a_{1\mathrm{D}} = -l_\perp \left(\frac{l_\perp}{a_{\mathrm{sc}}} - C \right) \tag{3.8}$$

这里，$l_\perp = \sqrt{\hbar/m\omega_\perp}$ 是横向简谐振子长度；常数 C 的表达式为 $C = |\zeta(1/2)|/\sqrt{2} = 1.0326$，其中 ζ 是黎曼 ζ 函数。对于 s 波散射的短程相互作用，由于其中心对称性，我们可以根据文献 [77] 中的赝势能假设，用 δ 函数来等效描述这种相互作用。因而我们可以写出式 (3.6) 中的哈密顿量形式，并得到在这种形势下的耦合常数 g 与散射长度的关系

$$g = -\frac{2\hbar^2}{ma_{1D}}. \tag{3.9}$$

在后面的讨论中，我们考虑在实际冷原子实验中的最常见情况，即 a_{1D} 为负值而 g 为正值，这也代表了相互作用为排斥相互作用。同时，这里还有两个要点需要强调。第一，在三维系统中，耦合参数 g 随着散射长度 a_{3D} 的增大而增大；而在一维体系中，这一结论恰好相反，耦合参数 g 随着散射长度 a_{1D} 的绝对值的增大而减小。第二，在冷原子物理实验中，我们还可以经常看到一个名词叫做雪茄型 (cigar shape) 系统，或细长型 (elongated) 系统。值得注意的是，这种体系与我们这里讨论的严格一维系统是不等价的。虽然这一体系的径向尺度远大于另外两个横向的尺度，但它并不能保证满足式 (3.7) 中的条件。在这种体系中，式 (3.6) 和式 (3.9) 都有可能不再满足，这使得我们必须考虑一个三维的物理结构，并基于它建立一种有效的准一维模型，一些有效的方法详见参考文献 [78-81]，这里不再赘述。但当我们遇到"雪茄型系统的严格一维极限"这种表述时，它通常意味着满足式 (3.9) 的雪茄型系统，这时我们可以用式 (3.6) 描述这一系统。

我们在本小节中提到的 Lieb-Liniger 模型，即式 (3.6)，在无外势能的条件 $(V(x) = 0)$ 下，是一个很经典的可积模型。在零温度和有限温度下，它可以分别用 Bethe 拟设和 Yang-Yang 热动力学算法来解析求解。在接下来两个小节中，我们将依次详细地介绍这两种算法。

3.2.2 零温度下的一维玻色子与 Bethe 拟设

在 1963 年的时候，Lieb 和 Liniger 提出了在热力学极限 $(L \to +\infty)$ 和零温度极限 $(T = 0)$ 下精确求解式 (3.6) 中的哈密顿量的方法，这一方法称作 Bethe 拟设[72,73]。Bethe 拟设在最前沿的冷原子理论研究中是非常常用的一种方法，在很多一维冷原子理论和实验的热点论文中都会用到。在本小节，我们将详细介绍这一方法的基本原理，以及如何将它应用在实际问题中。

这一拟设的最核心出发点是提出一种猜想的波函数形式，为

$$\psi_B(x_1 < x_2 < \cdots < x_N) = \sum_P A(P) e^{i \sum_n k_{P(n)} x_n}, \tag{3.10}$$

这里，$x_1 < x_2 < \cdots < x_N$ 代表 N 个原子的位置；P 表示这些原子 $N!$ 种可能的排列，而 $A(P)$ 则是每一种排列对应的振幅。需要指出，在初始假设中我们是

不知道 $A(P)$ 的具体大小的。下面，我们来解释一下这一猜想的波函数的合理性。首先，我们考虑没有相互作用的情形，即在式 (3.6) 中只考虑动能项, 这时这 N 个原子的整体波函数为考虑不同排列情况下的多个平面波的乘积。接下来，我们考虑加入相互作用。我们假设相互作用会使得动量为 k_m 和 k_n 的两个原子产生碰撞。由于一维系统几何空间的限制，它们在碰撞后只有两种可能，即保持自己的原有动量或者相互交换动量。而这一机制其实可以转化为参数 $A(P)$ 的某一限制条件：如果我们假设 P 和 P' 这两种不同的排列，它们唯一的差别在于动量 k_m 和 k_n 进行了交换，那么我们可以根据薛定谔方程得到

$$A(P) = \frac{k_m - k_n + \mathrm{i}\tilde{g}}{k_m - k_n - \mathrm{i}\tilde{g}} A(P'),$$ (3.11)

这里的参数 $\tilde{g} = mg/\hbar^2$ 是无量纲的相互作用耦合常数。

在 $g > 0$ 的情况下，我们接下来考虑另一个极限，即强相互作用极限 $g = \infty$, 也叫做硬核极限。这一极限下的解可以直接写为

$$\psi_{\mathrm{B}}(x_1 < x_2 < \cdots < x_N) = S(x_1 < x_2 < \cdots < x_N)\psi_{\mathrm{F}}(x_1 < x_2 < \cdots < x_N)$$ (3.12)

其中, $S(x_1 < x_2 < \cdots < x_N) = \prod_{i>j} \mathrm{sign}(x_i - x_j)$, 而 $\psi_{\mathrm{F}}(x_1 < x_2 < \cdots < x_N)$ 为无自旋的理想费米子的波函数。我们可以通过物理意义来理解这一波函数的合理性。在强相互作用极限下，由于相互作用为短程排斥相互作用，那么极强的相互作用就会完全阻止任意两个原子出现在同一空间位置，在空间中形成一种等效的 "泡利不相容原理"。同时，由于一维空间的特殊性，任意一个原子都不可能越过它的邻居而与其他原子碰面，所以也就意味着一个体系一旦确定了一种排列，那么它之中不相邻的原子就不可能有任何直接的相互作用。这种空间上的等效泡利排斥力，使得这种系统的大部分性质都可以等效成理想费米子 (与动量空间泡利不相容相关的性质是无法等效为费米子的)。值得注意的是，由于我们的系统仍为玻色子，式 (3.12) 中的 S 是为了抵消掉费米子波函数交换原子顺序所产生的符号。这种系统也被称为 Tonks-Girardeau(TG) 气体，这里我们只是对于这个极限进行了定性的介绍，其定量的推导详见文献 [82,83]。对于 TG 气体而言，它的能量可写为理想费米子的能量，即

$$E = \sum_n \frac{\hbar^2 k_n^2}{2m}.$$ (3.13)

现在我们可以回到 Bethe 拟设所提出的波函数解，即式 (3.10)。我们可以把 Bethe 拟设的波函数解看成是 TG 解的一般化形式，或者说 TG 解是 Bethe 拟设解的一种特殊情况。这时，我们可以把式 (3.11) 看成是准动量 $\{k_n\}$ 的一个限制条件，即

$$e^{ik_m L} = \prod_{n=1, n \neq m}^{N} \frac{k_m - k_n + i\tilde{g}}{k_m - k_n - i\tilde{g}}. \tag{3.14}$$

值得注意的是，式 (3.14) 其实是一种周期性边界条件，这也就是我们在有些文献上看到描述说"Bethe 拟设的本质是把相互作用转化为周期性边界条件"的原因。取式 (3.14) 的对数，我们可以得到

$$k_n = \frac{2\pi I_n}{L} + \frac{1}{L} \sum_n \lg \left(\frac{k_m - k_n + i\tilde{g}}{k_m - k_n - i\tilde{g}} \right), \tag{3.15}$$

这里 $\{I_n\}$ 是一系列整数。接下来，我们定义动量密度为 $\rho(k_n) = 1/[L(k_{n+1} - k_n)]$，并取动量空间连续的极限，即假设动量 $\{k_n\}$ 为一段连续的 k，那么就可以把式 (3.15) 转化为

$$2\pi\rho(k) = 1 + 2 \int_{-q_0}^{q_0} \frac{\tilde{g}\rho(k')}{(k-k')^2 + \tilde{g}^2}, \tag{3.16}$$

这里 q_0 是动量密度的边界，即对于任意 $|k| > q_0$，我们总有 $\rho(k) = 0$。在连续动量极限下，式 (3.13) 也应被改写为

$$E = L \int_{q_0}^{q_0} dk \frac{\hbar^2 k^2}{2m} \rho(k), \tag{3.17}$$

其中，原子数密度 ρ_0 的定义为

$$\rho_0 = \int_{-q_0}^{q_0} \rho(k) dk. \tag{3.18}$$

然而，上面的公式并不是大多数冷原子理论科研论文中所用到的形式。在实际的科研中，我们通常将这些式子转化为无量纲的形式，最常用的去量纲的方法为

$$G(q) = \rho(k/q_0), \quad \alpha = \frac{\tilde{g}}{q_0}, \quad \gamma = \frac{\tilde{g}}{\rho_0}, \tag{3.19}$$

运用上述方法将式 (3.17) 和式 (3.18) 去掉量纲，我们就可以得到 Lieb-Liniger 方程，即

$$\alpha = \gamma \int_{-1}^{+1} dq G(q), \tag{3.20}$$

$$G(q) = \frac{1}{2\pi} + \int_{-1}^{+1} \frac{d\,q'}{2\pi} G(q') \frac{2\alpha}{(q'-q)^2 + \alpha^2}, \tag{3.21}$$

这里，G 是我们拟设的态密度；q 是准动量；γ 是控制系统相互作用大小的 Lieb-Liniger 参数。值得注意的是，γ 在这里的定义与 3.1 小节的讨论是完全吻合的，见式 (3.5)。

Bethe 拟设的这两个方程其实形成了一个封闭的循环，而这个循环的解是存在且唯一的。不难看出，这个封闭循环方程的解依赖于一个独立的参数，即 Lieb-Liniger 参数 γ。对于每一个给定的不小于 0 的 γ，我们总可以计算出对应的 α 和 $G(q)$。而利用得到的解，我们可以算出一个非常有用的函数 $e(\gamma)$，其定义为

$$e(\gamma) = \left(\frac{\gamma}{\alpha(\gamma)}\right)^3 \int_{-1}^{+1} \mathrm{d}q \, G(q;\gamma)q^2. \tag{3.22}$$

这个函数的重要意义在于它可以用于计算玻色子的所有基态的性质。例如，如果你想知道基态的能量，则它的表达式为

$$E = \frac{\hbar^2 L n^3}{2m} e(\gamma), \tag{3.23}$$

如果你想知道它的化学势 μ，那么其表达式为

$$\mu = \left.\frac{\partial E}{\partial N}\right|_L = \frac{\hbar^2}{2m} n^2 \left[3e(\gamma) - \gamma e'(\gamma)\right]. \tag{3.24}$$

值得注意的是，由于参数 γ 是原子数密度 n 的函数，所以由式 (3.24) 所得到的解给出的实际上是系统的状态方程，即化学势与原子数密度的关系 $\mu = \mu(n)$。接下来我们通过一道思考题来理解 Bethe 拟设的应用。

思考题 3-1 Bethe 拟设的核心为 Lieb-Liniger 方程，对于任意一个给定的 γ，其解 α 和 $G(q)$ 都可以通过解循环方程得到，这一求解过程通常通过编程实现。请思考并写出利用 Lieb-Liniger 方程求解系统状态方程的步骤 (不需写出具体程序)。

解答 3-1 具体求解步骤如下：

(1) 猜想一个合理的初始解，我们将它称为 α_0 和 $G_0(\xi)$；

(2) 把初始解代入式 (3.21)，可以得到一个新的 $G_1(\xi)$；

(3) 将得到的 $G_1(\xi)$ 代入式 (3.20)，可以得到一个新的 α_1；

(4) 利用新得到的 $G_1(\xi)$ 和 α_1，重复第 (2)、(3) 两步，可以得到 $G_2(\xi)$ 和 α_2，$G_3(\xi)$ 和 α_3，$\cdots$，在进行了 n 次循环后，我们可以得到 $G_n(\xi)$ 和 α_n；

(5) 每进行一次循环，我们所得到的解就会向真实解靠近一点。当进行足够多的 m 次循环以后，如果 $G_m(\xi)$ 和 $G_{m-1}(\xi)$ 的差别以及 α_m 和 α_{m-1} 的差别达到了我们的精确度要求，则可以停止计算。而 $G_m(\xi)$ 和 α_m 就是我们的最终解。

值得注意的是，在上述步骤中隐藏了一个技术性的陷阱，即步骤 (1)。我们在这一步说"猜想一个合理的初始解"，这句话虽然看似简单，但在实际操作中很讲

究技巧。从原则上讲，诚然，任何一个初始解在经过足够多次循环运算之后，都应该能到达符合我们精确度要求的最终解。但是，如果我们猜了一个好的初始解，那么相比一个差的初始解而言，它能够在更少的循环次数后到达最终解，也就是说它可以极大地节省计算机程序的运算时间。我们注意到，当 $\gamma \to +\infty$ 的时候，式 (3.20) 将导致 $\alpha \to +\infty$，这也就意味着式 (3.21) 中等号右侧的第二项趋于 0，那么我们就能得到 $G(q) = 1/2\pi$。所以，我们可以从一个大的 γ 开始求解，比如取 $\gamma = 100$，然后猜想的初始解为 $\alpha = 1000, G(q) = 1/2\pi$，再进行运算，假设得到的结果为 $G_{\gamma=100}(q)$ 和 $\alpha_{\gamma=100}$。接下来，我们计算一个比 $\gamma = 100$ 小一点但相差不远的相互作用，比如 $\gamma = 95$。由于 γ 的变化较小，我们可以认为最终解 α 和 $G(q)$ 的变化也会比较小，所以我们可以用 $G_{\gamma=100}(q)$ 和 $\alpha_{\gamma=100}$ 作为计算 $\gamma = 95$ 的猜想初始解。类似地，我们可以依次计算 $\gamma = 90, \gamma = 80, \gamma = 50, \cdots, \gamma = 0.01$。如果我们每次只减小一点 γ 的值，并始终用上一次运算的结果作为下一个运算的初始解，就可以保障初始解是合理的并且极大地节省运算时间。其实，这里谈到的问题在很多物理和数学的科研中都会遇到，当我们说"猜想一个合理值"的时候，往往不能打一个响指就猜出一个随机的解，其中反而需要运用一些技巧去"猜"出一个合理的解。掌握"猜"的技巧，在很多实际运算和科研中都能极大地提高工作的效率性和合理性。

利用上面所讲到的方法，我们可以先算出 α 和 $G(q)$，并代入式 (3.22) 算出 $e(\gamma)$，然后利用式 (3.23) 和式 (3.24) 可以求解出系统的状态方程。我们用上述方法进行了编程计算，其结果如图 3.4 中的黑色曲线所示。接下来，我们再用一个小的例题来讨论这条曲线的合理性以及它带给我们的有用的信息。

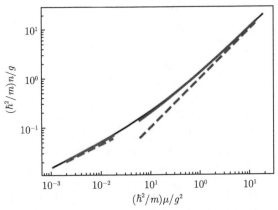

图 3.4　一维相互作用的玻色量子气体在热力学极限和零温度下的状态方程。其中，Bethe 拟设的解为黑色曲线，彩色曲线为不同近似下的解析解，它们是：$\gamma \to \infty$ (红色虚线), $\gamma \gg 1$ (红色实线), $\gamma \to 0$ (蓝色虚线) 和 $\gamma \ll 1$ (蓝色实线)

思考题 3-2 推导求解一维玻色气体在热动力学极限和零温度极限下，以及在两种相互作用极限，即强相互作用极限 $\gamma \to +\infty$ 和弱相互作用极限 $\gamma \to 0$ 之下的状态方程。

解答 3-2 接下来我们分别详细讨论两种相互作用强度极限下的系统的状态方程求解方法。

1) 强相互作用，即 $\gamma \gg 1$

我们在 Bethe 拟设的讲解部分已经提到，当相互作用极强的时候，这种强相互作用会形成坐标空间的泡利不相容原理，从而导致系统可以被等效地看成理想费米子，也被称作 TG 气体。当然，我们要注意系统的部分性质仍保留了玻色子的特性，比如其波函数仍然是对称性的。然而，我们仍然可以用理想费米子的性质去计算系统的总能量，即

$$E = \int_{-k_{\mathrm{F}}}^{k_{\mathrm{F}}} \frac{L \mathrm{d}k}{2\pi} \frac{\hbar^2 k^2}{2m} = \frac{\pi^2 \hbar^2 L n^3}{6m}, \tag{3.25}$$

其中，k_{F} 为费米动量。之后，利用公式 $\mu = \partial E/\partial N$，我们可以得到系统的状态方程为

$$n = \sqrt{\frac{2m\mu}{\pi^2 \hbar^2}}. \tag{3.26}$$

值得注意的是，如思考题 3-1 的解答所讨论的，如果我们取极限 $g \to +\infty$，那么 Lieb-Liniger 方程 (3.21) 中的右侧第二项会趋近于 0，我们会得到 $G(k) = 1/2\pi$。之后，在式 (3.20) 中，我们会得到 $\alpha \to \infty$，更确切地说，为 $\alpha/\gamma = 1/\pi$。将得到的结果代入式 (3.22) 和式 (3.23)，我们可以得到总能量的表达式并发现它与式 (3.25) 是一致的。

在图 3.4 中，红色的虚线为表达式 (3.26) 所给出的状态方程。可以看出，在极限 $\gamma \to \infty$ 下 (等价于 $(\hbar^2/m)n/g \to 0$)，它与 Bethe 拟设的解相吻合。另外，如果考虑状态方程中的更高阶修正项，我们可以得到更详尽的状态方程，它的表达式为

$$n = \sqrt{\frac{2m\mu}{\pi^2 \hbar^2}} + \frac{8\mu}{3\pi g} - \frac{2\sqrt{2}\mu^{1.5}}{\pi^2 g^2}. \tag{3.27}$$

我们也在图 3.4 中用红色的实线画出了式 (3.27)，可以看出，在更大的范围内，它与 Bethe 拟设的解相吻合，即 $\gamma \gg 1$ (等价于 $(\hbar^2/m)n/g \ll 1$).

2) 弱相互作用，即 $\gamma \ll 1$

在弱相互作用的情况下，即 $\gamma \to 0$, 类似于第二章对冷原子的一般性讨论，我

们可以使用 GP 方程来描述系统的性质，即

$$\mu\psi = -\frac{\hbar^2}{2m}\nabla^2\psi + V(x)\psi + g|\psi|^2\psi, \tag{3.28}$$

其中 ψ 为波函数，而相互作用项是以一个非线性项的形式出现在方程中。类似于第二章讨论的一般情况，求解 GP 方程可以帮助我们得到状态方程以及总能量的表达式，即

$$n = \frac{\mu}{g}, \tag{3.29}$$

$$E = \frac{1}{2}gn^2 L. \tag{3.30}$$

这里，需要指出，如果对 Bethe 拟设的方程取极限 $\gamma \to 0$，我们很难直接得到上述解，因为式 (1.21) 中的积分项无法被忽略或者近似成某一个值。然而，从图 3.4 中可以看出，我们用蓝色虚线画出状态方程 (3.29)，它在极限 $\gamma \to 0$ 下 (等价于 $(\hbar^2/m)n/g \to \infty$) 与 Bethe 拟设拟合得很好。类似于强相互作用的情况，我们也可以考虑更高阶的修正项并得到更精确的状态方程，其表达式为

$$n = \frac{\mu}{g} + \frac{1}{\pi}\sqrt{\frac{m\mu}{\hbar^2}}. \tag{3.31}$$

我们在图 3.4 中用蓝色实线画出式 (3.31)，发现它在更大的范围内都与 Bethe 拟设吻合，即 $\gamma \ll 1$ (等价于 $(\hbar^2/m)n/g \gg 1$)。

3.2.3   有限温度下的一维玻色子与杨–杨热动力学

在 3.2.2 小节中，我们讲解了零温度下的一维玻色子，以及求解它的常用方法，即 Bethe 拟设。在本小节中，我们将讨论更为一般的情况，即有限温度 $T > 0$。在 1969 年，我国著名物理学家杨振宁及其弟弟杨振平将 Bethe 拟设推广到了有限温度的情况，这一新的算法也被称为杨–杨 (后简称 Y-Y) 热动力学，见文献 [84]。其核心思想如下，在 Bethe 拟设中，由于温度为 0°C，所以我们可以看到原子的动量分布 $\rho(k)$ 有一显著边界 q_0，见式 (3.18)。即当 $k < q_0$ 时，$\rho(k) > 0$，而当 $k > q_0$ 时，$\rho(k) = 0$，也就是说对于低于 q_0 的能级都有原子填充，这也满足我们对零温度的理解。当温度大于零时，我们可以认为有限的温度会引起原子的激发，产生原子填充–空穴对，而原有的边界 q_0 也不再生效。这里，我们定义 $\rho(k)$ 和 $\rho_h(k)$ 分别为原子填充态和空穴态的密度，同时基于此定义一个非常重要的物理量叫做修饰能 (dressed energy)，我们将其写成 $\epsilon(k)$。它的定义为

$$\frac{\rho_{\mathrm{h}}}{\rho} = \exp[\epsilon(k)/k_{\mathrm{B}}T], \tag{3.32}$$

其中，k_B 为玻尔兹曼常量；T 为温度。从修饰能的定义可以看出，它描述了有限温度的激发而产生的填充态与空穴的原子分布。有意思的是，由于 $\rho + \rho_h = 1$，我们可以得到

$$\rho = \frac{1}{e^{\epsilon/k_B T} + 1}.$$ (3.33)

这一表达式的形式和费米–狄拉克分布完全类似，而费米–狄拉克分布中的化学势 μ 这一项其实隐藏在 $\epsilon(k)$ 的定义中 (详见后面 $\epsilon(k)$ 的表达式)。这也就意味着，修饰能 $\epsilon(k)$ 其实可以看成是理想费米子的等效单原子能量。

类似于 Bethe 拟设，我们在有限温度下，仍可以把原子间的相互作用等效为碰撞过程，然后将其转化为动量的约束条件，并得到类似于式 (3.16) 的表达式。这里，我们不再详细叙述其推导过程，具体步骤见文献 [84]。我们直接给出 Y-Y 热动力学分析下的表达式：

$$2\pi[\rho(k) + \rho_h(k)] = 1 + 2\int_{-q_0}^{q_0} \frac{\tilde{g}\rho(k')}{(k-k')^2 + \tilde{g}^2}.$$ (3.34)

值得注意的是，在等式左侧，不同于零温度的情况，除了原子填充的贡献外，我们还需要考虑空穴所带来的贡献。同时，我们需要指出系统的原子数密度 n、能量 E 和熵 S 都是 ρ 和 ρ_h 的函数。在温度 T 下，我们可以计算配分函数 $\exp(S/k_B - E/k_B T)$ 并找到其取最大值的条件，从而得出对应的修饰能 $\epsilon(k)$。结合式 (3.34)，我们可以得出 Y-Y 热动力学的核心循环方程：

$$\epsilon(k) = \frac{\hbar^2 k^2}{2m} - \mu - \frac{k_B T}{2\pi}\int_{-\infty}^{+\infty} dq \frac{g}{g^2/4 + (k-q)^2} \ln\left[1 + e^{-\frac{\epsilon(q)}{k_B T}}\right].$$ (3.35)

类似于 Bethe 拟设，这个方程为自循环方程，对于给定的参数 μ、g、T，我们可以利用编程循环的方式求解 $\epsilon(k)$ 的形式。根据求得的 $\epsilon(k)$，我们可以计算其他有关的热力学量，如巨势能密度 Ω，即单位长度的巨势能，其表达式如下：

$$\Omega(\mu, g, T) = -\frac{k_B T}{2\pi}\int_{-\infty}^{+\infty} dq \ln\left[1 + e^{-\frac{\epsilon(q)}{k_B T}}\right].$$ (3.36)

通过 Ω 的值，我们可以利用热力学关系来进一步求解系统的其他参数，如原子数密度

$$n = -\frac{\partial \Omega}{\partial \mu}\bigg|_{T,g}.$$ (3.37)

而上述式子所求得的解就是系统的态函数方程。在参考文献 [85] 中，作者利用求解 Y-Y 方程计算了在固定的相互作用参数 γ 下，化学势 μ 与温度 T 的函数关

系，其结果如图 3.5 所示。在本书中，对于每一个特定的相互作用 γ，作者利用 Luttinger 理论算出温度为零下的化学势 μ_{LL}，这一理论我们会在 3.2.4 小节详细介绍。之后，对于给定的有限温度 T 和相互作用 γ，作者利用 Y-Y 算法计算出有限温度下的化学势与零温化学势的区别 $\Delta\mu = \mu - \mu_{\mathrm{LL}}$。同时，作者还计算出相应的声速 c，并画出化学势热偏差 $\Delta\mu/\mu_{\mathrm{LL}}$ 与温度参数 $\mathcal{T} = k_{\mathrm{B}}T/mc^2$ 的关系曲线，其结果如图 3.5 中的符号所示。图 3.5 中的曲线为不同极限下的解析解，我们接下来详细讲解下有限温度下一维玻色子的不同极限及其性质，并以此来理解 Y-Y 解的合理性。

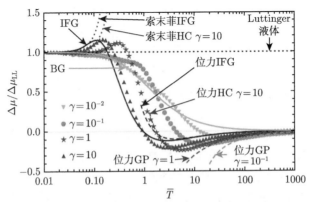

图 3.5   化学势热偏移 $\Delta\mu/\mu_{\mathrm{LL}}$ 与温度参数 $\mathcal{T} = k_{\mathrm{B}}T/mc^2$ 的函数关系，其中参数 c 为声速. 图中不同形状的数据表示不同相互作用强度 γ 下的 Y-Y 解。不同曲线表示不同理论的近似公式，其中缩写分别表示：IFG (理想费米子)、BG (Bogoliubov 理论)、索末菲 IFG (理想费米子的索末菲展开)、索末菲 HC (硬核近似下的索末菲展开)、位力 IFG (理想费米子的位力定理)、位力 HC (硬核近似下的位力定理)、位力 GP (位力定理下的 GP 方程)。本图摘自献 [85]

1) 有限温度下均匀系统中的一维玻色子

接下来，我们来讨论在均匀系统中，即 $V(x) = 0$ 的时候，有限温度下一维玻色子的各个极限及其特点。为了标定不同的极限，我们引入两个判定参数，一个是 Lieb-Liniger 常数 γ，其定义如前面所讲；另一个是温度参数 $\xi_{\mathrm{T}} = -a_{\mathrm{1D}}/\lambda_{\mathrm{T}}$，其中 a_{1D} 为一维散射长度，$\lambda_{\mathrm{T}} = \sqrt{2\pi\hbar^2/mk_{\mathrm{B}}T}$ 为德布罗意波长。通过这两个参数，我们可以标定系统的不同极限，如图 3.6 所示。图中，从左向右表示相互作用增大，从下向上表示温度增大。

接下来，我们给出每个区域具体的意义和性质。

(1) TG 气体：当 $\gamma \gg 1$ 且 $\xi_{\mathrm{T}}\gamma \ll 1$ 的时候，系统的性质可以被看成 TG 气体。与零温时的性质相似，强相互作用将形成空间的泡利不相容原理，所以系统的性质类似于低温费米子的性质。

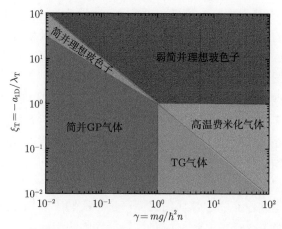

图 3.6 有限温度下，均匀系统中一维玻色子的不同极限区域示意图

(2) 高温费米化气体：当 $\gamma \gg 1$，$\xi_{\mathrm{T}}\gamma \gg 1$ 且 $\xi_{\mathrm{T}} \ll 1$ 时，气体的费米化仍然成立。然而，由于系统温度高于费米简并温度，系统进入弱简并状态，即高温费米子，而原子的空间密度满足高斯分布。

(3) 弱简并理想玻色子：当温度足够高时，即 $\xi_{\mathrm{T}} \gg 1$ 且 $\xi_{\mathrm{T}} \gg \gamma$，这时对于强相互作用气体而言，费米化被完全破坏；而对于弱相互作用而言，量子简并也被完全破坏。系统呈现的是弱简并的、理想玻色子的性质。原子的空间密度分布满足高斯分布。

(4) 简并 GP 气体：当 $\gamma \ll 1$ 且 $\xi_{\mathrm{T}}\gamma \ll 1$ 时，系统为弱相互作用的简并气体，满足 Gross-Pitaevskii(GP) 方程。需要注意的是，此时的系统并非玻色-爱因斯坦凝聚体，即并非真实的 BEC。对于一维的均匀玻色系统，在任何温度下都不会有真实的 BEC 存在。然而，在足够低的温度下，原子数密度的涨落被极大地抑制了，虽然相位的涨落仍然是不可忽视的，但原子数分布满足托马斯-费米 (TF) 分布。对于有限长系统而言，如果系统长度足够小，在系统长度的尺度内系统的关联函数衰减很小，这也就意味着在系统长度下系统的量子相干性很强。我们把这种情况叫做准凝聚体 (quasi-condensate)。

(5) 简并理想玻色子：当 $\gamma \ll 1$ 且 $\xi_{\mathrm{T}}\gamma \sim 1$ 时，气体仍然处于量子简并状态。然而，由于温度过高，此时的原子数分布不再满足 TF 分布，而是理想玻色子的玻色-爱因斯坦分布。

根据上面不同区域内原子性质的介绍，我们可以有如下总结：当原子处于低温时，增强相互作用，原子会从弱相互作用的 GP 气体变为强相互作用的费米化TG 气体；当系统处于高温时，系统会进入弱简并状态的理想玻色子，满足高斯分布。当系统处于弱相互作用区域时，升高温度，系统会从简并的 GP 气体变为满足玻色–爱因斯坦分布的简并的理想玻色子，继续升高温度，其失去简并特性变成满足高斯分布的理想玻色子；当系统处于强相互作用区域时，升高温度，系统会从费米化的 TG 气体变为满足高斯分布的高温费米化气体，继续升温，系统失去其费米特性，变为满足高温分布的理想玻色气体。

根据这些区域的分布，我们就可以理解图 3.5 中不同极限下假设的物理意义，以及它们对应的区域的合理性。同时，这也再次印证了 Y-Y 算法适用于一维冷原子在任意温度、任意相互作用下的情况，其结果具有一般性。在不同极限下，它的行为符合我们预期的理论所预测的行为。

另外，需要强调的是，图 3.6 中的所有实线并非表示不同性质的气体之间的相变，因为在这里并没有物理性质的突变产生。我们应该将这些实线称为不同区域间的转变或过渡 (crossover)，这才是比较严谨的叫法。

2) 有限温度下简谐阱中的一维玻色子

通常我们在实际的冷原子实验中得到的并非均匀气体，而是简谐阱束缚下的气体。接下来，我们就讨论简谐阱对原子不同极限的影响，即 $V(x) = 1/2m\omega^2 x^2$ 的情况。前面提到，在一维均匀系统中，不会有真实的 BEC 存在，只会存在准凝聚体。然而，在有限长度的系统，如简谐阱系统中，一个真实的 BEC 是有可能在有限温度下存在的。在文献 [86] 中，Petrov 等提出了一维简谐阱中的玻色子在有限温度下的不同区域，如图 3.7 所示。这里，作者定义了一个简谐阱参量 α，其表达式为

$$\alpha = \frac{mga_{\text{ho}}}{\hbar^2}, \tag{3.38}$$

而 $a_{\text{ho}} = \sqrt{\hbar/m\omega}$ 为简谐阱的振动长度，ω 为简谐阱的频率。图 3.7 中所展示的为简谐阱参量 $\alpha = 10$ 的情况。这里，我们定义两个重要的典型温度：一个是系统的简并温度 T_{D}，当系统低于这个温度的时候，系统将处于简并状态并显示其量子特性，即在弱相互作用的时候为托马斯–费米气体，在强相互作用的时候为费米化的玻色子；另一个是相干温度 $T_\phi = \hbar\omega T_{\text{D}}/\mu$，当系统处于弱相互作用区域时，这一温度总是远小于 T_{D}。当 $T < T_\phi$ 时，系统的原子数密度涨落和相位涨落都可以忽略，这时系统是一个真实的凝聚体，见图 3.7 中的左上角区域。当 $T_\phi < T < T_{\text{D}}$ 时，对于弱相互作用的系统，原子数密度涨落仍然可以忽略，然而相位涨落不可以再忽略。虽然原子数分布呈现 TF 分布，但由系统的关联函数得出的相位的相干长度小于系统的尺度，这时我们得到的是一个准凝聚体。而对于强相互作用的系统，即 $N \gg \alpha^2$，系统为 TG 气体，即费米化。最终，当 $T > T_{\text{D}}$ 时，系统变为经典气体，类似于均匀系统的情况，虽然系统的部分性质表现为理想玻色子的性质，然而系统不再简并，而系统的原子数分布呈现高斯分布。

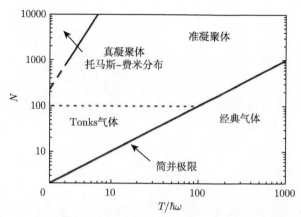

图 3.7　有限温度下一维简谐阱中的玻色气体的不同区域，其中简谐阱参数取为 $\alpha = 10$。本图来自文献 [86]

3.2.4　一维玻色子的场算符描述：Tomonaga-Luttinger 理论

在本章前面的三个小节，我们介绍了一维玻色子的粒子性描述，即 Lieb-Liniger 模型，这是在各种维度的冷原子系统中都常用的模型。本小节，我们将介绍另一种仅适用于一维玻色子的模型。对于一维玻色子系统，由于其具有单原子行为的集体性，这一特点符合物理中场的特点，所以我们也可以用场算符来描述系统的行为，这一描述也被称为 Tomonaga-Luttinger 液体理论[87,88]。这一理论中"液体"一词来源于在低温下一维玻色子会展现出液体的特性，即没有连续或离散对称性会被打破。更具体来说，这一系统满足两个重要的特征：第一，低能态的激发为集体性的模式，其色散关系为线性；第二，在温度为零的时候，系统的关联函数成幂函数的代数衰减，其指数是与模型的哈密顿量中的参数直接相关的。这两个特点定义了一类普适性的一维相互作用的玻色系统，即我们所说的 Tomonaga-Luttinger 液体。

如我们在前面所介绍的，在一维空间中，当一个原子移动的时候，由于排斥相互作用，它会挤压与它相邻的原子，所以单原子的独立运动会转化为一种集体性的行为，而这一特点可以由场论来充分地描述[88,89]。首先，我们引入玻色子场算符的一般定义：

$$\hat{\Psi}^\dagger = [\hat{\rho}(x)]^{1/2} \mathrm{e}^{-\mathrm{i}\hat{\theta}(x)}, \tag{3.39}$$

其中，两个典型场为密度场算符 $\hat{\rho}(x)$ 与相位场算符 $\hat{\theta}(x)$。这两种算符满足的对易关系为

$$[\hat{\rho}(x), \hat{\theta}(x')] = \mathrm{i}\delta(x - x'). \tag{3.40}$$

考虑一个满足平移对称性的系统，其基态的平均密度为常数 ρ_0。那么密度算符的

完整表达式为[89]

$$\hat{\rho}(x) \simeq \left[\rho_0 - \frac{1}{\pi}\partial_x\hat{\phi}(x)\right]\sum_{j=-\infty}^{+\infty} a_j \mathrm{e}^{2ij[\pi\rho_0 x - \hat{\phi}(x)]}, \tag{3.41}$$

其中 $\hat{\phi}(x)$ 一个缓慢变化的量子场。这里，我们在式 (3.41) 中包含了所有可能频率的振荡项。对于一个均匀系统 $V(x)=0$，我们可以用场算符 $\hat{\Psi}$ 把哈密顿量 (3.6) 改写为

$$\mathcal{H} = \int \mathrm{d}x \left(\frac{\nabla\hat{\Psi}^\dagger\nabla\hat{\Psi}}{2m} + \frac{g}{2}\hat{\Psi}^\dagger\hat{\Psi}^\dagger\hat{\Psi}\hat{\Psi}\right) \tag{3.42}$$

接下来，我们要引入两个假设：第一，我们假设量子场 $\hat{\phi}(x)$ 在尺度 ρ_0^{-1} 的范围内是平缓的或几乎不变的，这也就意味着当我们对式 (3.42) 中的 x 积分的时候，高阶振荡项会等于 0；第二，我们考虑足够低的温度，即激发谱满足线性关系，也就意味着 k 足够小，所以我们可以忽略式中对应 k 取较大值的项，即 $[\nabla^2\hat{\phi}(x)]^2$ 项。更为详细地推演可见参考文献 [88,90]，这里我们略去烦琐的推导而直接给出最终结论。运用上述两个假设，并合并式 (3.42)、式 (3.39) 和式 (3.41)，我们得到在场描述下最终的哈密顿量为

$$\mathcal{H} = \frac{\hbar}{2\pi}\int \mathrm{d}x \left[cK\left(\frac{\partial\hat{\theta}}{\partial x}\right)^2 + \frac{c}{K}\left(\frac{\partial\hat{\phi}}{\partial x}\right)^2\right], \tag{3.43}$$

其中，参数 c 为声速，它来自线性色散关系中的系数 $\omega = c|k|$，而参数 K 被称作 Luttinger 参数，它描述了式 (3.43) 中密度场和相位场的相对权重。实际上，在具有平移不变性的气体中，系统的 Luttinger 参数 K 和声速 c 可以用超流密度 n_s 和压缩率 κ 表示，即

$$K = \pi\sqrt{\frac{\hbar^2}{m}n_\mathrm{s}\kappa} \tag{3.44}$$

以及

$$c^2 = \frac{n_\mathrm{s}}{\kappa}. \tag{3.45}$$

通常，在一些算法中，超流密度 n_s 和压缩率 κ 是比较容易计算的，如量子蒙特卡罗法。通常我们会通过计算这些量，来进一步计算系统的 Luttinger 参数。

非常有趣的是，在 Luttinger 液体理论描述下的气体有一个显著的特点，即其关联函数在零温下总是成幂函数代数递减，而 Luttinger 参数 K 描述了这一普适性关系。例如，对于单体关联函数 $g_1(x)$，我们可以推出它的递减关系为

$$g_1(x) \propto \left(\frac{1}{x}\right)^{1/2K}, \tag{3.46}$$

而这个递减的幂指数是 K 的函数。更高阶的关联函数 $g_2(x), g_3(x), \cdots$，其递减的幂指数也与 K 有关。再次强调，幂函数递减的关联函数是 Luttinger 液体的重要特征，有些文献也将这一计算方法称为"简谐液体法"(harmonic fluid approach) 或"玻色化"(bosonization)。

在这里，我们还想着重讲解在实际实验中一维均匀玻色气体的关联函数 $g^{(1)}(x)$ 的性质。由于系统处于有限相互作用和有限温的条件下，系统的关联函数将呈现出三个区域，如图 3.8 所示。而这三个区域是由两个特征长度划分的，它们分别是系统的愈合长度 ξ_1，即

$$\xi_1 = \sqrt{\frac{\hbar^2}{2mgn}}, \tag{3.47}$$

以及热特征长度 ξ_2，

$$\xi_2 = \beta c. \tag{3.48}$$

在这两个特征长度的划分下，系统的三个区域及其物理性质如下。

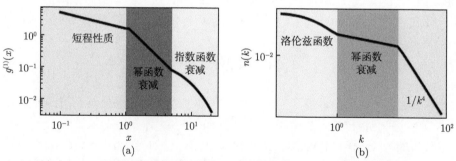

图 3.8　一维系统的关联函数 $g^{(1)}(x)$ 和动量分布 $n(k)$ 的衰减模式示意图

(1) 短程区域：在短距离 $x < \xi_1$ 下，系统会呈现出对于其动量分布的长程区域的傅里叶变换的对应区域。在动量空间中，短程相互作用的冷原子系统总会在大动量区域呈现 $n(k) \simeq C/k^4$ 衰减特性，详情见文献 [91,92]。由于关于这个区域的很多重要性质都是由檀时钠教授在文献 [92-94] 中推出，这个区域的权重 C 也被称为 Tan 接触参数。而相对应的关联函数的短程区域，其为 k^{-4} 特征的傅里叶变换后对应的特征区域；

(2) 中程区域：在中程区域 $\xi_1 < x < \xi_2$ 中，系统仍保持了其零温的场论下的结论，即式 (3.46)。

(3) 长程区域：在长程区域 $x > \xi_2$，有限温的影响将不可以被忽略，系统将呈现指数递减的趋势，即

$$g^{(1)}(x) \propto e^{-\frac{\pi x}{2\beta cK}}. \tag{3.49}$$

可以看出，这一区域的衰减指数是跟 Luttinger 参数 K 和系统温度 β 都息息相关的。

通常利用冷原子实验的 TOF 探测手段，我们可以得到系统的动量分布 $n(k)$，而 $n(k)$ 正是关联函数 $g^{(1)}(x)$ 的傅里叶变换，因此我们可以得到 $n(k)$ 的三个特征区域。如图 2.4 所示，$n(k)$ 在短程、中程和长程分别呈现洛伦兹分布、指数与 Luttinger 参数 K 有关的幂函数衰减以及 k^{-4} 的幂函数衰减。需要指出的是，小 k 部分的洛伦兹分布，来源于 $g^{(1)}(x)$ 的指数衰减。因此，洛伦兹分布的半高半宽 (HMHW) 包含了系统温度的信息。因此，通常在一维气体的实验中，我们可以通过拟合 TOF 后动量分布的洛伦兹区域来估算系统的温度，典型的例子如参考文献 [95]。

值得注意的是，与 Lieb-Liniger 哈密顿量不同，Luttinger 哈密顿量有其自己的优缺点。从哈密顿量的参数可以看出，这一哈密顿量适合于计算色散关系、关联函数等相关性质。但需要注意的是，这一哈密顿量仅在低温下成立，即色散关系为线性的时候，而 Lieb-Liniger 哈密顿量可以在更高的温度范围内成立。由于 Luttinger 液体理论广泛出现在很多科研文献和研究中，我们希望通过本章的介绍，能为读者提供 Luttinger 理论的基础知识，便于他们阅读更高层次的文献。

3.3 光晶格中的一维玻色气体

在 3.2 节中，我们讲解了一维玻色子在连续系统中的性质与常用的描述方法。在本节中，我们将讨论光晶格中一维玻色子的性质，即在哈密顿量式 (3.6) 中，我们取外势能为 $V(x) = V_0\cos(kx)$ 的情况，其中 V_0 为光晶格的强度。类似于我们在第二章讨论的一般情况，对于光晶格中的冷原子系统而言，其主要的研究兴趣在于超流 (SF) 态和 Mott 绝缘 (MI) 态的相变。我们将首先讨论深晶格的情况。在这种情况下，我们通常可以使用紧束缚近似并用玻色-哈伯德 (Bose-Hubbard, BH) 模型来描述我们的系统。之后，我们将讨论浅晶格的情况。这时，紧束缚近似不再成立，我们则需要用场算符描述的 Sine-Gordon 模型来描述。最后，我们讨论任意深度晶格的普适性解法，即数值计算的量子蒙特卡罗法。

3.3.1 深晶格中的一维玻色气体: Bose-Hubbard 模型

首先，我们给出深光晶格的严格定义，即 $V(x) \gg E_r$，其中 E_r 为反冲能量。在任意维度下，被深光晶格束缚的冷玻色子系统总可以用紧束缚近似下的玻色-哈伯德模型描述，其基本性质已经在第二章进行了详细的讨论。对于一维的玻色-哈伯德模型，很多科研工作都计算了其相图，其结果如图 3.9 所示。接下来，我们着重解释一维玻色系统的相图和三维系统的区别。

定性地讲，在任意维度下的超流–绝缘相变都拥有类似的性质。然而，在一维系统中，此相变有两个重要的特点与三维的情形是不同的。首先，在三维空间中，存在一个极限晶格强度 V_c。当 $V > V_c$ 时，系统在强相互作用下可能会出现 Mott 绝缘态；然而当 $V < V_c$ 时，系统永远不会出现 Mott 绝缘态。而对于一维系统而言，这个 V_c 并不存在。即无论晶格强度 V 的大小，只要其大于零，总存在一个足够大的相互作用，可以使得 Mott 绝缘态出现。这一特性我们会在后面的浅晶格讨论中作详细的介绍。另一个重要的区别在于 Mott 叶 (Mott lobe) 的尖峰性。如图 3.9 所示，展示了一维玻色–哈伯德模型的相图。在图 3.9(a) 中，展示了在 $n = 1$ 的 Mott 叶区域的相图，图片来源于文献 [90]。这里，参数 t 表示隧穿项，它等效于我们前面介绍的参数 J。图中的相图包含了多种不同的数值或解析算法的结果[96-100]，不同的算法用不同的符号来表示，具体的算法详见图下的说明。根据这些不同算法的结果，我们可以拼凑出预测的 Mott 叶的图案：一个完全与三维情况不同的尖峰式的区域。同时，值得注意的是，不同的算法都得到了尖峰的顶点大致出现在 $(J/U)_c = 0.3$ 的位置，不同算法之间的偏差为 3% 左右。在图 3.9(b) 中，展示了在更大的化学势 μ 范围下的粗略相图，即包含更多的 Mott 叶区域，此图来自于文献 [101]。我们可以看到，此图的参数范围完全类似于第二章中三维玻色–哈伯德模型的相图的范围，即第二章的图 2.10(a)。我们可以清晰地看到，在相同的参数范围下，一维和三维模型的相图的 Mott 叶形状的明显区别。

同时，借助图 3.9(b)，我们还想介绍一维相变中的两种不同的典型相变类型。

(1) Mott-U 相变 (红色和粉色虚线)：当固定原子数密度 n 为整数并逐渐增大参数 J/U 时，系统会通过 Mott 叶的尖峰顶点从 MI 态相变为 SF 态。这一相变属于 Berezinskii-Kosterlitz-Thouless 类型的相变，即 BKT 相变。

(2) Mott-δ 相变 (竖直虚线)：当我们固定参数 J/U 并改变化学势 μ 时，系统会在整数密度的 MI 态和非整数密度的 SF 态之间相互转变，这种相变属于 Prokfovsky-Talapov 相变，在有些文献中，它也被称为"相称–不相称相变" (commensurate-incommensurate transition)。

值得指出的有趣的一点是，前面讲到的 Luttinger 参数在 Mott 相变中的行为。根据 3.2 节所讲，Luttinger 参数描述的是关联函数的幂函数递减行为，这一参数在 SF 态中大于零，而在 MI 态中等于零。从根源上讲，其实我们可以得出 Luttinger 理论应该仅在 SF 态成立，而对于 MI 是不成立的。MI 相可以看成是 Luttinger 理论失效的转变点。对于一个相称的填充数 p 而言，在 MI-SF 的相变点的临界 Luttinger 参数是可以计算的。对于 Mott-δ 相变，它的临界值为 $K_c = 1/p^2$；而对于 Mott-U 相变，它的临界值为 $K_c = 2/p^2$。其详细的计算见参考文献 [102-104]。

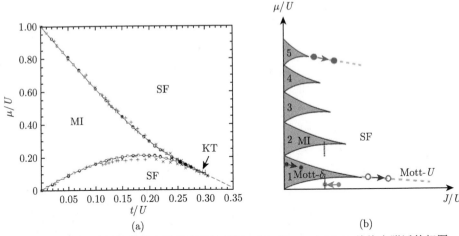

图 3.9　一维玻色–哈伯德模型在零温度下的相图。(a) 在 $n = 1$ Mott 绝缘态附近的相图，图片来自于文献 [90]。图中不同符号表示不同运算方法计算的结果：量子蒙特卡罗算法（"+" 符号来自于文献 [96] 和 "x" 符号来自于文献 [97]），早期密度矩阵重整化群 (DMRG) 算法结果（实心圆，来自于文献 [98]），后期 DMRG 算法的结果（空心矩形，来自文献 [99]），以及 12 阶的强相互作用展开下的解析解（实线，来自于文献 [100]）。(b) 在更大的化学势范围下的粗略定性相图，来自文献 [101]

3.3.2　浅晶格中的一维玻色气体: Sine-Gordon 模型

对于浅晶格的情形，我们前面介绍的紧束缚近似和玻色–哈伯德模型都不再成立。因此，我们需要找到一种在这种情形下有效的计算方法来研究这种系统的相变。描述一维玻色子在浅光晶格中的一种较为有效的解析方法为 Sine-Gordon(SG)模型[87]，这一模型可以理解为是晶格系统下的 Luttinger 模型，即在哈密顿量(3.43) 的基础上加上一个余弦函数的外场来描述浅晶格的影响。其哈密顿量写为[42]

$$\mathcal{H} = \frac{\hbar c}{2\pi} \int \, dx \left[K \left(\frac{\partial \hat{\theta}}{\partial x} \right)^2 + \frac{1}{K} \left(\frac{\partial \hat{\phi}}{\partial x} \right)^2 + \frac{V n \pi}{\hbar c} \cos(2\hat{\phi}) \right], \qquad (3.50)$$

其中，V 为对应的晶格强度；n 为原子数密度。然而，需要注意的是，这里的 V 并非完全对应晶格的真实强度，因为这里的外势能项是由于重整化过程而得到的。同时，基于这个哈密顿量模型，我们可以进行多种多样的计算从而算出很多有意义的物理量，如相变点、理解 Luttinger 参数等，详细的介绍参见文献 [88,90]。

第一个利用上述模型研究一维浅晶格相变的实验结果是在文献 [42] 中报道的。其实验的具体步骤如下：首先，在 BEC 系统中加上了三维深光晶格的势场，制造出三维玻色–哈伯德模型下的原子数密度为 $n = 1$ 的 Mott 绝缘态。然后，逐渐降低某一个方向上的晶格强度，可以得到一组一维的冷原子束状系统。相比于

直接用沿着 x 方向和 y 方向的光晶格制备一维原子束，这样的方式更能保证避免加热原子团。在这之后，再沿着每个冷原子束的纵向方向射入一个较浅的光晶格。这一步骤可以等效地看成是在 3.1.2 小节的光晶格制造法生成的一维冷原子系统上加上一个浅光晶格。接下来，系统所处的相可以用调制光谱法来探测。具体来说，就是可以用不同的频率 f 来抖动这个浅光晶格的光强，也就是抖动原子所感受到的晶格阱深。然后，通过测量原子团的大小进而测量原子团的温度，以此来判断在什么频率下可以达到共振并激发原子团。这样，我们就可以测量原子从基带到激发态这两个能带之间的能量差，即探测系统的能带间隙，从而区分有间隙的 Mott 绝缘态与无间隙的超流态。在实验上，我们抖动的晶格深度在原有深度的 0.25 和 0.4 之间，持续 $40 \sim 60 \mathrm{ms}$，然后利用磁悬浮 (magnetic levitation) 抵消重力。同时，我们改变磁场大小从而通过 Feshbach 共振技术把原子之间的相互作用调成零，让其自由扩散，然后再经历一段 TOF 时间，最后测量原子团的动量分布。我们用一个高斯分布去拟合它并得到它的宽度 δ，这个宽度就对应着有多少调制的能量进入了一维系统进而加热原子团，我们可以用此来判断是否达到共振。通过画出 δ-f 的关系图并分析其斜率的变化，我们可以获取关于能量间隙的信息。实验结果如图 3.10(a)、(b)、(d) 所示，分别对应了晶格强度较弱、居中和较强的情况。在浅晶格的情况，即图 3.10(a)，分别用蓝色的圆圈和红色的方块画出了在强相互作用和弱相互作用下的数据。对于强相互作用的情形，我们可以看到曲线的斜率有一个明显的瞬变，这一变化是吸收峰存在的一个典型的标志。这也就意味着系统存在一个典型的能带间隙，即 Mott 绝缘态。相反，对于弱相互作用的情形而言，δ-f 曲线呈一个典型的线性关系，其斜率几乎固定不变，这反映出了一个典型的无间隙的能带结构，即超流态。对于图 3.10(b) 和 (d) 中更深的晶格情形，类似的论述仍然成立。然而，值得注意的是，在 δ 较大的情形下，图 3.10 中 (d) 与 (a) 的曲线结构有明显的差异，这一差异体现的就是深晶格情形下的 BH 模型和浅晶格情形下的 SG 模型的差异。

接下来，我们来讨论如何从这些实验数据进一步精确确定相变点。以图 3.10(a) 为例，对于强相互作用的数据 (蓝色数据点)，我们对第二段线性区域进行线性拟合，可以得到 x 轴上的截距，我们将其称为间隙频率 f_g。对于每一个较强的相互作用，即较大的 Lieb-Liniger 参数 γ，我们可以用相同的方法得到一个对应的 f_g。在图 3.10(c) 中，我们画出 f_g-γ 对于浅晶格 $V = 1.5E_r$ 的关系曲线 (其中间的子插图对应的是 $V = 3.0E_r$ 的情形)。利用 f_g-γ 关系曲线，我们可以精确地确定 SF 态和 MI 态之间的相变点。需要注意的是，对于深晶格的情况，这一类方法不再适用，我们需要用第二章所讲到的动力学测量法来得到相变点。运用上面所讲到的两种方法，我们可以最终得出一维相互作用的玻色子在不同深度晶格中的相图，如图 3.11 所示。这里面的实验数据点在晶格较浅的情形下由上面讲到的

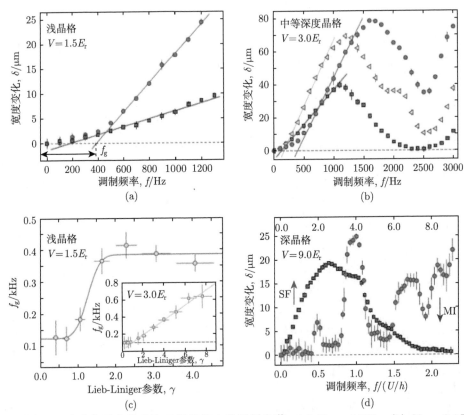

图 3.10   一维玻色子在浅晶格与深晶格中的调制光谱。(a) $V = 1.5E_r$, (b) $V = 3.0E_r$, (d) $V \gg E_r$ 分别对应了光晶格强度 V 较弱、居中和较强的情况，给出了参数的 δ-f 函数关系。(c) 给出了在晶格深度为 $V = 1.5E_r$ 的情况下相变点的判断方法。本图来自参考文献 [42]

调制光谱得出 (红色圆圈)，在晶格较深的情况下由运输测量法得出 (蓝色方块)。图中的实线和虚线分别是基于 SG 模型和 BH 模型的理论计算预测的相变点。我们可以看出，在对应的区域内以及实验的误差范围内，它们与实验数据拟合得非常好。同时，像在本节一开头提到的，我们发现在 $V = 0$ 的极限下，存在一个临界的 Lieb-Liniger 参数 γ。在文献 [105] 中，作者预测了 γ_c 的值为 3.5，与我们在图 3.11 中看到的相符。然而，这里需要大家注意的是，在浅晶格的情形下，实验结果的误差比较大，也难以得到精确的相图结构以及精确的 γ_c 的值。同时，对于中间值的晶格深度 V，并没有一种有效的理论可以算出预计的相变位置。对于这种情形，我们需要一种有效的数值方法进行求解，接下来我们对此进行详细介绍。

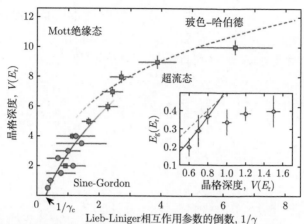

图 3.11 在深度不同的晶格中的一维玻色子的相图，图片来源于文献 [42]。相图中的两个参数为 Lieb-Liniger 参数的倒数 $1/\gamma$ 和以反冲能量 E_{r} 为单位的晶格深度 V。图中的子插图展示了测量的能带间隙 E_{g} 与晶格深度 V 的函数关系

3.3.3 任意深度晶格的普适性算法：量子蒙特卡罗法

一般的解析方法无法给出一种适用于任意深度晶格的计算相变点的方法，如果想做到这一点，我们需要依赖于编程的数值求解。利用数值算法，我们将有可能精确计算任意晶格深度情况下的相变点。连续空间中的量子蒙特卡罗 (QMC) 算法是比较适合解决这类问题的一种方法，文献 [106] 中的作者利用路径积分蒙特卡罗法，计算了对于给定晶格深度和相互作用的系统的多个相关物理量：超流比例 f_{s}，压缩率 κ 和 Luttinger 参数 K。对于超流态而言，该相是一个可压缩的导电态，所以上述参数全部大于零；而对于 Mott 绝缘态而言，该相是一个不可压缩的绝缘态，所以上述参数全部为零。利用上述三个物理量的值，我们可以精确地找到相变点的位置。这一计算的结果如图 3.12(a) 所示。我们可以看到，该图中黑色的数据点为量子蒙特卡罗的计算结果。值得注意的是，QMC 算法直接求解的是连续空间中 Lieb-Liniger 哈密顿量，即式 (3.6) 中取 $V(x) = V\sin^2(kx)$。在这个哈密顿量的基础上，QMC 算法没有对哈密顿量进行任何额外的近似，所以不同于深晶格的 BH 模型 (蓝色曲线) 和浅晶格的 SG 模型 (红色曲线)，QMC 算法的有效性不受晶格深度和相互作用强度的限制。实际上，QMC 算法的计算过程中也有假设和近似，但其近似并非作用于哈密顿量本身，而是作用于求解哈密顿量的数学计算过程，详细情况见文献 [107, 108]。

接下来，我们将讨论图 3.12(a) 中的计算结果。对于相互作用较小的情况 (即 γ 较小)，相变点位于深晶格的区域，我们可以看到 QMC 数据点与 BH 模型 (浅蓝色实线) 预测的解析解完全一致。然而，值得注意的是，在相互作用较强的情况下 (即 γ 较大)，QMC 的数据点虽然在 SG 模型 (红色虚线) 的预测值附近，但两

组数据之间有一定肉眼可见的差别。这是由于即便是很浅的光晶格也会很明显地对 Luttinger 参数进行重整化，而 SG 模型则假设重整化的作用为零。而在 $V = 0$ 的极限下，这一差异消失，所以我们看到这两种不同算法会在 $V = 0$ 的位置重合，得到同一极限。

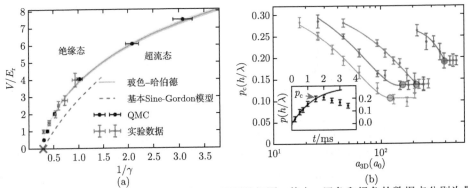

图 3.12　　(a) 在原子数密度 $na = 1$ 下 g-V 平面的相图。其中，黑色和绿色的数据点分别为量子蒙特卡罗的结果和实验数据。蓝色实线和红色虚线分别为 BH 模型与 SG 模型的理论预测。(b) 实验测量的不同晶格深度下的 p_c-a_{3D} 数据。其中，子插图为 $p(t)$ 曲线的一典型示例。本图来自于文献 [106]

在同一个文献中，作者还通过实验测量了这一相变。在实验中，他们首先用 ^{39}K 原子制备了三维 BEC。利用二维晶格切割法，他们得到了 1000 个一维原子束。通过调整三维散射长度 a_{3D}，他们可以将 Lieb-Liniger 参数 γ 调节在 $0.07 \sim 7.4$ 的范围中。在大多数原子束中，他们将原子数密度控制在 $na = 1$，其中 a 为光晶格的周期。为了测量其量子态，将系统中的梯度磁场突然关掉，之后让原子运动 t 时间，再关掉所有的光学阱并记录 TOF 图像。这里，我们尤其关注的是动量分布的峰值 p。图 3.12 (b) 中的子插图展示了一个 $p(t)$ 曲线的例子。我们可以看到，$p(t)$ 通常增长到一个峰值 p_c，然后开始递减。对于一个固定的晶格深度 V，通过测量 p_c 关于散射长度 a_{3D} 的关系，我们可以确定系统的相变点：在超流态，p_c 会随着相互作用强度变化而明显变化，而在绝缘态，p_c 几乎固定不变。图 3.12(b) 中的彩色曲线展示了几个不同晶格深度下典型的 p_c-a_{3D} 曲线关系图。利用这一方法，我们可以找到不同晶格深度下的相变点，见图 3.12(a) 中的绿色数据点。我们可以看到，绿色数据点和 QMC 的理论结果吻合得非常好。

思考题 3-3　根据图 3.12(b) 所使用的测量方法，对于 Mott 绝缘态而言，p_c 的值应该严格为零。请解释这里的 p_c 在 Mott 绝缘态为何仍大于零。

解答 3-3　虽然 p_c 的值对于 Mott 绝缘态应该严格为零，但我们的系统并非单原子束系统，而是由二维光晶格制造的由 1000 个原子束构成的系统。所以，当我们说系统处于 Mott 绝缘态时，大多数原子束都处于这一物态。而处于边缘的少量原子束却可能处于超流态，它们虽然无法对 p_c 的增减性造成显著的影响，但会使得 p_c 变成一个有限的、大于零的常数。

图 3.12(a) 中一个非常值得关注的结论是相变曲线与 $1/\gamma$ 存在一个大于零的交点，即红色叉子所标注的点。这一交点的出现再次印证了前面所提到的一维晶格模型的特殊性，即对于任意浅的不为零的晶格深度，总存在一个临界相互作用强度，当系统的相互作用大于它时，系统处于 Mott 绝缘态，即对于任意浅的晶格，Mott 绝缘态总可以存在。而在三维晶格系统中，存在一个临界晶格深度 V_c，当系统的晶格深度小于 V_c 时，系统中永远不可能出现 Mott 绝缘态。一维系统的这一特殊性质其实可以通过一维玻色子的 Tonks-Girardeau 极限来理解。在这个极限下，即在强相互作用极限下，我们观测到的 Mott 区域实际上可以被理解为理想费米子在晶格中的能带间隙。而由统计物理知道，在任意不为零的周期性势阱中，理想费米子的能带总存在能带间隙，当系统化学势处于这些能带间隙中时，系统会形成一个不可压缩的 Mott 绝缘态，即 $\kappa = \partial n/\partial \mu = 0$ 和 $f_s = 0$。相对应，对于强相互作用的玻色子，我们也会得到相同的性质，即任意浅的晶格也会存在 Mott 绝缘态。

同时，在同一篇文献中，作者还介绍了另一种典型的相图，即固定势阱深度为 $V = 2E_r$ 的情况下，通过调整相互作用强度 g 和化学势 μ 而得到的相图，见图 3.13。在图中，用黑色实线连接的黑色数据点为 QMC 运算结果，而在子插图

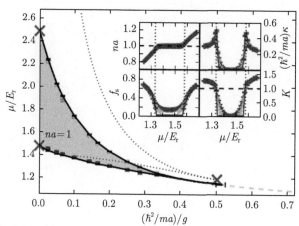

图 3.13　量子蒙特卡罗计算下在晶格深度为 $V = 2E_r$ 时的 g-μ 平面相图。图中，两种不同的相位用不同颜色表示：超流态 (白色) 和 Mott 绝缘态 (红色)。用黑色曲线连接起来的黑色数据点为 QMC 计算出的相变点，蓝色虚线是 BH 模型预测的相变点。在子插图中，我们给出利用 QMC 算法计算相变点的更具体数据，即原子数密度 n、压缩率 κ、超流比例 f_s 和 Luttinger 参数 K。这些数据都来自于相互作用强度 $g = 7\hbar^2/ma$ 与系统长度 $L/a = 30, 50, 100$ (对应蓝色、绿色和红色)

中给出的是计算这些数据点的一个例子。子插图中给出了原子数密度 n、压缩率 κ、超流比例 f_s 和 Luttinger 参数 K 的具体数据，这些数据都来自于相互作用强度 $g = 7\hbar^2/ma$ 与系统长度 $L/a = 30, 50, 100$ (对应蓝色、绿色和红色)。当增大系统长度的时候，我们可以看到相变的现象越来越明显，即这些参数的变化越来越尖锐。通过准确定位临界参数 $\kappa = \kappa_c = 0$，$f_s = f_{sc} = 0$，$K = K_c = 1$，可以准确找到主图中的相变点。我们可以看到，类似于深晶格的情况，我们看到了 $na = 1$ 的 Mott 叶 (红色区域)，以及它外围的超流态 (白色区域)。图中，蓝色虚线为 BH 模型预测的相变点。由于晶格深度较浅，BH 模型的预测不再准确。然而，值得注意的是，类似于 BH 模型观察到的结果，即便在浅晶格的情况下，我们仍然可以观察到 Mott 叶的尖峰，这一点仍然是与三维情况显著不同的。

在本章中，我们讲解了一维玻色量子气体的基础知识，尤其是在连续和离散系统中比较重要的常用模型和基本性质。这些知识点的介绍，将为读者在阅读关于一维玻色子更前沿的科学研究文献时提供坚实的理论知识储备。在第四章中，我们将基于本章的内容，为大家介绍几个典型的一维玻色子的前沿科学研究方向。

第四章 一维玻色量子气体应用

在第三章中，我们讲解了一维玻色量子气体的基本理论和物理性质。我们可以感受到，由于一维量子玻色气体的特殊性，这一系统不可避免地成为近代量子物理和量子模拟领域中热门的研究体系之一。自 2000 年以来，一维量子玻色气体的几个常见的研究热点包括一维系统与无序问题 (局域化问题)、含杂质的一维系统、耦合的一维系统等。在本章中，我们将讲解这几个前沿方向的一些典型科研论文中的基础知识和重要结论。

4.1 理想气体的一维无序问题：安德森局域化

在 20 世纪，安德森局域化 (Anderson localization) 是量子模拟和凝聚态物理中热门的研究话题之一。在一个均匀系统中，所有的单原子波函数呈现扩展态 (具体定义见下文) 特性。然而，当我们给系统添加一个无序的势能时，系统的平移不变性被打破，从而产生了一种关联性指数衰减的局域化态。而这种由于系统无序性增强而产生的单原子波函数在局域化态和扩展态之间的相变，称为安德森局域化。这一相变通常出现于无序模型和准周期模型 (可以理解为一种特殊的无序模型，其严格定义见后文) 中。

虽然在任意维度都可以发生安德森局域化相变，但对于一维理想量子气体而言，由于其维度所带来的特殊性，其局域化相变相较于二维、三维气体有较大的区别，例如 Aubry-André 模型和 Hofstader 蝴蝶图案等。在本小节，我们将讲解当代科学前沿中关于一维量子气体局域化特性的一些研究，其中包含了其与其他维度相同的共同属性，以及与其他维度不同的特殊属性。

4.1.1 局域化问题的基本概念

在讨论关于一维局域化的具体前沿结果之前，我们在本小节首先给出关于一些局域化基本概念的严格定义，以便于读者对后续前沿学术成果的理解。值得注意的是，本小节给出的概念及定义在高维系统中仍然成立。

1. 局域态和扩展态

首先，我们将介绍单原子的局域态和扩展态的区别，其核心如图 4.1 所示。在图中，我们用黑色实线表示外部势能，用蓝色区域表示原子的波函数；用 L 表示系统的长度，用 l 表示原子本征态的波函数的宽度。在图中，从左到右，在系统其他参数不变的情况下，将系统长度扩大至原来的 2 倍。在这种情况下，如果原子本征态的宽度不随着系统长度的变化而变化，即如图 4.1 中的第一行所示，那么我们就称这个态为局域态。如果原子本征态的宽度也随着系统长度一起扩大至两倍，那么我们称这个态处于扩展态。

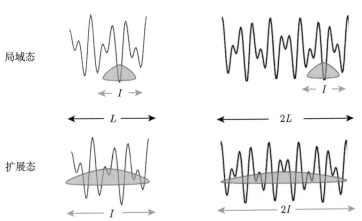

图 4.1　局域态与扩展态的示意图。黑色实线代表外部势能，蓝色区域代表原子的波函数。L 表示系统长度，l 表示原子本征态的波函数宽度

对于一个原子本征态 ψ 的局域化特性，我们通常可以用二阶倒参率 (inverse participation ratio，IPR) 来表示。其定义如下[109]：

$$\mathrm{IPR} = \frac{\int \mathrm{d}x\, |\psi_n(x)|^4}{\left(\int \mathrm{d}x\, |\psi_n(x)|^2\right)^2}, \tag{4.1}$$

其中，$\psi_n(x)$ 表示原子第 n 个本征态的波函数。如果原子态 $\psi_n(x)$ 的波函数宽度大致为 l，那么我们可以得出 $\mathrm{IPR} \sim 1/l$，即 IPR 可以反映出原子态宽度的倒数。因而，IPR 的数值与 1 的量级比较可以帮助我们判断原子处于局域态还是扩展态。但值得注意的是，在一些特殊情况下，IPR 的数值本身并不能反映原子的局域化特性。比如，当系统处于一个较深的周期性晶格势阱中时，由于原子态被较强地压缩在每一个周期的势能最低点，尽管系统处于一个扩展态，我们会发现 $\mathrm{IPR} \gg 1$。

因此，我们需要一个更好的方式来通过 IPR 判定系统的局域化特性，即研究 IPR 的数值随着系统长度 L 的演化关系 $\mathrm{IPR} \sim 1/L^\tau$。对于一个扩展态而言，我们会得到 $\tau = 1$，而对于一个局域态而言，我们会得到 $\tau = 0$。因此，通过研究

IPR 与系统长度 L 的指数演化关系，可以帮助我们判定原子态所处的相。在这里需要强调的是，在一些科研文献中，我们看到一种类似的判定局域化性质的方法：即选一个足够大的系统长度 L，这样会使得在扩展态中的原子的 IPR 趋近于 0，而局域态原子的 IPR 则为有限值。这一判定方法对于大多数情况是成立的。然而，我们必须指出这一判定并非完全精确，有些特例情况将导致这种判定方法失效。例如，上文讲到的特例在本段仍然适用。对于一个周期性深势阱而言，其波函数为周期性出现的窄峰。因此，即便对于很大的系统长度 L 而言，我们也能在系统处于扩展态的基础上得到一个有限的 IPR 值。因此，关于局域化性质的严格判定仍是应该从指数关系的系数 τ 来得出。

2. 迁移率边和临界势能

另一组需要在这里重点介绍的概念为迁移率边 (mobility edge，ME) 和临界势能 V_c。这一组概念的示意图如图 4.2 所示，展示了从左至右依次升高无序势能强度的情况下四种典型的能谱结构。图中，我们用能态的不同颜色表示其不同的相：黄色表示扩展态，蓝色表示局域态。当势阱深度足够小时，原子的所有本征态均处于扩展态，如图 4.2(a) 所示。如果我们持续增大系统的势能强度，当其大于某一临界势能 V_c 时，我们将在同一能谱中同时看到扩展态和局域态的存在。对于一个固定的势能强度 V 而言，其能谱中扩展态与局域化态的相变点，被我们定义为迁移率边 ME。当继续增大系统的势能时，在通常情况下，会有更多的原子从扩展态变为局域态，而 ME 也会随之改变它的位置。值得注意的是，局域态并不一定总出现在比扩展态更低的能级，比如对于分立的纯无序晶格模型 (如安德森模型) 而言，局域态会出现在能带的上下边界，而扩展态则存在于能带中间。而对于准周期系统而言，在一些系统中我们也观察到了局域态出现在了比扩展态更

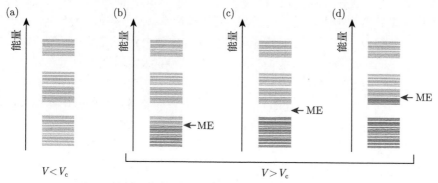

图 4.2 单原子能谱的局域化性质示意图。扩展态用黄色实线表示，局域态用蓝色实线表示，势阱深度 V 从左至右依次增大。(a) 势阱深度 $V < V_c$，所有能态处于扩展态；(b) ~ (d) 势阱深度 $V > V_c$ 下的三种情形，其迁移率边 E_c 的位置不同

高的能级的现象，如参考文献 [110] 中的模型。另一个值得读者注意的知识点是，在很多系统中，甚至并不存在一个有限的临界势能 V_c 和迁移率边 ME。在下文中，我们将看到一些相关的特例。

3. 周期性势阱、纯无序势阱与准周期势阱

一个冷原子物理系统的局域化特性，与系统外势能的周期性有很大的关系。因此，我们在此将详细介绍周期性、无序性和准周期性三种势能的定义和特性 (图 4.3)。

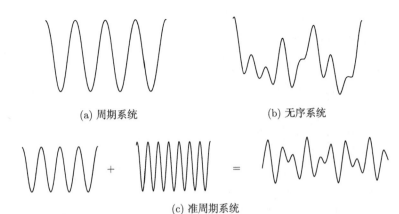

图 4.3　三种典型的势阱模型：(a) 周期系统，(b) 无序系统，(c) 准周期系统，即由多个不相称的周期比的晶格所形成的势能

通常情况下，我们将冷原子系统置于一个光晶格的势能场中，系统感受到一个形式为三角函数的势能，这时，我们称系统处在周期性势能中。与它完全对立的情况是一个纯无序系统 (purely disordered system)，即系统势能函数的傅里叶变换包含无穷多且密集的数值的频率。而准周期系统 (quasiperiodic system) 是介于两者之间的一种情形，它的势能可以被理解成是由两个或多个三角函数叠加而成，而这些三角函数的频率是不相称的，即它们的频率周期比为无理数，但这种势能的频率个数是有限的，或它的频率构成了一个不连续的集合。需要指出，准周期晶格不同于超晶格 (superlattice)，因为后者的晶格势能的频率是相称的，即其频率比为有理数。对于超晶格而言，对于一个足够大的系统总存在一个真实的周期。而对于准周期势能而言，无论系统尺度为多大，它并不存在一个真正的周期。在近几十年的研究中，准周期系统作为一种介于周期系统和无序系统的中间态，或者说作为一种特殊的无序系统，由于其制备的便利性与物理性质的特殊性，开始逐步变成一个热门的研究课题。

一维周期系统通常是描述电子系统的典型模型，如固体物理中 Bloch 理论所

描述的电子系统，而相应的一维冷原子系统也是一种很好的可以实现对周期性系统量子模拟的系统。如前面章节所提到的，我们可以施加合理的激光场，使得冷原子系统感受到一个周期性的外势能 $V(x) = V \cos(2k_x)$。在这种系统中，其局域化的结论是显而易见的：即无论外部势场的强度有多大，所有的单原子态都处于扩展态。因此，在这个系统中并不存在一个有限的临界势能，也不存在一个有限的 ME。

而在一个纯无序系统中，其结论是完全相反的，对于一个一维的无序系统而言，只要无序势能强度大于零，所有的单原子本征态均为局域态。但我们也同样会得出，系统中并不存在一个有限的临界势能或 ME。而如果我们想在纯无序系统中观察到局域态和扩展态的相变，即安德森局域化，则需要在大于二维的系统中才可以实现[111]。

综合上面的讨论，我们意识到准周期系统的一个重大研究兴趣点，即作为周期系统和纯无序系统的一种中间状态，在低维准周期系统中，我们可能期待观察到一个有限的临界势能 V_c 和一个有限的迁移率边 ME。在后面的小节中，我们将详细讨论一维准周期系统的局域化特性。

4.1.2 单原子准周期模型 1：紧束缚近似下的 Aubry-André 模型

在 4.1.1 节，我们已经给出了一维单原子在纯周期晶格和纯无序晶格中的局域化性质。在本小节中，我们将开始讨论准周期晶格的情况。首先讨论一个非常有名的模型，即在紧束缚近似下的准周期晶格模型，也称为 Aubry-André (AA) 模型。

对于一个典型的双频率的准周期势能，其型表达式如下式所示：

$$V(x) = \frac{V_1}{2} \cos(2k_1 x) + \frac{V_2}{2} \cos(2k_2 x + \varphi), \tag{4.2}$$

其中，V_j $(j = 1, 2)$ 为两个周期晶格势能的强度。这两个周期晶格的空间频率 π/k_j 具有不相称的比值，即 $k_2/k_1 = r$ 为无理数。Aubry-André (AA) 模型就是一种典型的一维双频准周期晶格模型，由 Aubry 和 André 在 20 世纪 50 年代提出[112]。在这一模型中，其外势能为式 (4.2) 在两个晶格周期比为 $r = (\sqrt{5} - 1)/2$ 下的紧束缚极限。这里的紧束缚极限是指晶格强度 V_1 远大于系统的反冲能量，并且晶格 V_2 也远弱于 V_1。如果将这个条件写为表达式，即

$$V_1 \gg V_2, E_r, E'_r, \tag{4.3}$$

其中 $E_r = \hbar^2 k_1^2 / 2m$ 和 $E'_r = \hbar^2 k_2^2 / 2m$ 是两个晶格的反冲能量。由于 V_1 远大于系统的任一反冲能量，我们可以将系统的哈密顿量离散化并写成紧束缚模型的形

式。同时，由于 V_2 远小于第一个晶格的能带间隙，第二个晶格可以看成第一个晶格的微扰，并将能谱缩小于第一个晶格的第一能带的范围内。因而，单原子的哈密顿量就可以写为

$$\hat{H}_{\mathrm{AA}} = -J \sum_{\langle i,j\rangle} \left(\hat{a}_i^\dagger \hat{a}_j + \mathrm{H.c.} \right) + \Delta \sum_i \cos(2\pi r i + \varphi) \hat{a}_i^\dagger \hat{a}_i, \tag{4.4}$$

其中，$\hat{a}_i$ 为在第 i 个格点 (即空间位置为 $x_i = a \times i$) 上的湮灭算符；J 是第一个晶格的隧穿能量；Δ 是由第二个晶格的微扰所产生的准周期势强度。AA 模型式 (4.4) 中的两个关键量 J 和 Δ 可以由两个晶格强度 V_1 和 V_2 表达出来，即

$$J \simeq \frac{4 E_{\mathrm{r}}}{\sqrt{\pi}} \left(\frac{V_1}{E_{\mathrm{r}}} \right)^{3/4} \exp\left(-2\sqrt{\frac{V_1}{E_{\mathrm{r}}}} \right), \quad \Delta \simeq \frac{V_2}{2} \exp\left(-r^2 \sqrt{\frac{E_{\mathrm{r}}}{V_1}} \right). \tag{4.5}$$

这里的细节推导可以在参考文献 [113, 114] 中找到。

在 AA 模型中，一个被大家广泛知道的结论为，其局域化相变发生在一个临界势能 $\Delta_{\mathrm{c}}/2J = 1$ 处。然而，系统中并没有 ME 存在。即在 $\Delta/2J > 1$ 的情况下，能谱中的所有原子态为局域化态，而在 $\Delta/2J < 1$ 的情况下，能谱中的所有原子态为扩展态。其示意图如图 4.4 所示。

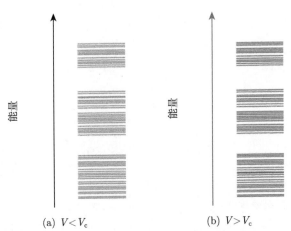

能量 (a) $V < V_{\mathrm{c}}$ 　　　　　　 能量 (b) $V > V_{\mathrm{c}}$

图 4.4　AA 模型能谱结构示意图，扩展态用黄色实线表示，局域态用蓝色实线表示

Hofstadter 曾在文献 [115] 中详细研究了不同周期比 r 下的 AA 模型的能谱，即著名的 Hofstadter 蝴蝶。尽管这篇文献的原始意图是研究二维电子在磁场中的 Harper 方程，其薛定谔方程可以完美地等价对应到式 (4.4) 在 $J = 2\Delta$ 下的情形。值得指出的是，在二维电子问题中，参数 r 代表的是每个单元的磁通。在图 4.5 中，

我们展示了参考文献 [115] 中著名的 Hofstadter 蝴蝶图片。从图中，我们看到一个非常有趣的蝴蝶结构。图中的纵轴为系统的本征能量，横轴为两个晶格周期的比值 r。当 $r = p/q$ 为有理数时，能谱中含有 q 个子能级；而当 r 为无理数时，其能谱呈现出分形 (fractal) 特性并有一个完美定义的分型维度，其具体信息见文献 [116, 117]。

图 4.5　Hofstadter 蝴蝶的原始图片，其引自文献 [115]

事实上，当 r 为无理数时，无论 J/Δ 的数值为多少，系统的能谱总为分形结构，并同胚 (homeomorphism) 于一个康托尔集 (Cantor set)。这一性质可以由无理数的有理近似来理解。我们以黄金分割比 $r = (\sqrt{5} - 1)/2$ 来作为例子进行说明。由于黄金分割数总可以由斐波那契数列 $\{F_n\}$ 中临近两项的比值表达，即 $r \simeq F_n/F_{n+1}$，那么在 n 阶近似下，由于两个准动量 F_n 和 F_{n+1} 的博弈，我们发现系统能谱中有 F_{n+1} 个子能带和 $F_{n+1} - 1$ 个能带间隙。继续增加无理数 r 的近似的阶数 n，越来越多的能带间隙会打开，并且它们相似性的打开方式会遵循康托尔集的演化。对于 r 为此黄金分割比的情况，在文献 [116,117] 中已经证实了其能谱在 $J = 2\Delta$ 处的分形维度为 $D_{\mathrm{H}} = 0.5$。对于其他的非刘维数的无理数而言，我们总可以建立一种广义的斐波那契数列，并得到类似的分形构型的能谱，详细证明见文献 [118,119]。即便对于连续的准周期系统而言，这一结论仍然成立，我们将在下一部分做详细的介绍。

4.1.3　单原子准周期模型 2：浅晶格下的连续模型

当晶格深度较浅时，即 $V_1 \sim V_2 \sim E_\mathrm{r}$，紧束缚近似不再成立。类似于单晶格的情况，我们需要回到连续势能式 (4.2) 的形式。这时，我们需要求解的单原子的薛定谔方程可写为

$$E\psi(x) = -\frac{\hbar^2}{2m}\frac{\mathrm{d}^2\psi}{\mathrm{d}x^2} + V(x)\psi(x). \tag{4.6}$$

这里的 E 和 m 分别是单原子的能量和质量。在本小节中，我们仅讨论均衡准周期晶格情形，即 $V_1 = V_2$。另外，类似于 AA 模型，我们仍然取无理数周期比为 $r = (\sqrt{5}-1)/2$。值得注意的是，在表达式 (4.2) 中，两个晶格的相位差 φ 原则上不影响后面所讨论的物理结果，除了一些极其特殊的可能会造成空间对称性的取值。同时，由于两个晶格之中并没有一个晶格明显大于另一个，因此我们在下面讨论的结果即便在 $V \gg E_r$ 的极限下也不可以对应到 AA 模型。

这类晶格的局域化特性可以通过在吸收边界条件 $\psi_n(0) = \psi_n(L) = 0$ 下的精确对角化技术来求解。图 4.6(a) 展示了在不同原子本征能量 E 和势能强度 V 下的局域化相变的相图，其中数据点的颜色表示 IPR 值的强度。我们可以看到，在低能量和高外势能的位置，原子偏向于处于局域化态 (即蓝色数据点，较大的 IPR 值)；而在高能量和低外势能的位置，原子偏向于处在扩展态 (即黄色数据点，较小的 IPR 值)。因而，我们可以看到一个随着外势能场的强度 V 而变化的 ME(黑色数据点)。图 4.6(b) 和 (c) 更进一步展示了波函数在两个不同态下的不同行为，(b) 为小于 ME 的一局域化态波函数，其波函数呈现出指数递减的形式，而 (c) 为大于 ME 的扩展态。不同于 AA 模型的是，在浅晶格势场下，准周期模型呈现出有限大的 ME。同时，系统存在一个在 $V_c/E_r \simeq 1.112 \pm 0.002$ 的临界势能，当外势能 $V < V_c$ 时，系统的所有本征态都处于扩展态，而当 $V > V_c$ 时，系统的低能态开始呈现局域态。换言之，在一维浅晶格模型下，我们得到了如图 4.2 所示的完整相图，即系统存在一个有限的 V_c 和有限的 ME。

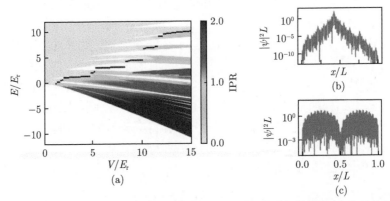

图 4.6 平衡准周期晶格的局域化相变示意图。(a) 在不同原子本征能量 E 和势能强度 V 下的局域化相变的相图，图中数据点的颜色代表 IPR 的强度。局域化态和扩展态分别呈现蓝色和黄色。黑色实线表示 ME 所在的位置。(b) 和 (c) 给出了在局域态和扩展态下的典型原子本征态

值得指出的是，虽然上述讨论是基于双频率的平衡准周期晶格 $V_1 = V_2$ 的情形，而对于非平衡的准周期晶格 $V_1 \neq V_2$ 或多频率的准周期晶格，这一结论仍然成立，详细讨论见文献 [120]。另外，在浅准周期晶格下，系统的能谱仍然呈现出类似于康托尔集的分形结构，这一结论将对后面的多体问题情况的讨论有重要意义。

4.2 相互作用气体的一维无序问题：多体局域化与玻色玻璃态

基于本章 4.1 节的讨论，接下来我们将介绍一维准周期晶格中在玻色子间含有相互作用的情况下的物理性质。在这种情形下，最主要的研究兴趣点在于原子间相互作用和系统的无序势能之间的互相影响，从而产生出丰富的物理值得我们去研究。这两者相互碰撞而产生的物理性质是很多有趣的现象的本源，如多体局域化、集体性安德森局域化等。相互作用的玻色子的多体局域化的典型例子之一，甚至衍生出一种新的物态——玻色玻璃态 (Bose glass，BG)。在本小节中，我们将详细介绍不同一维无序中的玻色玻璃态的多个角度的研究。

4.2.1 随机势中的玻色玻璃态

关于玻色玻璃态的第一代工作是在参考文献 [121, 122] 中呈现的。这两篇文献研究了无序势能中的一维连续系统，并使用重整化群分析和 Luttinger 液体理论来研究其物态，其相图如图 4.7 所示。随后，在文献 [123] 中，Fisher 等考虑了玻色–哈伯德，模型中加入无序势能情况下的物相变化。对于一维连续玻色气体而

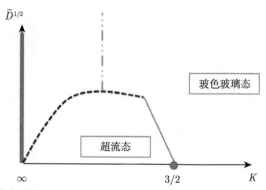

图 4.7 一维连续玻色气体在无序外势场中的相图，其中横轴为相互作用强度，纵轴为无序势场的强度，该相图考虑的温度为零温，其结果是由重整化群的方法计算的。其中 K 为 Luttinger 参数，D 为系统的无序势能强度。红色实线给出了超流态到玻色玻璃态的相变，在零外势场的情况下，我们得到极限值 $K_c = 3/2$。在图片的最左侧，蓝色的竖线代表了零相互作用下的安德森局域态。图片引自文献 [90]

言，它在零温下为超流态 (SF)。然而，当一个无序外势能施加在系统上之后，如果这个外势能足够大，系统就会进入玻色玻璃态：即一个可压缩的绝缘态，也是一个多体的局域化态。原因为：一方面，这是由无序势能结构所造成的局域化态；另一方面，在这样的系统中增加一个原子只会消耗很小的一部分能量。因此，正由于无序的外势场与原子间相互作用之间的博弈，在相图的一些区域内我们会看到一个稳定的玻色玻璃态而非超流态。

当我们考虑晶格模型的时候，其实论点完全类似。唯一的不同是，图中除了 BG 态和 SF 态，还会存在 Mott 绝缘 (MI) 态。接下来我们将讨论文献 [123] 中对玻色–哈伯德模型中的无序外势场的研究，其核心思想在于将玻色–哈伯德模型的能量最小化。值得注意的是，这与文献 [122] 中的重整化群的思想其实是等价的。

我们首先考虑基础玻色–哈伯德模型的情况。在这种情况下，外势场是一个简单的周期性晶格函数，即如图 4.8(a) 所示。在这种情况下，如前面所介绍的，我们知道在强相互作用区域会出现 Mott 绝缘态，而当相互作用减弱的时候，它们会变为超流态。这里，我们可以将系统哈密顿量写为

$$\hat{H} = -J \sum_{i,j} \hat{a}_i^\dagger \hat{a}_j + \frac{U}{2} \sum_i \hat{n}_i(\hat{n}_i - 1) - \mu \sum_i \hat{n}_i, \tag{4.7}$$

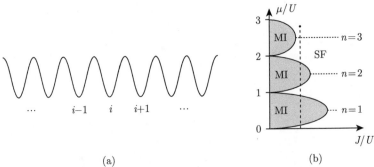

| (a)   (b) |

图 4.8　基础玻色–哈伯德模型。(a) 外势能示意图；(b) SF-MI 相变的相图，取自文献 [124]

其中，J 为隧穿参数；U 为格点上的相互作用参数；μ 为化学势。为了得到系统在零温下的相图，我们需要将总能量最小化。由于系统具有完美的周期性，这也就等效于最小化每个晶格格点的能量。我们首先考虑极限 $J = 0$ 的情况，在这种情况下，格点 i 的能量写为

$$e_i = \frac{1}{2} U n_i(n_i - 1) - \mu n_i, \tag{4.8}$$

即关于 n_i 的抛物线函数。因此，对于一个给定的化学势 μ，如果它满足关于整数

n 的条件 $U(n-1) < \mu < Un$，那么最小化能量 e_i 的解为 $n_i = n$。这也就意味着系统的每个晶格格点都有一个固定的整数原子填充数，因为系统形成了一个不可压缩的 Mott 绝缘态。

接下来，我们讨论一个数值大于零的隧穿参数 $J > 0$ 的情况。我们需要定义两个典型能量，即系统的增加一个原子的能量 E_{p} 和移走一个原子的能量 E_{h}，

$$\delta E_{\mathrm{p}} \sim \left(\frac{1}{2} - \alpha\right) U, \qquad \delta E_{\mathrm{h}} \sim \left(\frac{1}{2} + \alpha\right) U \tag{4.9}$$

我们想知道 $\mu\text{-}J$ 平面上的相图情况。首先，假设每个格点上有 n 个原子，如果我们让一个原子从一个格点隧穿到它的近邻格点，那么它的动能将获得能量 J，而相互作用能将损耗 $\delta E_{\mathrm{ph}} = \delta E_{\mathrm{p}} + \delta E_{\mathrm{h}}$。因此，当 J 相比于能量尺度 δE_{ph} 足够小时，系统将维持在填充数为 n 的 Mott 绝缘态下。对每一个固定的化学势 μ 而言，当 J 增大到可以与能量尺度 δE_{ph} 相抗衡，且当它大于某一临界值 $(J/U)_{\mathrm{c}}$ 时，原子填充数 $n_i = n$ 不再是能量最小化的最优解，那么每个原子都将扩散到整个系统中。因此，系统将形成一个可压缩的非绝缘态，即超流态。通过上述推论，我们可以得出系统的大致相图，如图 4.8(b) 所示。

接下来，我们考虑在玻色–哈伯德模型的基础上加上无序势能的情形，如图 4.9(a) 所示。在这种情形下，我们将以一道例题的形式，讨论系统的相图。

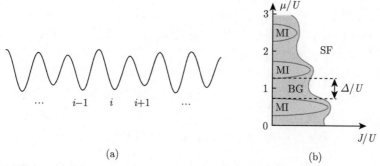

图 4.9   无序势能下的玻色–哈伯德模型。(a) 系统势能示意图；(b) 系统相图，取自文献 [124]

思考题 4-1   当玻色–哈伯德系统中存在一个无序的外势能时，系统的哈密顿量可写为

$$\hat{H} = -J \sum_{i,j} \hat{a}_i^\dagger \hat{a}_j + \frac{U}{2} \sum_i \hat{n}_i(\hat{n}_i - 1) - \sum_i (\mu_i + \delta\mu_i)\hat{n}_i, \tag{4.10}$$

其中，$\delta\mu_i$ 是系统格点上的无序外势能。这个参数为 $[-\Delta, \Delta]$ 范围内满足均匀概

率分布的一个随机数。请讨论在 $J = 0$ 情形下，系统能量最小化的格点填充数，以及系统相应的物态。

解答 4-1　在极限 $J = 0$ 下，系统格点 i 的能量可写为

$$e_i = \frac{1}{2}U n_i(n_i - 1) - (\mu + \delta\mu_i)n_i. \tag{4.11}$$

我们假设无序参数 Δ 小于相互作用参数 U，由于 $J = 0$，系统能量最小化存在三种可能的情形，即：

(1) 当 $n - 1 < \mu/U < n - 1 + \Delta$ 时，系统的格点能量最小化的可能解为 $n_i = n - 1$ 或 $n_i = n$。

(2) 当 $n - 1 + \Delta < \mu/U < n - \Delta$ 时，系统格点能量最小化的解为 $n_i = n$。

(3) 当 $n - \Delta < \mu/U < n$ 时，系统能量最小化的可能解为 $n_i = n$ 或 $n_i = n+1$。

对于上述第二种情况而言，由于所有的晶格格点都被整数原子填充数 $n_i = n$ 所占据，因此系统处于 Mott 绝缘态，其 Mott 绝缘态的区域宽度为 $\Delta\mu = U - 2\Delta$。然而，对于第一种和第三种情况而言，由于不同的晶格格点在能量最小化的条件下可能被不同填充数的原子所占据，因此我们获得了一种宏观上为局域化的态，但其平均原子填充数并非整数。因此，系统既非 Mott 绝缘态，也非超流态，而是处在一个非整数填充数的可压缩的绝缘态下，即玻色–玻璃态。

基于前面例题的解答，我们进一步考虑 $J > 0$ 的情况。类似于纯周期性晶格的情况，当 $J \ll U$ 时，我们无法克服格点上的排斥性相互作用能而允许多余的原子在系统中隧穿。对于每一个固定的化学势 μ，当 J 足够大时，系统会相变为超流态。即便对于玻色玻璃态而言，有限的隧穿强度使得原子可以在更多的格点之间隧穿，从而使得系统的整体相干性得到提升。在某个临界值 $(J/U)_c$ 之上，系统会变为扩展态，即超流态。因此，此情形下的相图如图 4.9(b) 所示。另外，需要指出的是，如果继续增大无序势能而达到 $\Delta > 2U$ 的情形，Mott 绝缘态将彻底消失，而系统的相图中将仅剩下 BG 和 SF 两种态。

4.2.2　Aubry-André 模型中的玻色玻璃态

在 4.2.1 小节中，我们介绍了无序势能中的多体相图问题。在本小节中，我们将从紧束缚近似下的含相互作用的 Aubry-André 模型开始，介绍准周期晶格中的玻色玻璃态的物理性质。

1. 多体 AA 模型的理论相图

我们首先写出一般情况下势能 $V(x)$ 为准周期晶格的 Lieb-Liniger 系统。我们回顾一下此系统的哈密顿量应为

$$\mathcal{H} = \sum_{1 \leqslant j \leqslant N} \left[-\frac{\hbar^2}{2m} \frac{\partial^2}{\partial x_j^2} + V(x_j) \right] + g \sum_{j < \ell} \delta(x_j - x_\ell), \tag{4.12}$$

其中，m 是粒子质量；x 是空间坐标；$g = -2\hbar^2/ma_{1D}$ 为相互作用参数，$a_{1D} < 0$ 为一维散射长度。而系统的准周期势能如式 (4.2) 所示。

首先，我们介绍这类系统在紧束缚近似下的量子相变的相图的理论工作，即在玻色–哈伯德模型的基础上施加一个准周期的外势场。我们介绍的内容主要来自文献 [125]，文献中考虑了极限条件

$$V_1 \gg V_2, E_{r1}, E_{r2}. \tag{4.13}$$

而我们可以注意到，这一条件与 AA 模型的条件是完全类似的。一方面，势能 V_1 远大于系统的反冲能量，这使得系统处于紧束缚近似的范围内而可以被分立为格点来对待。另一方面，由于第二个晶格 V_2 远小于第一个晶格，我们可以将其作为微扰来处理。因此，我们可以获得分立情形下的紧束缚近似哈密顿量，即

$$\mathcal{H} = -J \sum_j \left(b_{j+1}^\dagger b_j + \text{h.c.} \right) + U \sum_j n_j(n_j - 1)/2 + \frac{V_2}{2} \sum_j [1 + \cos(2r\pi j + 2\phi)] n_j, \tag{4.14}$$

其中，$b_j^\dagger$ 为玻色系统在 j 格点的产生算符；$n_j = b_j^\dagger b_j$ 为局部一格点的粒子数算符，其详细推导可见文献 [125]。需要指出的是，哈密顿量中的隧穿参数 J 和相互作用参数 U，与单原子的 AA 模型中的定义是完全一致的。

利用重整化群的计算，我们可以得出在有限相互作用与零温度下该系统的相图，如图 4.10 所示，展示了三种不同典型情况下的相图。在每一个子图中，都展示了固定原子数密度在不同的相互作用参数 U 和无序参数 V_2 下的相图，而这两个参数是以隧穿参数 J 为单位来描述的。而这类系统的量子相信息通常可以由五个物理量来判定，即单体关联长度 ξ，单原子能带间隙 Δ_c，凝聚体浓度 f_c，超流体密度 ρ_s 和 Luttinger 参数 K。在不同量子态下，这些参数的区别如表 4.1 所示。

通过表 4.1 的前两列，我们可以看出前三种物态由关联长度 ξ 和单原子能带间隙 Δ 所判定。由于关联函数在 SF 态中为代数衰减，所以关联长度为无穷大。而对于其他两个物态来说，由于关联函数为指数衰减，则 ξ 为一个有限大的值。同时，MI 和 ICWD 态是有有限大能带间隙的 Δ 绝缘体，而 BG 和 SF 态并不具有能带间隙。如果要进一步区分 MI 和 ICWD 态，我们就需要观察原子填充数密度 n 的性质，如果它是一个整数，那么系统处于 MI 态；如果它是一个分数，那么系统处于 ICWD 态。而表格各处的另外三列，看似对于判断系统物态来说是多余的信息，但它们都有其自身的物理意义，分别都对描述系统某一方面的性质有重要的意义。

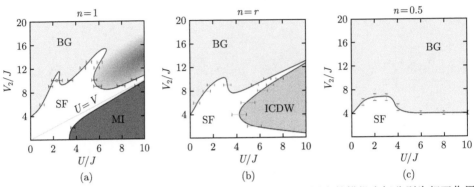

图 4.10　准周期玻色–哈伯德模型的相图，引自文献 [125]。图中的横纵坐标分别为相互作用参数 U 和准周期势能强度 V_2，其单位为隧穿参数 J。图中显示的四种相位分别为玻色玻璃态 (BG)、超流 (SF) 态、Mott 绝缘 (MI) 态和不相称的电荷密度波 (ICDW)。三个子图分别表示三种不同的原子填充数密度，即 (a) $n = 1$，(b) $n = r$，(c) $n = 0.5$。对于 $n = 1$ 的情形而言，灰色区域表示用文献 [125] 中的方法不能精确探测其量子相的区域

表 4.1　　DMRG 算法对量子态判定的关键物理量在不同物态下的性质

Phase	ξ	Δ_c	f_c	ρ_s	K
SF	$\simeq L$	$= 0$	$\gg 0$	> 0	> 0
MI	$\ll L$	> 0	$\gtrsim 0$	$= 0$	$= 0$
BG	$\ll L$	$= 0$	$\gtrsim 0$	$= 0$	$= 0$
ICWD	$\ll L$	> 0	$\gtrsim 0$	$= 0$	$= 0$

现在，我们来详细讨论利用上述物理量判断出的相图 4.10 带给我们的物理信息。对于 $n = 1$ 的情形而言，我们看到有三种物态出现。在足够弱的相互作用和足够低的无序势强度情况下，系统呈现出 SF 态。如果我们提高相互作用至足够大，那么系统开始呈现出由每个格点填充 1 个原子而形成的 MI 态。类似于我们前面的讨论，一方面，这一物态是由隧穿效应和相互作用效应的博弈而导致的，当这种原子间的排斥相互作用足够强时，它使得原子都局域化在各自的格点上而形成绝缘态。另一方面，当持续增大无序势强度的时候，这一参数也与系统的原子间相互作用产生竞争。当 V_2 足够大时，玻色玻璃态作为一个无能带间隙的绝缘态就产生了。不同于 MI 态的是，玻色玻璃态的局域化特性是由于其无序的外势场而导致的，而 MI 态的局域化特性则是由于排斥相互作用形成的有能带间隙的能谱所导致的。而对于 $n = r$ 的情形而言，我们仍然可以类似地看到 SF 和 BG 这两种物态。然而，由于原子数密度不再是一个整数，而是晶格周期比 r，我们找到了一种原子填充数密度为分数的 MI 态，即该研究的作者所称的 ICDW 态。最后，对于 $n = 0.5$ 的情形，由于该填充数密度既不是一个整数，也不是 1 和 r 这两个数的线性叠加，系统的相图中只可能在强弱无序势能的地方分别出现 BG

和 SF 态。

另一个比较有趣的值得我们讨论的物理性质，则是该系统在硬核极限 (hard-core limit) 下、不同无序势强度下的状态方程，如图 4.11 所示。如第三章中所讲，由于一维气体在强相互作用下的玻色–费米对应，我们可以把原子的状态方程看成是把理想费米子填充到该系统单原子能谱中所获得的结果。当 V_2 大于 0 时，许多小的能带间隙就在一些与 r 相关的密度数值下产生，即 $n = r, 1-r, 2r-1, \cdots$。这一现象是两种不相称的晶格周期相互博弈的结果。如果持续增大 V_2，我们发现这些不可压缩的区域 (即 n 不随着 μ 的平台区域) 越来越明显，而这些小的能带间隙正是对应着那些分数填充的 ICDW 态，而这一现象正与我们在单原子的部分讲到的分形结构的能谱是相关的。

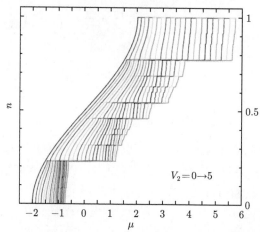

图 4.11　玻色–哈伯德 AA 模型在硬核极限下的状态方程，图中不同的颜色代表 V_2 的不同数值。图片引自文献 [125]

2. 多体 AA 模型的相变观测

在文献 [126] 的实验中，佛罗伦萨的 G. Modugno 小组给出了第一个玻色–玻璃态在玻色–哈伯德 AA 模型中的观测。该文章的作者通过搭建了一个如图 4.12 所示的实验结构来实现式 (4.12) 中的哈密顿量。首先，他们用常用的手段制备了三维的 ^{39}K 原子 BEC。利用两对垂直的激光对，系统被分割为二维阵列排列的一维管状结构。接下来，通过在竖直方向上施加两个周期不相称的光晶格 (制备晶格的激光波长为 $\lambda_1 = 1064\text{nm}$，$\lambda_2 = 856\text{nm}$)，我们就得到了准周期势场的结构。值得注意的是，虽然两晶格的周期比为有理数，但由于 $\lambda_1/\lambda_2 = 1.243\cdots$ 是一个远非简单整数比的小数，在虽然足够大却有限长度的系统下它可以被看成是一个无理数 (即在系统长度内并不存在一个真实的周期)。实验中，主晶格的强度为

$V_1/E_r = 9$，而无序参数 Δ 的强度则是由第二个晶格的强度所控制的。系统的简并温度大致在 $k_B T = 8J$ 的量级，而典型的实验温度为 $k_B T = 3J$，即低于该简并温度，所以我们通常可以认为系统处在量子简并状态下。

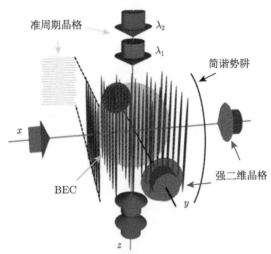

图 4.12   文献 [126] 中的实验结构图，其构型用于实现哈密顿量 (4.12)

通过改变两个晶格的强度，我们可以控制相图中的两个主要参数，即相互作用参数 U/J 和无序参数 Δ/J。之后，通过 TOF 后的吸收成像，我们可以获得系统的动量分布。动量分布 $P(k)$ 首先给出的最关键的关于量子态的信息，就是均方根宽度 Γ，如图 4.13 所示。值得提出的是，动量分布 $P(k)$ 就是单体关联函数 $g_1(x)$ 的傅里叶变换。因此，我们得出了 Γ 与关联长度 ξ 的关系为 $\Gamma \sim 1/\xi$。

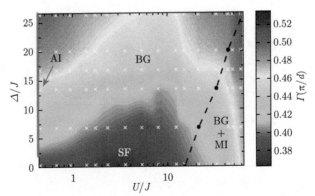

图 4.13   实验测量的动量分布 $P(k)$ 的均方根宽度 Γ 在图 4.12 所示的实验系统的相图中的分布。图中，主要的三个量子相为超流 (SF) 态、Mott 绝缘 (MI) 态和玻色玻璃 (BG) 态。在弱相互作用极限下，我们也可以发现安德森局域 (AL) 态。图片取自文献 [126]

所以，对于 BG 和 MI 相来说，由于系统的 ξ 是一个较小的有限值，系统的 Γ 相对较大。而对于 SF 态来说，系统由于其关联函数呈现代数递减，并不存在一个有完好定义的 ξ 值。在数值计算和实际实验中，这也就意味着 ξ 是一个极其大的数值，所以相应的 Γ 也会是一个极小的数值。

如果想要进一步区分 MI 和 BG 态，我们则需要借助晶格调制光谱 (lattice modulation spectroscopy) 的手段[127]。在图 4.14 中，我们展示了在相互作用强度为 $U = 26J$ 时，三种不同的无序势能强度下的激发光谱。当没有无序势能存在时，我们只能在 $h\nu = jU$ 处找到 MI 的吸收峰，其中 ν 为调制频率，j 为某一整数。这里需要指出的是，宽度 U 正是 MI 态的能带间隙宽度。当 $h\nu = jU$ 时，系统可以被激发并且我们可以在图中观察到一个吸收能量的特征。在图 4.14(a) 中，我们看到两个 MI 的吸收峰 $j = 1$ 和 $j = 2$。对于 $j = 1$，对应于一个单个的 MI 区域内密度填充数为 $n = 1, 2, 3$ 的激发。对于 $j = 2$，这是不同的 MI 区域内的激发所造成的，详情见文献 [128]。当增加无序势而导致 BG 相出现时，我们会观察到一个处于 $h\nu' \simeq \Delta < U$ 的吸收峰，如图 4.14 (b) 和 (c) 所示。这里 Δ 表示无序强度，其定义与式 (4.5) 相同。这一吸收峰并不能与某一 MI 相对应，相反，它对应于一个可以被等效于费米绝缘体的强关联的 BG 相，详细讨论见文献 [129]。使用玻色-费米等效法，我们可以按照文献 [129] 中的方法计算这个吸收谱，找到其理论预测的 BG 的特性。如图 4.14(d) 所示，通过放大 BG 峰部分，我们发现实验数据点与理论与红色实线完好地吻合，这也就进一步证实了 BG 相的存在。

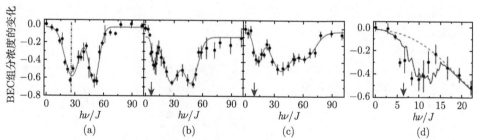

图 4.14 相图中三个不同点的吸收激发光谱：相互作用强度固定在 $U = 26J$，无序势能强度为 (a) $\Delta = 0J$，(b) $\Delta = 6.5J$，(c) $\Delta = 9.5J$，(d) 为 (b) 在低频峰附近的放大图。本图来自文献 [126]

在后续的参考科研文献 [130] 中，Gori 等利用一些前沿的数值计算技术更进一步研究了图 4.13 中的量子态。通过使用重整化群的计算方法，我们可以将一个有限的温度和一个简谐势阱的影响考虑到这个问题的分析中，从而更接近实验的真实条件。首先，零温下的 DMRG 计算可以帮助我们理解在不同区域内所期待的量子相，并标记如图 4.13 中的文字所示。沿着零相互作用 $U = 0$ 的纵线，我们可以找到通过提高 Δ 的值而获得的从超流相到安德森局域化相的相变。而在另一个极限 $\Delta = 0$ 下，我们看到了通过提高相互作用 U 而产生的从 SF 相到 MI 相的相变。对于一个固定的且不太强的相互作用 U 而言，我们总可以沿着升高 Δ 的方向观察到 SF-BG 相变。最后，对于较小的 Δ 和较大的 U 的区域，我们会看到 MI 和 BG 的混合态，而这一混合态是由于简谐势阱的存在而造成的。

　　在零温计算的基础上，本工作的作者进一步计算了有限温度下基于零温结果的现象学拟合，如图 4.15 所示。为了研究有限温度的影响，作者首先计算了 $T = 0$ 时 DMRG 的动量分布 $P(k)$，并计算了其傅里叶变换的结果，即在距离 $|i - j|$ 和温度 T 下的单体关联函数 $g_{i,j}(T)$。接下来，作者提出了一种现象学定理，即引入了修正关联函数

$$\tilde{g}_{i,j}(T) = C e^{-|i-j|/\xi_{\mathrm{T}}} g_{i,j} \qquad (T = 0), \tag{4.15}$$

其中，$\tilde{g}_{i,j}(T)$ 为有限温的关联函数；ξ_{T} 为有效热关联长度；C 为归一化系数。通过以实验数据拟合公式 (4.15)，我们可以得到关联函数热效应的信息。我们将四种典型的动量分布的例子以子图的形式呈现在图 4.15 的两侧。其中，不同的曲线分别为：零温 DMRG(黑色实线)，实验数据 (蓝色虚线) 和有限温的现象学拟合 (红色虚线)。尽管在强相互作用下，有限温的结果与零温的结果是相似的，在中间相互作用区域内，我们仍然可以看到关联长度的一个明显的热扩张。这就表明图 4.15 中所示的实验结果强烈地受到了有限温度的影响，因此，在 4.2.3 小节，我们将讨论浅准周期晶格中相互作用气体的玻色玻璃态，而在这种系统中，有限温的影响将有望得到进一步控制。

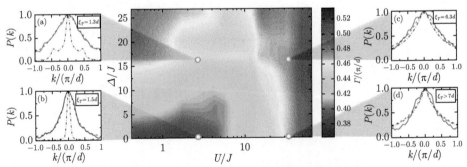

图 4.15　有限温度 DMRG 计算下的 U-Δ 平面的动量分布宽度 Γ 取值图。图中四个点的详细动量分布曲线 $P(k)$ 如两侧的 (a)~(d) 所示，图中的不同曲线分别代表：零温 DMRG(黑色实线)，实验数据 (蓝色虚线) 和有限温的现象学拟合 (红色虚线)。本图片取自文献 [130]

4.2.3 浅准周期晶格中的玻色玻璃态

在 4.2.2 小节,我们提到了玻色–哈伯德 AA 模型中系统的实验测量结果强烈地受到了有限温效应的影响。这是因为在一个紧束缚的系统中,系统的能量参数都是以隧穿能量 J 为尺度的,而这一能量通常与系统温度所对应的能量 $k_B T$ 在同一尺度上,即 $J \sim k_B T$。而浅准周期的晶格则有望克服这一困难,这是因为在连续的浅准周期晶格中,即 $V \sim E_r$ 时,能量尺度为反冲能量 E_r,而实验温度通常远小于这个能量,即 $k_B T \ll E_r$,所以我们期望在这种系统中有限温效应可以得到抑制。

在本小节,我们将讨论文献 [131] 中关于浅准周期晶格中量子相变的理论结果。这里,我们考虑势能形式为式 (4.2),且周期比为实验参数 $\lambda_1/\lambda_2 = 1.243 \cdots$ 的情况。对于这个周期比,其单原子局域化相变的临界势能为 $V_c = 1/375 E_r$。

由于我们现在考虑的系统为连续系统,所以 DMRG 算法不再适用。我们需要使用量子蒙特卡罗算法来计算这种系统的量子相图。在零温时,系统存在三种可能的相:MI(不可压缩的绝缘态),SF(可压缩的超流态),BG(可压缩的绝缘态)。因此,这三种物相可以由两个物理量来区分,即压缩率 $\kappa = \partial n/\partial \mu$ 和超流浓度 f_s。这两个物理量可以通过连续空间的路径积分蒙特卡罗计算,关于这种算法可见参考文献 [107,108]。这种算法可以计算连续气体在有限温度、有限相互作用下上述物理量的取值。因此,当系统处于接近零温时,该算法可以有效地区分系统的三种物相。

当系统处在有限温时,一种新的热相,即常流体 (NF) 会出现在系统中。由于 NF 相也是一种可压缩的绝缘态,所以利用上述两个物理量无法有效地区分它与 BG 这两种物相。在一维系统中,常见的区分这两种物相的方法为利用单体关联函数 $g_1(x)$,对于非超流的绝缘态而言,它通常表现为

$$g_1(x) \sim \exp\left(-\frac{|x|}{\xi}\right), \tag{4.16}$$

其中,ξ 即为关联长度。由于 BG 态的局域化是由准周期势场导致,而 NF 态的局域化是由有限温度的影响所导致,所以,BG 态的 ξ 不随温度而变化,而 NF 态的 ξ 会有明显的温度依赖性,因此,通过研究物理量 ξ 关于温度的变化,我们就可以区分 BG 和 NF 态。需要强调的是,这种判断方式仅适用于一维,在更高的维度下则不再成立。例如,在二维系统中,由于系统的超流–常流相变是由 BKT 相变引起的 (详情见第五章),所以依赖于 $g_1(x)$ 来区分 BG 和 NF 的判据不再成立,需要利用其他方式加以区分。

现在,我们着重讨论一下蒙特卡罗算法下系统相图的结果,如图 4.16 所示。利用上述蒙特–卡罗法,我们可以在不同的相互作用、化学势、势能强度和温度下

判断系统所处的物相。图 4.16 中的第一行，展示了在从左至右依次递增的势能情
况下，不同相互作用和化学势下的相变图。当 $V < V_c$ 时，即便在单原子情况下也
没有局域化存在，因此，系统中只有 SF 和 MI 相，如图 4.16(a1) 所示。SF 相通常
出现在化学势较大并且相互作用较弱的区域。而强相互作用会使得一些 Mott 叶
出现，类似于紧束缚的情况，这些 Mott 也通常含有一些分数的填充数，图中从
上至下依次为 $\rho a = r, 2r - 1, 2 - 2r, 1 - r$。如果我们继续增大相互作用，将可以
见到无穷多的 Mott 叶出现并且呈现出分形的状态，即分形 Mott 绝缘态。这种
分形绝缘态的出现是由单原子能谱具有类似于康托尔集的分形结构，以及强相互
作用的玻色子在低温下会费米化二者共同作用造成的。当 $V > V_c$ 时，我们可以
在一个有限大的相互作用区域中看到一个 BG 态出现在对应于单原子 ME 的位
置 $\mu = E_c$，如图 4.16(a2) 所示。在这个 BG 区域，超流浓度为零，但系统的压
缩率确实有一个有限大的值，即体现出可压缩的绝缘体特性。而这个 BG 在强相
互作用出现的位置，正是单原子 ME 的位置。如果继续增大准周期势强度 V，由
于单原子的 ME 会继续上升，我们也将看到 BG 态在 MI 和 SF 态之中继续扩大
它的区域，如图 4.16(a3) 所示。

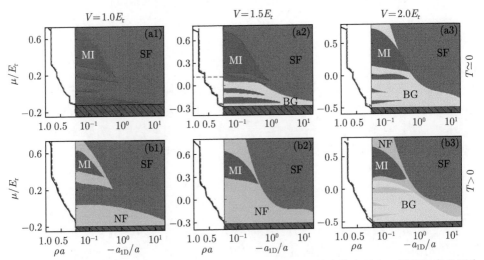

图 4.16　Lieb-Liniger 玻色气体在浅准周期晶格中的相图，其中从左至右，晶格强度分别为
$V = E_r < V_c$, $V = 1.5E_r \gtrsim V_c$ 和 $V = 2E_r > V_c$。第一行为零温下的量子相图，第二行为实验
温度 $k_B T = 0.015 E_r$ 下的量子相图。其中，SF、MI 和 BG 三种相表示的是零温相或与零温
相物理性质完全相同的有限温相，而常流体 (NF) 则对应的是那些有明显温度效应区域。在每
一栏的左侧，我们用黑色实线展示了系统在强相互作用区域 $-a_{1D}/a = 0.05$ 的状态方程 $\rho(\mu)$，
而红色虚线则表示相应系统在理想费米子情况下的状态方程。(a2) 中的蓝色虚线表示的是在
$V = 1.5E_r$ 的系统中单原子的 ME，其数值为 $E_c \simeq 0.115 E_r$。

图 4.16 中第二行，展示了对应于第一行的相同参数，而温度变为一维冷原子实验温度 $T = 0.015 E_r/k_B$ 下的相图，该温度取自文献 [132]。虽然任意小的热波动都有可能摧毁一个量子相，在本计算考虑的有限长实验系统 ($L = 83a$，其中 a 为第一个晶格周期) 中，一些数据点仍保持了其特征性的物理性质，我们便可以将它们看成有限温下的等效零温量子相，即 4.16 图 (b1)~(b3) 中的 SF、MI 和 BG 区域。而图中的 NF 相与 BG 相的本质区别，就是前者的关联函数被温度所抑制，而后者的关联函数则被无序势能所抑制，即其局域化特性来自于空间的无序或准周期势能。因此，后者的关联长度不依赖于温度。我们可以看到，图 4.16(b1) 中，NF 态在低原子密度和强相互作用的区域拥有大片疆域。而对于大于临界势能 V_c 却又不足够深的浅准周期势能而言，BG 相将完被 NF 相所取代，如图 4.16(b2) 所示。然而，对于一个足够强的浅准周期势能，BG 相将足以对抗热扰动所引起的效应并在一定区域内仍然存活，如图 4.16(b3) 所示。因此，这一相图也就指出了在现代量子气体实验温度条件下能观察到玻色子的多体局域化特征之一——玻色玻璃态的可行参数，为后面新的实验研究敞开了一扇大门。

实际上，当下大多针对无序系统或准周期系统中玻色玻璃态问题的理论和实验研究，都聚焦于低维量子系统。一方面，由于低维量子系统有着更干净简单的哈密顿量；另一方面，低维系统也有很多不同于三维系统的有趣的、能影响局域化相变的物理性质。我们相信，在不久的将来，能看到更多一维、二维准周期系统中丰富多彩的关于局域化问题的研究。

4.3 含杂质的一维玻色量子气

如前面章节提到的，近几年里，由于实验上操作手段既越来越精细也更多种多样，研究的方向也随之拓宽到很多领域中去。其中一个研究的热门方向，就是研究冷原子里的杂质 (impurity) 问题。在自然界或是我们平时使用的很多材料中都避免不了会有杂质，而杂质的存在也会使得材料整体的性质有个很大的变化，所以即使在固体物理或是材料科学中，对杂质的研究一直是一个比较热门的方向。在冷原子物理里，我们可以在超流体介质中放入杂质，通过对介质性质的改变或者对杂质进行操作 (比如突然改变介质里原子之间的相互作用强度，或给杂质一个恒定的力或者一个较高的初速度)，使得杂质在介质中的输运，让杂质和介质充分接触之后来探测杂质的动量或者位置，从而得到介质的一些难测到的性质。对于冷原子领域里研究杂质的实验，很多都是淬火 (quenching) 实验。顾名思义，就像把烧得非常热的钢突然放入冷水中迅速冷却。在实验中，我们也会突然改变某一个量，比如杂质和介质的相互作用或者晶格的阱深，然后观测整个物理系统或者其中的一些参量是如何随着时间慢慢演变的，这种观测可以帮助我们研究一个非平衡系统到趋近平衡的过程。

一维气体对研究杂质的输运、杂质对介质状态改变所产生的反应等有非常好的条件。因为一维量子气体可以做到强关联 (strongly correlated)，杂质在这样的环境下的性质也更明显、更有趣。对于理论模型和计算而言，在一个光晶格形成的一维连续气体里原子数大概是 $10 \sim 50$ 个，是相对容易模拟和计算的。通过对比理论和实验结果，可以在这样的环境下通过杂质来研究一系列的多体问题。这里我们主要通过因斯布鲁克 H.C. Nägerl 小组发现杂质在一维强关联的连续气体中做布洛赫振荡的实验[133] 做一个范例，从如何制备杂质到如何巧妙地利用杂质和背景气体之间的相互作用设计实验，来看一维气体特殊且有趣的性质。

4.3.1   制备杂质的方法

在实验的实现上，杂质一般会有两种选择。第一是选择与介质元素不同的粒子，比如文献 [134] 中提到在钠的 BEC 里掺入钾的杂质，通过杂质来反映介质 BEC 的动量分布。第二则是介质和杂质使用同一种元素的原子，但是自旋不同，比如通过射频信号使得一些背景气体原子的自旋态能够跃迁到另一个自旋态上去，以此来制备杂质。对比这两种不同的制备方法，前者的好处是介质原子和杂质原子的吸收成像光不一样，可以分别只看介质或者只看杂质的成像。而且某些实验也可以利用两种原子的特殊 Feshbach 共振来形成分子，研究分子的一些性质，但这不属于我们现在讨论杂质的范畴。虽然有以上好处，但是毕竟两种原子吸收光谱不完全相同，实验上要分别冷却两种原子势必需要更多的激光和不同波长镀膜的光学器件，并且会有两套烘箱和 2D 磁光阱或者塞曼减速等初步减速冷却的设备。所以相比较而言，第一种方式会让整体的实验仪器复杂度更高，而第二种制备杂质的方式不会引入第二种原子，而且可以通过 Feshbach 共振来改变杂质与背景气体之间的相互作用或者背景气体粒子之间的相互作用。但是相较之下，这种方法不能直接观测杂质在背景气体里演变，需要把背景气体和杂质的相互作用调成零，然后给杂质或者背景气体不同的力让它们分离，然后共同吸收成像获得自由飞行之后的动量分布。因为后文的一个经典的例子就是通过第二种方法制备杂质，这里我们就仔细聊一下如何用射频在一维气体中制备与背景气体自旋态不同的杂质。

以实验 [133] 为例，我们可以通过射频的手段把背景气体里的一部分原子的自旋态激发到另一个自选态上去，从而制备杂质。该例子中使用的原子是铯原子，我们首先通过冷却铯原子实现 BEC。因为有磁场的存在，通过塞曼效应，原子所处的精细能级还会分裂成塞曼子能级，原子处于所有塞曼子能级的基态，即 $|F = 3, m_F = 3\rangle$。而杂质原子的自旋态会被激发到 $|F = 3, m_F = 2\rangle$ 上。

在具体的实验上，首先，我们通过一对通电的反亥姆霍兹线圈可以制备四极

磁阱。这个四极磁阱的空间磁场分布可以写成

$$\boldsymbol{B}_0(\boldsymbol{r}) = b'(xe_x + ye_y - 2ze_z), \tag{4.17}$$

从上面式子来看，无论是沿着 x、y 还是 z 方向，磁场大小都是呈线性增长的，只是沿着 z 方向上的磁场强度增大速度比 x 和 y 方向要快一倍。如果我们现在不考虑方向，只考虑磁场强度的话，处在 $\boldsymbol{r} = xe_x + ye_y + ze_z$ 位置下的磁场强度可以写成

$$B_0(\boldsymbol{r}) = b'\sqrt{x^2 + y^2 + 4z^2}, \tag{4.18}$$

其中，b' 是磁场梯度，是一个常数，与线圈构造和电流大小有关。用式 (4.18) 所示磁场强度可以写出在该位置下与磁场强度一一对应的拉莫尔频率 (Larmor frequency)：

$$\omega_0(\boldsymbol{r}) = \frac{|g_{\mathrm{F}}|\mu_{\mathrm{B}}b'}{\hbar}\sqrt{x^2 + y^2 + 4z^2}, \tag{4.19}$$

这里 g_{F} 是朗德 g 因子 (Landé g-factor) 而 μ_{B} 是玻尔磁子 (Bohr magneton)。当射频信号的频率和这个拉莫尔频率相等的时候，我们能够得到一个共振面，在这个共振面上拉莫尔频率处处相等，即磁场强度相等。通过式 (4.19) 我们可以看出，在等磁场面上，$x^2 + y^2 + 4z^2$ 一定是一个固定的常数。所以，这个共振面一定是一个椭球面，这个椭球在 x 和 y 上的半径是在 z 方向上的半径的两倍，图 4.17 中用

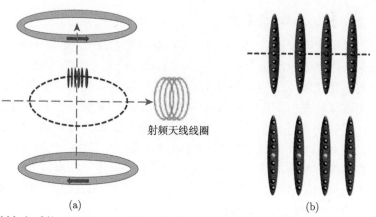

图 4.17　制备杂质的示意图。(a) 描述的是在沿着重力方向的一维量子气体里 (红色竖条) 制备另一种自选态的杂质。上下两个浅蓝色椭圆环为反亥姆霍兹线圈，我们将它内部通上电流以获得四极磁阱。右侧的橙色线圈是射频天线，我们用它来发射射频信号。而蓝色虚线则表示在纸面截面内，射频信号频率和拉莫尔频率的等磁场共振面。(b) 描述了在左侧蓝色虚线表示的共振面上的原子都被激发到了另一种自选态，进而成为杂质。图中黑色小球表示背景气体原子，绿色小球则为杂质气体原子

蓝色虚线画出的椭圆就是这个共振面的截面。而上面提到的常数就是这个椭球在 xy 平面相交所形成的圆的半径，这个半径正比于射频频率、反比于磁场梯度，具体细节可以参照文献 [135]。这个拉莫尔频率也是可以看成是在某一磁场强度下的作用下，相邻的两个塞曼子能级分裂开的能量差。当射频频率和拉莫尔频率共振的时候，这个原子就能从一个塞曼子能级的自旋态跃迁到另一个自旋态上去。所以就像图 4.17 中描述的那样，与共振面位置相交的原子的自旋态会从 $|3,3\rangle$ 跃迁到 $|3,2\rangle$ 自旋态上。这样就成功地在每一条一维气体里制备出与背景气体自旋态不同的杂质粒子。

值得一提的是，这种制备杂质的方法非常灵活，我们可以通过改变射频信号的大小来控制杂质在一维气体里的相对高度。如果射频信号频率越大，那么图 4.17 中蓝色虚线形成的椭圆半径越大，对于位置不变的一维气体来说共振面的截面就越高，最终制备的杂质就会更高。同时，我们也可以通过增强射频信号的强度来增加杂质粒子的个数。虽然我们这里用以下实验的铯原子举例，但是这种方法不限于原子种类，这种方式也可以用来在铷原子、钠原子等原子种类的一维连续气体中制备不同自旋态的杂质。

4.3.2 杂质在一维连续量子气体中的布洛赫振荡

含杂质的一维量子气体具有很多独特的物理特性，并为观察到全新的物理现象提供了可能。这里，我们以文献 [133] 上发表的实验文章为例讲解在一维含杂质的玻色气体中的一个有趣的实验，即无晶格情况下的布洛赫振荡。

1. 光晶格中布洛赫振荡原理

在第二章里我们解释了光晶格里的布洛赫能带 (Bloch energy band) 理论，也给出了紧束缚模型下的色散关系 (dispersion relation)。我们以上述理论作为铺垫，先讨论一维晶格里冷原子的布洛赫振荡 (Bloch oscillations)。布洛赫振荡首先发现是存在于固体物理中，在固体晶格中的电子如果一直受一个恒定的力作用，那么电子的位置和动量会呈现一个周期性变化的趋势。因为光晶格可以用来模拟原子核形成的固体晶格，所以布洛赫振荡也可以通过光晶格里的冷原子呈现出来。在有一定晶格深度的情况下，色散曲线不再像自由粒子一样呈现一个抛物线，而是形成分立隔开的能带结构，如图 2.9 所示。对于一个三维超流体，我们选择一个方向并沿这个方向加上一个晶格，这时如果一直有一个恒定的力沿着晶格方向作用在原子上，那么原子就会加速运动。一旦原子的动量触碰到布里渊区的边界 $(\hbar k)$，就会发生布拉格散射，这时原子的动量会减少 $2\hbar k$，相当于跳到了布里渊区的另一个边界。这个过程可以看成是原子从对着它射来的晶格光中吸收了一个光子，减少了 $-\hbar k$ 的动量，在此同时释放出一个和这束光传播方向相反的一个光子，相当于在动量上又减少了 $-\hbar k$，这个过程使得原子从布里渊区的一个边界

($\hbar k$) 跳到另一个边界 ($-\hbar k$)，如此循环往复，最终晶格中的原子将出现周期性的运动，不仅在动量空间有周期性运动，在实空间也是如此，这种周期性运动就是布洛赫振荡。在固体晶体中这种现象不易被观测到，因为晶体的晶格间隔小，电子振荡的周期较长，振荡的退相干太快。在光晶格中，晶格间距大并且系统纯净，适合于观测该周期性振荡的行为。

我们在第二章中讲到紧束缚模型下基态能带 (s 能带) 是怎样随着准动量变化的，即

$$E(q) = \frac{1}{2}\hbar\omega_L - 2J\cos\left(\frac{qa}{\hbar}\right), \tag{4.20}$$

J 是两个相邻晶格之间的隧穿，q 是在第一简约布里渊区的准动量，而 a 则是晶格之间的距离。在这种情况下，原子的运动速度可以写成

$$v(q) = \frac{\mathrm{d}E(q)}{\mathrm{d}q} = \frac{2Ja}{\hbar}\sin\left(\frac{qa}{\hbar}\right), \tag{4.21}$$

而原子在恒定的作用力下，它的准动量也将是线性增加的，可以写作 $q(t) = q(0) + Ft$，将他代入速度的表达式中，并且通过速度对时间的积分可以表示出原子的位置是如何随时间变化的。原子位置为

$$x(t) = \int v[q(t)]\mathrm{d}t = \frac{-2J}{F}\cos\left(\frac{Fa}{\hbar}t\right). \tag{4.22}$$

从上式中我们可以看出，无论是在动量空间测速度还是在实空间看位置，在光晶格里的布洛赫振荡周期都是相同的，周期为

$$T = \frac{2\pi\hbar}{Fa}. \tag{4.23}$$

而且在布洛赫振荡的同时，不是所有原子都会在运动到布里渊区的边界之后通过减少 $2\hbar k$ 的动量而跳转到另一个边界，会有一些原子被这个恒定的力带到第一激发态的能带上去，这一部分原子的多少取决于光晶格阱的深度以及这个力的大小，这个概率可以写成

$$P = \mathrm{e}^{F_c/F}, \qquad F_c = \frac{V_0^2}{aE_r} \cdot \frac{\pi^2}{32}. \tag{4.24}$$

接下来我们看一下相关的实验是如何实现并测量的。

2. 布洛赫振荡实验

在实验中，我们虽然可以既通过动量空间又通过实空间来观测布洛赫振荡，但是因为在实空间内的振荡幅度大概只有 10nm 的量级，很难通过摄像机去捕捉，所

以我们一般看动量空间上的振荡。观测方法就是实验结束之后，给原子足够长的飞行时间，让原子飞一会儿之后再测量原子团的位置。因为在实空间内原子团尺度比较小，自由飞行之前原子团的位置信息差异几乎可以忽略不计，这样通过几十毫秒的自由飞行之后，原子团在实际空间的分布便可以等效成在飞行之前原子团内的速度分布，即动量空间。这里需要强调的另一点是，原子之间的相互作用会使得能观察到的布洛赫振荡周期数变少。我们这里讲的例子是铯 (Cesium) 原子在光晶格中的布洛赫振荡，因为铯原子之间的相互作用可以很容易并准确地调节，所以可以通过 Feshbach 共振将原子间的相互作用调成 0，这样就会得到更纯净且重复次数更多的布洛赫振荡，可以观测到近 2000 次。

在实验上，因为原子天然受重力作用，所以我们一般将重力当成这个恒定施加在原子身上的力。我们在制备好 BEC 之后，沿着重力方向 (即 z 方向) 射入光晶格，通过 Feshbach 共振把原子之间的作用力调没。然后让原子在里面做布洛赫振荡，在等不同的时间 (t_h) 后，关掉光晶格，让原子进行自由飞行。在这个实验里，原子自由飞行的时间分为两部分，一部分是磁悬浮飞行时间，另一部分是真正的飞行时间。因为照相机能够捕捉的空间距离有限，并且在毫无磁场的时候铯原子之间会有微弱的排斥相互作用，所以如果关掉所有磁场光场之后让原子团经历太长的飞行时间后，会使得在自由飞行过程中依然存在微弱的相互作用，从而最后得到的不是纯净的飞行时间开始前的动量分布。所以在磁悬浮自由飞行时间里，我们通过改变反亥姆霍兹线圈里的电流来改变原子团位置的磁场梯度，从而抵消重力。同时还有磁场补偿，改变磁场大小从而使得铯原子没有相互作用力，最终得到原子团的动量空间分布。实验结果如图 4.18 所示，随着在晶格内的时间不断变长，可以看出在动量空间内由于布拉格反射 (Bragg reflection) 形成的布洛赫振荡。为了更容易理解，我们可以把原子想象成很多弹性很强的小球，从高处

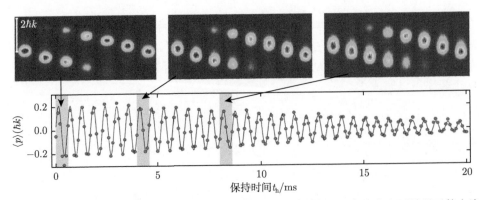

图 4.18   通过动量空间观测布洛赫振荡实验的结果。三张图片对应三个灰色区域显示的布洛赫振荡

一个接着一个倾倒下来，最后可以看到小球一个接着一个坠落而后撞地反弹，而后运动到倾倒前的高度速度为零，再次降落再弹起，如此循环往复。在这个模型下，小球的动量就类似于原子团在布洛赫振荡下的动量变化。在图 4.18 的三张图中，有些时间下原子团被分成了两团，一团在上，还有一团在下，这时候就像是只有一部分小球已经触地弹起，但还有一些刚刚要触地，二者动量大小几乎一致，但方向相反。

3. 杂质在一维连续气体中的布洛赫振荡

上面我们了解了在一维光晶格里原子团是怎么进行布洛赫振荡的。在理论上要在冷原子里能观测到这个现象，两个必要的要求就是光晶格形成的周期性势能阱以及一个恒定地施加在原子上的力。那么如果没有光晶格，如何能够观测到布洛赫振荡呢？下面我们就以文献 [133] 中所描述的一个经典的实验作为例子，通过杂质在一维强相互作用的背景气体里做布洛赫振荡来探索一维强相互作用的量子气体的独特性质。

在第三章的理论部分我们提到了强相互作用的一维玻色量子气体。由于相互作用为短程排斥相互作用，极强的排斥相互作用就会完全阻止任意两个原子出现在同一空间位置，在空间中形成一种等效的"泡利不相容原理"，使得这种系统的大部分性质都可以等效成理想费米子，即 Tonks-Girardeau(TG) 气体。在二维系统中，因为有第二个维度的"超车道"，即使通过 Feshbach 共振将原子之间的相互作用调得非常大，也不会像在一维中一样得到一个强关联的系统。通过调节相互作用使得系统成为强系统是在一维量子气体里比较独特的性质。

杂质能在没有光晶格存在的一维 TG 气体里做布洛赫振荡的原理并不难理解。当杂质和背景气体也有一定的排斥相互作用的时候，在杂质看来，它的背景气体，也就是强相互作用下的 TG 气体就给它提供了一个像光晶格一样的周期势能。因为当有一个恒定的力拖着杂质穿过这个一维 TG 气体时，排斥相互作用使得它会感觉到在有原子的地方势能较高，而在没有原子的地方势能较低，因为原子的周期性排列为杂质提供了像光晶格一样的周期势阱。下面我们讲实验上是如何巧妙地利用射频来制造杂质，又是怎么利用 Feshbach 共振来调节背景气体之间的相互作用，以及杂质和背景气体之间的相互作用使得杂质在背景气体中的布洛赫振荡成为可能的。

4. 探测杂质在一维强关联系统中性质的具体实验过程

上面我们说了如何制备杂质，现在说一下整体的实验流程。首先，我们使用 3.1.2 小节介绍过的光晶格切割法，在 xy 平面提供一个足够深的二维光晶格，将系统切割成沿着 z 方向的一维原子团阵列。我们提供的用于切割的晶格阱深均为 $V_0 = 25E_r$，用这么深的阱就是为了确保系统是独立的没有隧穿的一维系统。然后通过调节磁场强度来调节原子之间的相互作用。我们首先让背景原子之间的相互作用 $\gamma^{3,3}$ 远大于 1，以此制备好一维的强相互作用而形成的 TG 气体。接下来的实验流程如图 4.19 所示，可以分成 ① ～ ⑤ 这 5 个步骤。

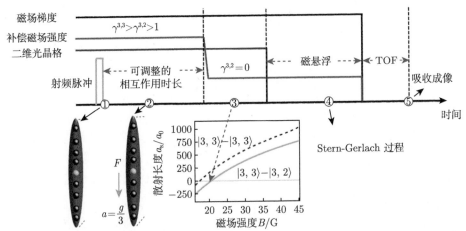

图 4.19　杂质在 TG 气体里布洛赫振荡的实验流程示意图。$\gamma^{3,3}$ 是背景气体之间的相互作用，而 $\gamma^{3,2}$ 是背景气体与杂质之间的相互作用。第一行为实验流程示意图，通过磁场梯度、补偿磁场和二维光晶格来进行描述。第二行小图为 Feshbach 共振曲线，描述散射长度是如何随着磁场大小变化而变化的。其中黑色虚线表示背景气体之间的相互作用变化，而绿色实线则表现背景气体与杂质之间的相互作用变化

步骤 1：通过反亥姆霍兹线圈生产的四极磁阱米改变磁场梯度 (magnetic gradient)。该磁场梯度对背景原子所产生的力为 $F = m_{\mathrm{F}}\alpha$，其中 m_{F} 为自旋态，而 α 为磁场梯度。在开始阶段我们使得该磁场梯度对背景原子的力刚好可以抵消重力，即 $mg = m_{\mathrm{F}}\alpha$。而通过对补偿线圈电流的控制，我们可以调节补偿磁场强度 (offset magnetic field strength)，从而通过 Feshbach 共振来调节原子间的相互作用。在本步骤中，我们通过射频信号，在 TG 气体中制备杂质。值得注意的是，在这个过程中磁场梯度和补偿磁场都不变，所以这个时候无论是背景气体之间的相互作用 $\gamma^{3,3}$，还是背景气体与杂质之间的相互作用 $\gamma^{3,2}$ 都是大于 1 的，即都是强相互作用。

步骤 2：在这个过程中我们保持磁场和磁场梯度不变，以确保 $\gamma^{3,3}$ 和 $\gamma^{3,2}$ 都是不变的。我们只改变这一过程持续的时间长短。在这个过程中，因为杂质的自旋态为 $m_{\mathrm{F}} = 2$，所以磁场梯度对杂质的力是对背景原子的力的 2/3，也就是杂质重力的 2/3。因此，杂质在这个 TG 气体中一直受一个恒定的力，这个力的大小和方向就是 1/3 的重力。同时，也就是在这个过程中，杂质在 TG 气体中做布洛赫振荡。

步骤 3：在上一个步骤中，杂质在做布洛赫振荡，后续的步骤主要就是怎么样能够测量在不同振荡时间下杂质的动量。为了能准确地测量不同振荡时间下杂质的动量，使一维气体中剩下的背景气体不会影响测量，我们在本步骤开始的时候就调节补偿磁场，使得 $\gamma^{3,2} = 0$，即背景气体与杂质的相互作用为 0。这时候背景气体之间的相互作用还很大，$\gamma^{3,3} > 1$，但杂质看不见剩余的背景气体，所以杂质带着原有的动量加速穿过 TG 气体，这样就保证了杂质在布洛赫振荡后保有动量信息并离开 TG 气体。

步骤 4: 在上个过程结束后，杂质已经顺利离开背景气体。这时我们保持磁场梯度不变，但是调节补偿磁场使得背景原子之间的相互作用变为零，同时关掉 x 和 y 方向上的光晶格，让背景原子团自由扩散，让杂质依然加速下落。

步骤 5: 关掉所有磁场，让背景原子团和杂质原子团都自由下落并扩散，然后通过吸收成像来照出两团原子团。

5. 对杂质动量分布进行测量的实验结果

通过改变上述步骤 2 里提到的杂质与背景气体相互作用的时间，我们可以得到在作用时间下的杂质原子的动量，如图 4.20 所示，图中左列分别是理论模拟的结果和实验呈现的结果。因为 TG 气体的相互作用极强，在某种程度上可以看成是理想费米子，所以 x 轴以费米动量为单位 $k_F = \pi n_{1D}$，其中 n_{1D} 是一维气体的原子密度。而 y 轴以费米时间作为单位，$t_F = 2m/\hbar k_F$。虽然对于六个图的 y 轴是相互作用时间，x 轴是杂质的动量，这和图 4.18 中的 xy 轴顺序相反，但是每一个图片其实依然都在描述在一个给定的时间下杂质原子团的动量分布。我们可以一行一行横着看，看保持时间 t 增加的时候杂质是如何通过布拉格反射使其动量由最低能带的第一布里渊区边缘跳转到另一个边缘，从而完成布拉格振荡的。我们也可以看到，当相互作用增大的时候，即 $\gamma^{3,3}$ 和 $\gamma^{3,2}$ 同时增大，布洛赫振荡会变得更为明显。

上述实验现象可以反映出，即使沿一维径向方向没有加入晶格，但是杂质依然会做布洛赫震荡。原因在于，对杂质粒子而言，强相互作用下形成 TG 气体的"硬核"玻色子也在某种程度上给杂质提供了一个周期性的势能。

需要指出的是，这里给出的只是杂质与背景气体的相互作用下产生的有趣的物理现象的例子之一。而除了构造有趣的物理性质本身以外，该实验也体现出杂质系统的另一层意义：通过研究一维强关联系统中杂质的性质也可以得到背景气体一些特殊的性质。因此，系统中的杂质也可能成为研究背景气体某些复杂性质的一种重要探测手段，这也是关于系统中杂质研究的重要前沿发展方向之一。

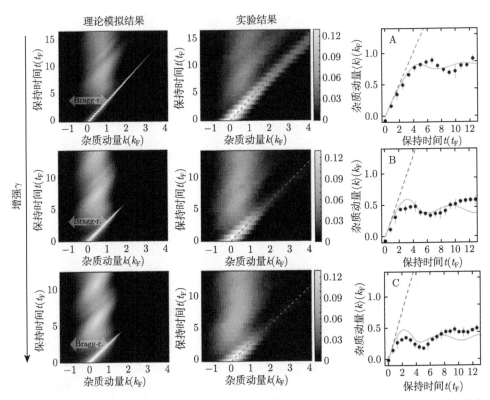

图 4.20 杂质在一维强相互作用的气体里做布洛赫振荡的理论模拟和实验结果对比图。从左数第一列为理论模拟结果，第二列为同样情况下的实验结果。x 轴为杂质原子的动量分布，以费米动量为单位，而 y 轴则是杂质在背景气体中有相互作用的时间，以费米时间为单位。从上至下对应着相互作用的变强，依次对应着 $[\gamma^{3,3} = 7.8, \gamma^{3,2} = 3.4]$，[15.2, 7.9]，[38, 19.4]。第三列是通过第二列的实验结果算出的杂质的平均动量，然后画出在三种不同的相互作用下，杂质平均动量随着不同保持时间的变化曲线，并对比理论 (绿色实线) 和实验 (黑色圆球) 的结果。图片取自文献 [133]

4.4 耦合一维系统

前面，我们介绍了多种一维链状或条状原子团中的实际应用。除了这种一维结构以外，还有一种当下热门的系统结构，就是将多个一维原子团耦合起来，形成耦合一维系统。这样的系统包括维度跨越系统、约瑟夫耦合系统、量子阶梯等。我们将在本节中介绍关于这些系统的基础知识以及一些前沿的研究。

4.4.1 维度跨越系统

在 3.1.2 节中，我们介绍了两种制备一维 (1D) 气体的方法。在这里，我们先回忆一下光晶格切割法，即如第三章中图 3.3 所示。在这种切割方法中，我们通常

要求光晶格的深度 V 足够深，即大于某一特征深度 V_c，这样才能使得不同一维原子团之间的隧穿足够小，从而可以将这个系统看成是多个相互独立的一维原子团。然而，如果晶格深度 V 大于反冲能量却小于这个特征深度，即 $E_r < V < V_c$，则系统可以被看成是相互耦合的一维原子团。这时，系统并不处在严格的一维，也不处在严格的三维，所以我们管这样的系统叫做维度跨越 (dimensional crossover) 系统。由于这样的系统将拥有一些介于一维和高维之间的性质，所以这类系统引发了大量现代量子领域研究的关注。在本小节，我们将以 1D-3D 的跨越为例介绍一些相关研究，但值得注意的是，维度跨越并不仅限于这一种情况。在实际研究中，还存在 1D-2D 和 1D-3D 的跨越。

一个典型的 1D-3D 维度跨越系统结构的示意图如图 4.21 所示[136]。该系统中，沿着一维条状原子团方向有一个很深的晶格，可以用一维玻色–哈伯德模型描述。而相邻的条状原子团之间，原子可以发生隧穿。这个系统的哈密顿量可表示为

$$\mathcal{H} = \sum_{\boldsymbol{R}_i} \mathcal{H}_{1D,\boldsymbol{R}_i} - t_\perp \sum_{\boldsymbol{R}_i,\boldsymbol{a}} \hat{b}^\dagger_{\boldsymbol{R}_i+\boldsymbol{a}} \hat{b}_{\boldsymbol{R}_i} + H.c., \tag{4.25}$$

其中，$\boldsymbol{R}_i$ 表示空间中的某一条状原子团的位置；$\hat{b}^\dagger_{\boldsymbol{R}_i}$ 为该格点处的产生算符；$\boldsymbol{a}$ 为沿着 yz 平面长度为 1 的单位向量；$t_\perp$ 为不同 1D 原子团之间的隧穿参数，由 yz 平面的晶格深度 $V_\perp$ 决定。$\mathcal{H}_{1D,\boldsymbol{R}_i}$ 则为一维玻色–哈伯德哈密顿量，其表达式为

$$\mathcal{H}_{1D} = -t \sum_j (\hat{b}^\dagger_j \hat{b}_{j+1} + H.c.) + \frac{U}{2} \sum_j \hat{n}_j(\hat{n}_j - 1), \tag{4.26}$$

其中，j 为 $\boldsymbol{R}_i$ 位置一维原子团上的格点数；t 为一维原子团上的隧穿参数；U 为晶格格点上的相互作用强度。

图 4.21　1D-3D 维度跨越系统典型结构示意图。图片取自文献 [136]

根据 yz 平面的晶格深度 $V_\perp$ 的不同，这类系统通常存在三个特征区域。当 $0 \leqslant V_\perp < 10E_r$ 时，系统为一个三维光晶格中的三维系统，其自身仍然呈现出三维新系统的性质；而当 $E_r \ll V_\perp < V_c$ 时 (其中 V_c 为系统转变为纯一维系统的临界势能强度)，系统为一个耦合起来的一维条状系统，即处在 1D-3D 维度跨越状态；当 $V_c \ll V_\perp$ 时，系统将变为一堆分立的严格一维系统。而当系统处于跨越状态时，我们则可以看到一些介于一维和三维之间的性质。

接下来，让我们举两个例子来为读者详细地介绍我们可能观察到的维度跨越的性质，如图 4.22 所示。图 4.22(a) 展示的是文献 [137] 中关于维度跨越中的超流–绝缘相变的例子。图中的黑色实线计算了在浅晶格势能 $0.02\mu_{1D}$ 下，沿着 x 方向发生 SF-MI 相变的相变点；J 为我们定义的 $t_\perp$。从图中我们可以看到，当 J 非常小时，系统可以看成是完全分立的一维系统。这时，我们的临界相互作用强度为 $\gamma_c = 3.5$，这与我们在第 3.3 节中介绍的纯一维晶格系统中的结论是一致的。当逐渐升高 J 时，系统开始进入维度跨越，由于维度越高，系统越难形成 Mott 绝缘态，所以相变的临界 γ 持续减小，越来越多的非 Mott 绝缘区域开始出现。换而言之，当增大参数 J 的时候，本身被固定在一维光晶格格点上的 Mott 绝缘态原子，由于获得了往其他一维原子团跃迁的可能性，开始在系统里流动起来，这也就使得一些参数下的 Mott 绝缘态开始具有导电性，即 (至少为沿着 x 方向的) 超流态。而值得注意的是，当 $\gamma > \gamma_c$ 而系统的 J 足够小时，由于系统为分立的一维系统，而在一维下真实的 BEC 并不存在，所以我们并不能获得 BEC。相应地，我们会得到图中标注的解耦合原子管 (decoupled tubes) 区域，即沿着 x 方向系统具有一维超流特性，而沿着 yz 平面系统具有二维 Mott 绝缘体特性。需要指出的是，该结果是从重整化群的计算获得的。

另一个维度跨越的物理性质的例子如图 4.22(b) 所示[136]，展示了量子蒙特卡罗计算下，系统的量子简并温度 T_c (即从热原子到凝聚体的相变温度) 关于 $t_\perp$ 的变化关系图，上下两个子图分别为量子蒙特卡罗和密度矩阵重整化群的计算结果。我们知道，相比于低维而言，在三维空间中 BEC 是非常容易形成的。而在一维空间中，我们甚至无法获得真实的 BEC。所以对于处在维度跨越中的系统而言，当系统越接近三维系统，即 $t_\perp$ 越大，系统的凝聚就越容易，其量子简并所需的温度就越高，这一结论正如图 4.22(b) 所示，而图中的曲线，正是从量子简并温度的角度解释了从一维到三维的跨越是怎么发生的。

从上面两个例子中我们可以看到一个非常有趣的现象，即维度跨越系统中不同维度之间的相互作用。在两个问题中，x 方向的物理性质被 yz 平面的参数所影响。无论是图 4.22(a) 中 x 方向的超流密度，还是图 4.22(b) 中 x 方向在特定温度下的凝聚体密度 (这一参数等效于临界温度 T_c 的信息)，都受到了 yz 平面的参数 $t_\perp$ 的影响。这说明，一方面，量子气体系统的不同维度之间不是完全孤立的，它们将可能对互相的物理性质产生影响;另一方面,我们可以通过研究维度跨越的系统,探索"维度"这个参量在量子气体系统的不同物理性质上所发挥的作用。

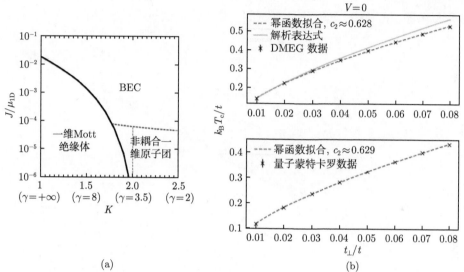

(a)   (b)

图 4.22   维度跨越系统相关性质的数值计算结果图。(a) 零温下的维度跨越系统相图。图中,K 为 Luttinger 参数,γ 为相应的 Lieb-Liniger 参数。沿着一维条状原子团方向,系统提供了一个强度在 $0.02\mu_{1D}$ 左右的晶格,并且系统的平均原子填充数密度为 1。该计算来自重整化群,图片引自文献 [137]。(b) 维度跨越系统的量子简并温度 T_c 关于一维原子团的耦合隧穿参数 $t_\perp$ 关系图,上下两个子图分别为量子蒙特卡罗和密度矩阵重整化群的计算结果,图片引自文献 [136]

上面我们讨论的维度跨越系统,虽然沿着各个维度的特征不同 (即沿 x 方向为一维原子团,沿 yz 方向为只能发生跃迁的分立格点),但各个维度均为真实空间的维度。然而,在近几年的前沿科研中,世界上的多个实验组提出了包含人造赝维度的维度跨越系统。例如,意大利佛罗伦萨大学的 L. Fallani 小组和美国马里兰大学的 I. Spielman 小组均通过其实验手段,将自旋设定为系统的人造维度,制造出了含人造维度的维度跨越系统[138,139]。我们这里以 L. Fallani 小组的系统为例,进行说明。该小组的人造维度系统示意图如图 4.23 所示。作者首先制备了一维量子简并的超冷费米气体 ^{173}Yb,并将其装载在沿 x 方向的一维光晶格中,如图 4.23(a) 所示。在不同的晶格格点间,原子可以通过隧穿常数 t 完成普通晶格格点的隧穿。接下来,通过向系统提供合适的拉曼光,系统的三个自旋能级将产生如图 4.23(b) 所示的耦合。因此,我们将获得一个人造维度 m,如图 4.23(a) 中所示。而当原子在这个维度隧穿时,其遵守的隧穿常数为 $\Omega_{1,2}\mathrm{e}^{\mathrm{i}\phi j}$,即其隧穿时会获得或失去一个 ϕ 的相位。这样,我们就获得了一个含人造维度的维度跨越系统，并形成了图 4.23(a) 中所示的方格点回路。如果在这样的系统中施加一个垂直于平面的磁场，这时我们就可以在这样的系统中研究拓扑学及量子霍尔效应。文献 [138] 通过该系统，完成了对带状几何中手性边缘态的观测。对此感兴趣的读者可以参阅文献 [138] 查找这一观测的具体细节，这里不再赘述。

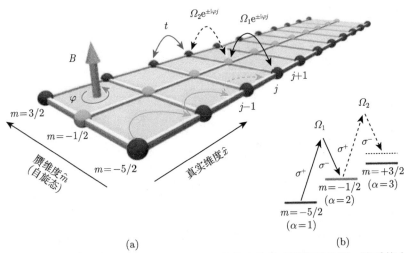

图 4.23　人造维度系统示意图。(a) L. Fallani 小组的人造维度系统结构图。该系统由沿着 x 方向装载在真实光晶格系统中的超冷费米子构成。同时，系统存在人造维度，即自旋 m，其不同自旋之间的耦合如 (b) 的拉曼跃迁所示。本图引自文献 [138]

4.4.2　约瑟夫森耦合 BEC

约瑟夫森结 (Josephson junction) 是固体物理中的一种重要结构，其基本构型为两个互相微弱连接的超导体。在这种结构中，我们可以观察到约瑟夫森效应，即跨越该结的超电流现象。而在冷原子实验中，我们也可以获得类似约瑟夫森结连接的两个一维原子团，我们将这种系统称为约瑟夫森耦合 BEC(Josephson coupled BEC)。目前，世界上比较熟练掌握这种技术的小组有维也纳工业大学的 J. Schmiedmayer 小组等，我们将以 J. Schmiedmayer 的实验系统和观测结果为例，讲解这种系统的基础知识。

如图 4.24 所示，我们展示了 J. Schmiedmayer 实验小组制备约瑟夫森耦合 BEC 的基本方法[140]。首先，我们在原子芯片上制备一维冷玻色气体。接下来，利用射频 (RF) 势能，我们可以将该原子团相位相干地一分为二。如图所示，我们可以将获得的两个一维原子团装载在一个双阱结构中，其两者间的耦合强度 $t_\perp$ 由 RF 场控制。与 4.4.1 小节中提到的维度跨越相比较，我们可以将本小节讨论的系统理解成一种特殊的维度跨越系统，即只存在两个耦合的一维原子团的系统。同时，我们还需注意，在本小节所讨论的系统中，沿着一维原子团的方向没有晶格存在，即系统沿着一维方向为连续气体。

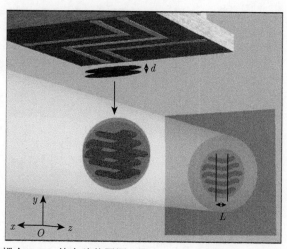

图 4.24 约瑟夫森耦合 BEC 的实验装置图。图中，一个在原子芯片上的一维冷原子团被射频势能一分为二，之后系统被束缚在一个双阱势能中持续一段时间并释放，从而使得我们可以观测系统的干涉图样。图片引自文献 [140]

在这个制备过程完成后，两个一维原子团的相同位置 z 处处在相位匹配的状态。而对于该系统的研究兴趣点之一，就是研究一段时间后相位关联性的演化。如图 4.24 所示，我们可以让系统演化时间 t，然后对其释放进行 TOF 观测，并获得它的干涉图样。在实际实验中，我们可以将利用测得的图样得到的关键信息作为系统的相干参数

$$\Psi(t) = \frac{1}{L}\left| \int \mathrm{d}z \; \mathrm{e}^{\mathrm{i}\theta(z,t)} \right|, \tag{4.27}$$

其中，L 为获得信号的系统长度。不难看出，这一参数对系统的局域相关相位的扰动进行了定量的观测。

关于耦合参数 Ψ 的含时演化图，其观测如图 4.25(a) 所示。图 4.25(b)~(e) 分别展示了几条曲线对应的约瑟夫森结构型。当系统的耦合参数 $t_\perp$ 较小时，即图 4.25(e) 的构型，系统可以被看成是两个毫无关联的一维原子团，在这种情形下，Ψ 的含时演化可以从 Luttinger 液体理论计算，细节见文献 [141]。我们这里给出最终结论为

$$\Psi(t) \propto \mathrm{e}^{-(t/t_0)^\alpha}, \tag{4.28}$$

其中，t_0 为衰减时间常数；α 在 Luttinger 液体理论中的预测值为 2/3。图 4.25(e) 的曲线符合这一预测，更加详细的关于 α 值的拟合，参见文献 [140] 中的图 3 和

表格 1，这里就不再赘述。

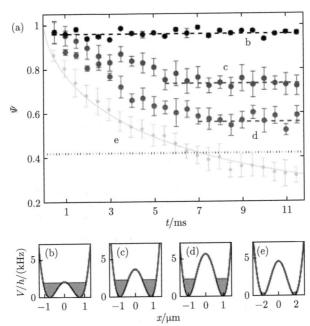

图 4.25　约瑟夫森耦合 BEC 的相干参数的时间演化测量。(a) 展示了几种不同构型的约瑟夫森结耦合的一维原子团的相干参数的时间演化，(b)~(e) 分别展示了几条曲线对应的约瑟夫森结构型。图片引自文献 [140]

　　更加值得我们深入讨论的是在耦合参数 $t_\perp$ 不可以被忽略的情况，即图 4.25(b)~(d) 的构型。在这些情况下，系统的相干参数 Ψ 会经历一个衰减，之后饱和到一个明显大于非耦合情下的常数。这一特征是由两种物理现象的对抗而产生的：一方面，由于两个原子团之间的相干耦合，它们之间产生了锁相 (phase locking) 效应；另一方面，对于每一个一维原子团，由于它们仅仅是形成了准 BEC，它们自身仍存在局部相位波动。在这两个效应的互相制衡下，形成了系统相干参数 Ψ 递减并饱和到一个较大的常数值的特点。

　　由于约瑟夫森耦合 BEC 系统可以被看成一个扩展版本的约瑟夫森结，那么这两个一维准凝聚体之间的粒子交换时间，其实也可以由约瑟夫森振荡频率描述，即

$$\omega_J = \frac{\sqrt{t_\perp g n}}{\hbar}, \tag{4.29}$$

其中，参数 g、n 为一维系统的相互作用参数和原子数密度，其定义与第三章一致。将文献 [140] 中的实验参数代入该式中，我们可以得到对于图 4.25(c) 和 (d)

来说，其振荡频率 ω_J 分别为 $2\pi \times 200\text{Hz}$ 和 $2\pi \times 900\text{Hz}$，与图中 5ms 的衰减时间尺度相匹配。换而言之，这也就意味着该系统在一个到几个约瑟夫森振荡后，会达到相位相干平衡。

我们在这里只是列举一个关于约瑟夫森耦合一维系统的实验探测的例子。该系统可以看成是将约瑟夫森结中两个零维的结点置换成一维的原子团。因此，该系统的物理性质可以体现出约瑟夫森结结构以及一维准凝聚体二者性质的融合和对抗。而这类系统作为一种典型的一维耦合系统，仍有更多的物理性质值得我们去探索。

4.4.3 量子爬梯

第三种耦合一维系统为量子爬梯 (quantum ladder) 系统。该系统可以看成是两个互相耦合的一维光晶格，一个典型的双腿量子爬梯结构示意图如图 4.26(a) 所示。该系统吸收了前两种系统各自的一些特点，既可以看成是只有一维原子团数为两个的、含沿原子团方向晶格的维度跨越系统，也可以看成是在约瑟夫森结耦合 BEC 上加上光晶格后获得的系统。由于这个系统结构非常像一个放倒在地面的爬梯，所以我们将这种系统叫做量子爬梯。

图 4.26(a) 所展示的爬梯系统的哈密顿量可以写为

$$\mathcal{H} = -t \sum_{l=1,2,\ j} \left(\hat{b}_{l,j}^\dagger \hat{b}_{l,j+1} + H.c. \right) - t_\perp \sum_j \left(\hat{b}_{1,j}^\dagger \hat{b}_{2,j} + H.c. \right) + U \sum_{l=1,2,j} \hat{n}_{l,j}(\hat{n}_{l,j}-1),$$

(4.30)

其中，$l = 1,2$ 为梯腿标号；j 为沿着梯腿方向的格点标号；t 和 $t_\perp$ 分别为沿着梯腿方向和在两梯腿间的隧穿参数；U 为同一格点上的相互作用参数。在实际的实验中，一种比较常见的实现该系统的方法如图 4.26(b) 所示，展示了慕尼黑大学 I. Bloch 小组构造玻色量子爬梯结构的示意图[143]。首先，该实验组制备了沿着 xy 平面的二维的冷玻色原子团。接下来，如果沿 x 方向加上超晶格，系统将具有两个不同的隧穿参数 t_1, t_2。如果控制晶格参数使得 $t_1 \gg t_2$，我们就获得了一排互相独立的沿着 y 方向的量子爬梯结构。

量子爬梯系统由于其结构的特殊性，因而具有非常大的研究潜力，我们在这里举两个例子进行说明。

第一个例子是硬核玻色子极限，即无限大相互作用下的量子爬梯系统相图[142]，如图 4.27(a) 所示。其中 μ 为化学势，ρ 为原子数密度。当 $t_\perp = 0$ 时，我们可以看到系统在 $\rho > 0$ 时随着 μ/t 的增大，经历了类似于我们前面所讲的一维超晶格的超流-Mott 绝缘相变。有趣的是，当 $t_\perp$ 大于零时，系统开始出现一个 $\rho = 0.5$ 填充数的 Mott 绝缘态。这是由于在合适的参数 μ/t 下，原子仍可以沿 $t_\perp$ 方向在爬梯的两腿间跃迁，但不可以沿 t 方向进行跃迁。因此，每个原子就被锁定在

了一个固定 j 的格点上，虽然它占据了两个格点，但仍然形成了一种 $\rho = 0.5$ 的绝缘态，这个态也被称为横挡 Mott 绝缘 (rung-Mott insulator) 态。

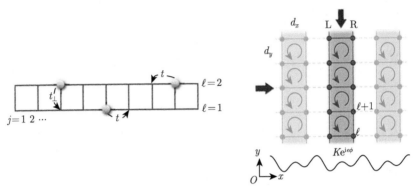

图 4.26   (a) 双腿量子爬梯结构示意图；(b) 慕尼黑大学 I. Bloch 小组利用超晶格实现的玻色量子爬梯结构示意图。图片引自文献 [142, 143]

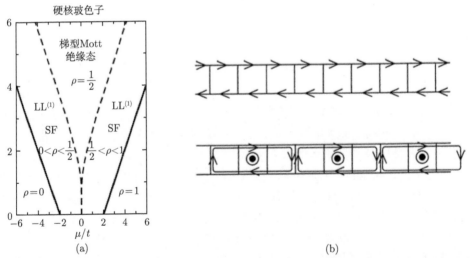

图 4.27   (a) 硬核玻色子极限 (即无限大相互作用) 下量子爬梯系统相图；(b) 磁场中的玻色量子爬梯的迈斯纳效应，其中，上图为弱磁场时的迈斯纳相，下图为强磁场时的一维涡旋链相。图片引自文献 [142, 144]

第二个例子是玻色量子爬梯中的迈斯纳效应 (Meissner effect)[144]，如图 4.27(b) 所示。迈斯纳效应的简单解释就是超导体排斥磁力线的效应。前面我们已经讲过，冷原子的超流态可以等效地模拟固体里的超导态。因此，当我们对系统施加一个磁场且磁场较弱时，原子只能沿着 t 方向运动形成原子流，这就形成了磁屏蔽的迈斯纳态。但如果继续增强磁场，原子将克服迈斯纳屏蔽，可以沿着某些 $t_\perp$ 方向的连接进行原子流运输，从而形成一维涡旋链，图 4.27(b) 的下图所示的就是一个每三个方格构成一个小涡旋的涡旋链结构。关于这两种物态之间的相变，其具体的理论描述参见文献 [144]。同时，这一效应已被慕尼黑大学的 I. Bloch 小组观测到，具体实验细节读者可自行参阅文献 [143]。

除了上面提到的两个例子之外，量子爬梯还有许多其他有趣的研究方向，比如研究一个杂质在爬梯中的运动，详见文献 [145]。作为一个新型结构的量子系统，量子爬梯还有更多的研究方向等待我们去挖掘。

在本章的 4.4 节，我们讨论了多种准一维系统，或者说介于一维和其他维度之间跨越的系统，它们展现出了介于一维和高维之间的很有趣的属性。在第五章，我们将更进一步去到另一个整数维度，即严格的二维量子系统，探索在二维世界中量子气体的性质。

第五章 二维玻色量子气体理论

在第三、四章中，我们讨论了一维玻色量子气体的物理性质以及它的一些常见应用。由于一维空间的特殊性，系统的量子涨落非常严重，导致系统的量子相干特性变差、关联函数衰减速度快。很显然，二维量子系统是介于一维与三维之间的量子系统，其涨落明显小于一维系统，却又大于三维系统。同时，相比于一维系统，二维系统中的粒子具有更大的活动空间，可以完成更为复杂的运动模式，比如转动。所以，二维量子系统也具有完全不同于一维和三维系统的特殊性质。在本章，我们将介绍二维量子玻色系统的基础理论知识及一些相关的基础实验。

5.1 二维相互作用玻色气体的散射问题

在第三章的 3.1.1 小节中，我们曾通过比较原子的平均相互作用能和平均动能来推断系统的相互作用强度。实际上，这一估算得到的结果对于三维和一维系统而言是具有较高正确性的。然而当我们用同样的思路处理二维系统的时候，会得到一个与密度无关的表达式。即当系统处于强相互作用的时候，应该满足

$$\tilde{g}_{2D} = \frac{mg_{2D}}{\hbar^2} \gg 1, \tag{5.1}$$

其中 g_{2D} 为二维耦合常数。非常有趣的是，我们看到这个表达式与原子数密度是无关的。然而，严格来说，这个表达式仅具有量纲上的正确性，而实际上二维系统中描述相互作用强度的量是成对数关系依赖于原子数密度的，即 $\lg n_{2D}$ 的依赖关系。同时需要强调的是，在有些特定的情况下，式 (5.1) 仍具有判定意义。接下来我们对此进行展开说明。

在参考文献 [146,147] 中，Petrov 等在准二维的空间构型下求解了三维短程相互作用下的二体玻色子散射问题。我们在前面的章节中已经解释过，在三维自由空间中，相互作用强度可以用三维散射长度 a_{sc} 来表征。通常在实验中，一个二维的量子系统是通过对第三个方向施加一个强的简谐束缚 $\omega_\perp$ 来获得的，如图 5.1 所示。类似于制备一维系统的方式，这个强简谐束缚通常是由频率较大的简谐阱或强度较大的光晶格来得到的。当满足条件

$$\hbar\omega_\perp \gg k_B T, \mu \tag{5.2}$$

的时候，我们可以认为系统横向 (垂直于二维平面方向) 的动力学性质被冻结在零点上。这时，系统的散射强度完全可以对应到一个简化的二维版本，其相应的散射长度表达式为[148]

$$a_{2\mathrm{D}} \simeq 2.092 l_\perp \exp\left(-\sqrt{\frac{\pi}{2}}\frac{l_\perp}{a_{\mathrm{sc}}}\right), \tag{5.3}$$

其中，$l_\perp = \sqrt{\hbar/m\omega_\perp}$ 是横向的简谐振动特征长度。同时，我们也可以定义平均场下的耦合常数 $\tilde{g}$，其表达式为

$$\tilde{g} \simeq \frac{2\sqrt{2\pi}}{l_\perp/a_{\mathrm{sc}} + (1/\sqrt{2\pi})\ln(1/(\pi q^2 l_\perp^2))}, \tag{5.4}$$

其中，$q = \sqrt{2m|\mu|/\hbar^2}$ 为准动量。

图 5.1   冷原子实验中二维系统的制备示意图。通常，在横向会施加一个简谐形式的势阱把系统压成一个二维的片状结构

5.1.1   横向自由度的消除

在大多数二维系统的理论计算中，我们通常会通过积分的方式把横向自由度消除掉而获得一个纯二维的理论模型。式 (5.4) 为我们提供了一种较为便捷的消除方式。利用式 (5.3)，我们可以将分母中的第一项替换为 $l_\perp/a_{\mathrm{sc}} = \sqrt{2/\pi}\ln(2.092 l_\perp/a_{2\mathrm{D}})$，同时，我们可以将准动量 q 替换为化学势 μ。利用对数函数的特征运算，我们可以最终得出

$$\tilde{g} \simeq \frac{4\pi}{2\ln(a/a_{2\mathrm{D}}) + \ln\left(\varLambda E_{\mathrm{r}}/\mu\right)}, \tag{5.5}$$

其中，$\varLambda \simeq 2.092^2/\pi^3 \simeq 0.141$ 为一常数；$E_{\mathrm{r}} = \pi^2\hbar^2/2ma^2$ 为系统的反冲能量。值得注意的是，表达式 (5.5) 中的常数 a 是任一特征长度，从理论表达式本身的角度看，它可以通过式 (5.5) 进行消除。在实际的理论计算尤其是数值计算中，a 可

以根据所处理模型的不同来进行选取，如晶格周期、简谐阱特征长度等。与此同时，我们要强调表达式 (5.5) 是非常常用的。因为在常见的数值计算 (如平均场运算、蒙特卡罗运算) 中，通常要对物理量进行无量纲化的处理。而通常最主要的手段就是对长度和能量单位进行处理，在此基础上我们就能推出其他物理量的处理方式。同时，我们还可以再定义一个精简耦合常数 $\tilde{g}_0$ 以便于后面的讨论，其表达式为

$$\tilde{g}_0 = \frac{2\pi}{\ln(a/a_{2\mathrm{D}})}. \tag{5.6}$$

值得指出的是，我们还可以看到表达式 (5.5) 的另一个优点是，它将两个不同的贡献项区分开来，即二维散射长度 $a_{2\mathrm{D}}$ 或 $\tilde{g}_0$ 的贡献与化学势 μ 的贡献。

5.1.2　准二维与纯二维

在本小节，我们将讨论二维冷原子系统的不同极限区域。非常有趣的是，对于一维系统而言，系统是否处于准一维与纯一维，以及是否处于强相互作用或弱相互作用下，这两者之间是完全独立的。然而对于二维系统而言，这两者是相互关联的，接下来我们就此展开讨论。在讨论前需要指出的是，我们的讨论主要基于式 (5.3) 与式 (5.4) 来进行。

前文已经提到，我们需要在横向提供一个相对较强的束缚才能获得二维气体。当系统在横向获得一个中等强度的束缚时，即

$$a_{\mathrm{sc}} \ll l_\perp, \qquad \mu \ll \hbar\omega_\perp, \tag{5.7}$$

尽管系统的横向动力学已经被冻结在零点振荡模式，但其散射仍然保留了三维的特征，具体且更加详细的论述见参考文献 [146,147]。除极端情况外，通常式 (5.4) 中分母的对数项是可以忽略的。利用式 (5.4)，我们可以得到

$$\tilde{g} = \frac{2\sqrt{2\pi}}{l_\perp} = \frac{2\pi}{\ln\left(\dfrac{2.092l_\perp}{a_{2\mathrm{D}}}\right)}, \tag{5.8}$$

这一情形下的系统被称为准二维 (quasi-2D) 系统，它也是二维冷原子实验中最常见的系统，一些典型的该系统的实验可见参考文献 [149-151]。在准二维系统中，由于条件 $a_{\mathrm{sc}} \ll l_\perp$ 总是得到满足，所以准二维系统也总是处于弱相互作用极限，即 $\tilde{g} \ll 1$。值得注意的是，在有些文章的论述中，准二维系统的条件由 $a_{2\mathrm{D}} \ll l_\perp \ll \lambda_{\mathrm{T}}, \xi$ 给出。但由于其对数项特性，这一条件需要 $a_{2\mathrm{D}}$ 的值明显小于 $l_\perp$。

当系统处于较强的横向束缚时，即

$$l_\perp \lesssim a_{sc}, \qquad \mu \ll \hbar\omega_\perp, \tag{5.9}$$

式 (5.4) 分母中的对数项占主导地位，我们从而可以得出

$$\tilde{g} \simeq \frac{4\pi}{\ln\left(\dfrac{\hbar^2}{2\pi m\mu l_\perp^2}\right)}. \tag{5.10}$$

这时，我们看到在系统化学势较小的情况下，将有可能达到强相互作用区域，即 $\tilde{g} \sim 1$。例如，芝加哥大学 C. Cheng 实验组利用 Cs 原子较好的散射特性，获得了相互作用强度为 $\tilde{g} \simeq 3$ 的强相互作用的二维玻色系统[152]。

当系统处于超强横向束缚之中时，即

$$l_\perp \ll a_{sc}, \qquad \mu \ll \hbar\omega_\perp, \tag{5.11}$$

系统的二维散射长度达到饱和，由式 (5.3) 我们可以得出

$$a_{2D} \simeq 2.092 l_\perp, \tag{5.12}$$

这时，我们说系统进入了纯二维 (purely-2D) 状态，也叫严格二维系统。如果系统同时处于超稀薄气体极限下，即 $na_{2D}^2 \ll 1$，则可以得出纯二维玻色系统的状态方程[153]

$$\mu = \frac{4\pi\hbar^2 n/m}{\ln(1/na_{2D}^2)}. \tag{5.13}$$

因而我们可以得到

$$\ln\left(\frac{\hbar^2}{2\pi m\mu l_\perp^2}\right) \simeq \ln\left(1/na_{2D}^2\right) + \ln\ln\left(1/na_{2D}^2\right) + \text{cst}.$$

将这个表达式再代入式 (5.10)，我们将最终得到一个对数精度近似下的表达式

$$\tilde{g} \simeq \frac{4\pi}{\ln(1/na_{2D}^2)}. \tag{5.14}$$

值得注意的是，这个表达式与式 (5.13) 及平均场下的状态方程 $\mu \simeq \tilde{g}\hbar^2 n/m$ 都是自洽的。

至此，我们完成了对二维玻色气体强弱相互作用极限、准二维与纯二维极限的讨论。在这里我们要强调的是，当下科研学术著作中存在着两种定义准二维与

纯二维的方法。我们采用的是依据三维散射长度 a_{sc} 与横向简谐振动长度来判定的方式，这一方式与文献 [5, 148, 150, 152, 154-156] 是吻合的。但同时，还存在着另一种依据温度 $k_{\text{B}}T$ 和简谐阱特征能量 $\hbar\omega_\perp$ 来判定的方式，如文献 [86, 146, 147]。这两种判定方式不完全相同，所以得出的判据也不严格相等，但在相同的量级下，由于准二维与纯二维之间并非相变，而是平滑的过渡，所以这两种判据只是判断标准不同，并没有绝对的对错之分。为避免读者对此产生混淆，我们在这里进行特别说明。

5.2 二维气体与 BKT 相变

二维气体的量子性质，具有介于一维和三维之间的独特特点，尤其是其超流相变可以由著名的 Berezinskii-Kosterlitz-Thouless (BKT) 相变来描述。在本节中，我们参考文献 [5] 的逻辑，将首先介绍均匀二维系统的超流相变，进而描述在简谐阱中的情形。

5.2.1 均匀系统中的二维超流体：BKT 相变

Berezinskii、Kosterlitz 和 Thouless 分别于 1971[157] 和 1973[158] 年发表了关于二维系统中随着温度变化而产生量子相变的论文。该理论指出，二维量子气体可以由涡旋 (vortex) 来描述。在系统温度足够低时，旋转方向相反的涡旋会束缚在一起形成涡旋对 (图 5.2(a))，这将使得系统成为具有超流特性的超流体。其单体关联函数 $g^{(1)}(r) = \langle \hat{\Psi}^\dagger(r)\hat{\Psi}(0) \rangle$ 将呈现幂函数衰减的特性，即

$$g^{(1)}(r) \sim r^{-\eta}, \tag{5.15}$$

其中，幂指数 η 与超流密度 n_{s}、德布罗意波长 λ_{T} 相关，其具体表达式为

$$\eta = \frac{1}{n_{\text{s}}\lambda_{\text{T}}^2}. \tag{5.16}$$

值得指出的是，在这种情形下，系统中是不存在自由涡旋的，所有原子必须以涡旋对的形式存在于系统中。而当系统温度升高到某个临界温度 T_{c} 以上时，绑定在一起的涡旋对将被高温破坏形成自由的涡旋 (图 5.2(b))，而系统也将失去其超流特性而进入常流体的状态。这时，系统的关联函数将呈指数衰减，即

$$g^{(1)}(r) \sim \mathrm{e}^{-r/l}, \tag{5.17}$$

其中 $l = \lambda_{\text{T}}\mathrm{e}^{n\lambda_{\text{T}}^2/2}/\sqrt{4\pi}$ 为系统的热特征长度。而这种二维系统在降低温度时由于旋转方向相反的涡旋形成涡旋对而发生的量子相变，也被称为 Berezinskii-Kosterlitz-Thouless (BKT) 相变。同时，我们需要指出，如果继续升高温度，系统的性质将接近于理想气体，而其关联函数也将呈现高斯函数的性质。

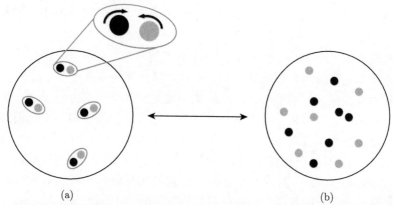

图 5.2 二维超流相变示意图。(a) 低温下超流体的示意图，其中旋转方向相反的涡旋将形成涡流对的形式。(b) 高温下常流体的示意图，其中的原子是以单个自由涡旋的形式存在的。图片来自文献 [5]

在超流体和常流体之间相变的相变点，可以由系统的自由能 $F = E - TS$ 估算出来。在自由能的表达式中，超流系统的动能 E 可以表达为

$$E = \pi n_{\mathrm{s}} \int v^2(r) r \mathrm{d}r = \pi \hbar^2 / m \ln(R/\xi), \tag{5.18}$$

其中，$v(r) = \hbar/(mr)$ 为超流体的速度场；R 为超流体的整体半径；ξ 为系统的愈合长度。同时，系统的熵可以表达为

$$S = k_{\mathrm{B}} \ln \left(\frac{R^2}{\xi^2} \right), \tag{5.19}$$

因而，我们可以得到自由能的表达式为

$$\frac{F}{k_{\mathrm{B}} T} = \frac{1}{2}(n_{\mathrm{s}} \lambda_{\mathrm{T}}^2 - 4). \tag{5.20}$$

当 $n_{\mathrm{s}} \lambda_{\mathrm{T}}^2 > 4$ 时，系统的自由能为正数，这意味着自由的涡旋是不太容易存在的。而当 $n_{\mathrm{s}} \lambda_{\mathrm{T}}^2 < 4$ 时，系统的自由能为负，这也就标志着自由涡旋的存在。因此，我们得出了超流–常流体的相变点在

$$n_{\mathrm{s}} T_{\mathrm{c}}^2 = 4. \tag{5.21}$$

这一推导的更详细说明可参看文献 [158]。需要指出，非常有趣的一点是，当系统从一个常流体持续降温而成为超流体时，系统的超流密度会从 0 直接跃变到 $4/\lambda_{\mathrm{T}}^2$。

换句话说，对于一个热力学极限下的二维系统而言，其超流密度不可能取值在 0
与 $4/\lambda_T^2$ 之间。

思考题 5-1   请根据关联函数 $g^{(1)}(r)$ 在不同维度下的性质，讨论三维、二维、
一维玻色量子气体在均匀系统中是否可以出现凝聚体和准凝聚体。

解答 5-1   在第三章中，我们已经简要地提到过准凝聚体的概念，在这里我
们再着重强调一下凝聚体与准凝聚体的区别。在冷原子理论中，我们提到的凝聚
体通常是指在热力学极限下 (系统长度区域无穷大时)，系统的零动量组分 $f(k =
0) = n(k = 0)/n(k)$ 仍然有足够大的显著有限值。而由于系统的动量分布 $n(k)$
为单体关联函数 $g^{(1)}(r)$ 的傅里叶变换，这就需要系统的关联函数为常数的情况
下，才能满足前面所说的条件。而在有些特殊情况 (如低温) 下，系统的关联函数
$g^{(1)}(r)$ 虽然不是常数，却随着 r 的衰减非常缓慢。对于一个有限长度为 L 的系统
而言，在 L 的尺度内 $g^{(1)}(r)$ 几乎可以看成常数，则在傅里叶变换后我们也可以
看到 $n(k)$ 有较为明显的零动量组分。该系统虽然不符合凝聚体的严格定义，但这
时我们可以将这类系统称为准凝聚体。

不同维度下玻色量子系统的单体关联函数示意图如图 5.3 所示。在三维系统
中，我们可以看到，当温度低于某一临界温度 T_c 时，系统将形成 BEC，而其关联
函数为关于 r 的常数，这跟我们在第二章讨论的内容是相符的。

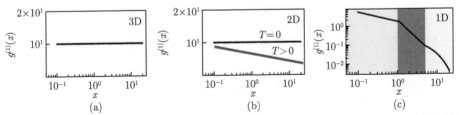

图 5.3   不同维度下玻色量子系统的单体关联函数 $g^{(1)}(x)$ 沿着某一方向 x 衰减示意图, 图中
的横纵坐标均为对数坐标

当系统进入二维以后，在低温下，系统的关联函数成式 (5.16) 的衰减模式。
这就意味着，在零温 $(T = 0)$ 时，关联函数为常数，我们仍可以获得热力学极限
下的真凝聚体。而一旦系统为有限温，关联函数势必会产生一个幂函数形式的衰
减。这时，系统可以具有真实的超流属性，但不能产生严格意义上的凝聚体，而
只能形成低温、有限长度系统下的准凝聚体。

一维系统的关联函数衰减则更加复杂。在第三章中我们已经讨论过，一维关
联函数的衰减由三个部分组成，其中程和长程分别呈现幂函数衰减和指数衰减，而
这两个区域的交界处由 $\xi \sim 1/k_B T$ 给出。因此，在零温情况下，系统的关联函数
将彻底失去指数衰减的部分，但由于幂函数衰减的部分始终存在，所以即便在零

温情况下，虽然系统可以得到超流体性质，但仍然不可能得到真凝聚体。而在有限温的时候，对于有限长的系统，我们则更不可能获得真凝聚体。但对于有限长的低温或零温一维系统，我们仍然有希望获得具有准长程序的超流体和准凝聚体。但值得注意的是，这一条件比二维要苛刻得多。一方面，我们需要确定在有限的系统长度内，指数衰减的部分不会占主导地位；另一方面，对于幂函数衰减部分的衰减指数，在一维通常是由 Luttinger 参数 K 给出的，即 $\eta_{1D} = 1/2K$。对于相互作用的低温玻色气体而言，通常 η_{1D} 要比 η_{2D} 大，而在强相互作用时甚至大得多，所以即便系统长度足够小而使得指数衰减的部分不构成主要威胁，我们也仍需要系统的相互作用足够弱，而使得其幂函数衰减在有限长度内不够显著。

综上，我们可以将不同维度的低温玻色气体的性质总结于表 5.1 中。由表可以很明显地看出，随着维度越来越低，系统波函数的量子涨落越来越大，所以就越来越难形成关联函数不衰减的真凝聚体。但即便在实验条件下，我们也仍然可以获得具有较好量子简并特性的低维量子气体，即准凝聚体。

表 5.1   不同维度下低温玻色气体的凝聚体性质

维度	零温 ($T=0$) 性质	低温 ($T>0$) 性质
三维	存在真凝聚体	存在真凝聚体
二维	存在真凝聚体	仅存在准凝聚体 (纯幂函数衰减)
一维	仅存在准凝聚体 (纯幂函数衰减)	仅存在准凝聚体 (幂函数 + 指数衰减)

5.2.2   简谐阱中相互作用的二维气体：BEC 与 BKT

在大多数冷原子实验中，我们获得的二维气体沿气体方向也会受到一个二维简谐阱的束缚，这样一个束缚会强烈改变原子的空间分布特性。而在 5.2.1 小节我们已经讨论到，二维系统的 BKT 相变以及关联函数的衰减都与原子数密度息息相关，所以当我们提供了一个显著改变原子数密度分布的简谐势能的时候，系统的量子性质将受到显著的影响。因此，在本小节我们将参照文献 [155] 的逻辑，讨论简谐阱中的二维气体的量子性质。

对于简谐阱中二维气体的基础量子性质的分析，局域密度近似 (LDA) 假设具有较好的精确性。当系统没有凝聚体存在时，我们可以用平均场的 Hartree-Fock 方法来描述系统的性质，即位置为 r 处的相互作用可以被当成是外势能上大小为 $2g_{2D}n(r)$ 的贡献项。这时，局部的化学式可以写为

$$\mu(r) = \mu_0 - V(r) - 2g_{2D}n(r), \tag{5.22}$$

因此，局部相空间密度 $D(r) = n(r)\lambda_T^2$ 可以表达为

$$D(r) = -\ln\left[1 - Z\exp(-\beta V(r) - g_{2D}D(r)/\pi)\right], \tag{5.23}$$

其中，Z 为系统的逸度。我们定义 r_{TF} 为托马斯–费米半径，并定义无量纲长度量 $R = r/r_{\mathrm{TF}}$，利用总原子数的归一化条件，我们可以得到 D 的最终解为

$$D(R) = -\ln\left[1 - Z\exp(-R^2/2 - g_{2\mathrm{D}}D(R)/\pi)\right]. \tag{5.24}$$

具体推导可参照文献 [155]。同时，在上述参考文献中还指出，如果我们更进一步计算阱中心点的局部原子达到凝聚态的临界相空间密度 D_c，它的表达式为

$$\frac{N_\mathrm{c}^{(mf)}}{N_\mathrm{c}^{(id)}} = 1 + \frac{3g_{2\mathrm{D}}}{\pi^3}D_\mathrm{c}^2. \tag{5.25}$$

这一表达式告诉我们一个很重要的结论是，对于一个给定简谐阱中给定温度的二维系统，有相互作用的系统 BKT 相变的临界点原子数将远大于理想气体的情况。换而言之，对于给定的原子数，相互作用系统的临界温度将远低于理想气体。

对于一个有限长的箱势阱中的原子，有两种凝聚体相变的机制可能发生。

(1) BKT 诱发机制：当我们控制系统的相互作用强度 $g_{2\mathrm{D}}$ 不变而增加系统的相空间密度 D 时，BKT 相变将会触发。但由于该相变引起了关联函数成幂函数的缓慢衰减，这也意味着一个有限大小的凝聚体密度开始显现。

(2) 强相互作用诱发机制：当我们控制系统的相空间密度 D 不变而增加系统的相互作用强度 $g_{2\mathrm{D}}$ 时，我们也会触发 BKT 机制而引起凝聚体的产生。

对于一个均匀的箱势阱的情形，这两种机制是完全等价的。然而，值得注意的是，对于简谐阱中的二维气体，这两者却不是完全等价的。当我们控制相互作用强度 $g_{2\mathrm{D}}$ 为常数来增加相空间密度而达到 D_c 时，我们仍然可以通过 BKT 机制达到凝聚体。然而，如果我们控制相空间密度为常数而改变相互作用强度，从式 (5.25) 可以看到，$N_\mathrm{c}^{(mf)}$ 和 $N_\mathrm{c}^{(id)}$ 总呈现一个大于 1 的比例。这就意味着，对于固定的原子数 N，如果增加相互作用，就会持续减小相变的温度，因此在简谐阱的系统中，强相互作用的诱发机制是不可以实现的。

思考题 5-2　请讨论低温下，一个各向同性的简谐阱中相互作用的二维玻色气体关联函数 $g^{(1)}(r)$ 的衰减形式。

解答 5-2　由于简谐阱中的玻色气体形成了中心原子数密度最大，而从中心向外原子数密度逐渐递减的特点，所以在低温下，不可避免地会出现简谐阱的中心系统处于超流体的状态，而简谐阱的边缘系统处于常流体的状态。如图 5.4 (a) 所示，其中蓝色部分表示超流体，红色部分表示常流体。

因此，当计算系统的关联函数时，我们需要同时考虑超流体带来的幂函数衰减的贡献，以及常流体带来的指数衰减的贡献。Boettcher 和 Holzmann 两位物理学家在文献 [159] 中计算了简谐阱中二维玻色系统的中心关联函数 $g^{(1)}(r) = \langle\Psi^\dagger(r)\Psi(0)\rangle$，其结果如图 5.4 (b) 所示。值得注意的是，想要获得简谐阱中的 $g^{(1)}(r)$

性质，仅用 LDA 假设是远远不够的。在该计算过程中，还运用到两个重要的假设。第一，因为在均匀系统中关联函数的衰减 $g^{(1)}(r) \sim r^{-\eta}$ 的指数 $\eta(n)$ 是依赖于原子数密度的，而当我们考虑 $\Psi^\dagger(r)$ 和 $\Psi(0)$ 这两项对关联函数的贡献时，位置为 r 和 0 的两个点原子数密度是不同的，所以需要采用局域关联近似 (local correlation approximation, LCA)，即 $\eta(n_{\mathrm{w}}) = \eta[\sqrt{n(0)n(r)}]$，其中 n_{w} 为几何平均下的等效密度。第二，当关联函数考虑的两点均在超流体内时，我们认为这两点对关联函数的贡献符合幂函数衰减，而当两点之中的任意一个点处在常流体中时，我们则判定连接这两点的关联函数贡献为指数衰减。

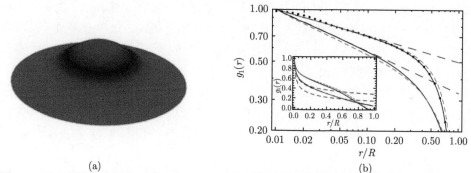

(a)   (b)

图 5.4   (a) 简谐阱中低温下的二维玻色气体原子分布示意图，其中蓝色为超流体部分，红色为常流体部分。(b) 简谐阱中的二维气体关联函数衰减示意图，该图取自参考文献 [159]，图中对应的参数为 $r_{\mathrm{TF}}/\lambda_{\mathrm{T}} = 100, \eta_0 = 0.15$。黑点与实线为不同精度展开下的场论计算结果，详细展开式见文献 [159]。短虚线为 LCA 假设下的计算结果，长虚线为短程范围内关联函数衰减的幂函数拟合

图 5.4 (b) 中所计算的是参数为 $r_{\mathrm{TF}}/\lambda_{\mathrm{T}} = 100, \eta_0 = 0.15$ 情况下二维简谐阱中系统的中心关联函数。可以明显地看到，在短程范围内，系统关联函数呈现幂函数衰减 (对数–对数坐标系下为线性)，而在长程上系统关联函数呈现指数衰减 (线性–对数坐标系下为线性)。非常有趣的是，简谐阱中的低温二维玻色系统与较高温度下均匀的一维系统的衰减模式都呈现短程幂函数、长程指数衰减的特性。因此，我们也可以看出一个简谐阱的束缚对于系统的关联函数的衰减强度有着非常大的促进作用。

5.3   准二维气体与冷原子实验

在第三章中，我们提到了如何制备一维的量子气体，即通过二维光晶格或者靠原子芯片上的射频磁场。其实制备二维量子气体与一维类似，都是需要各向异性的简谐阱。而能够给原子提供简谐阱的装置在实验中主要可以分为两大类，即光阱和磁阱。下面我们会通过几个典型的二维量子气体实验，来了解实验上如何

制备二维气体，并展示一些对二维气体基本性质的探索研究。

我们再回顾一下上文所提到的准二维的条件，即式 (5.7) 中第一个关于散射长度和谐振子长度的判据主要判断系统是纯二维还是处于准二维。我们可以以铷原子为例，思考一下进入准二维与纯二维的实验条件限制。处在基态的铷原子的三维散射长度约为 $100a_0$，如果让横向谐振子长度 $l_\perp$ 恰好等于散射长度，那么可以得到一个准二维失效的临界阱频率，即 $\hbar/(m \cdot l_\perp)^2 \sim 4200 \mathrm{kHz}$。在实验上，我们知道一束自由传播的高斯光束可以给原子施加束缚，无论红频 (吸引原子去光强更强的地方) 与蓝频 (将原子推去光强更弱的地方)。而这种情况一般可以给原子提供的束缚频率最大在 $\sim 100 \mathrm{Hz}$ 的量级。如果需要更高的束缚频率，我们一般会通过将两束激光干涉形成驻波，类似于干涉后的明暗条纹，这样会将原子束缚在波峰 (红频) 或者波谷 (蓝频) 里。而这种情况，一般最高可以达到 $\sim 50 \mathrm{kHz}$ 的量级，相比于上述提到的 $4200 \mathrm{kHz}$ 还差得很远，而通过磁阱最多也只能提供 $50 \mathrm{kHz}$ 左右的程度，所以通过上述数值对比不难发现，对于弱相互作用的气体而言，能达到准二维但很难达到纯二维气体。而对于强相互作用的气体而言，比如铯原子，当散射强度 $a_{\mathrm{3D}} = 800a_0$ 时，由于铯原子的质量较大，在横向频率为 $10 \mathrm{kHz}$ 左右时，系统已经进入纯二维。

对于另一个关于化学势和能级差的判据，是判断系统是否已经进入准二维状态。值得注意的是，在实验中，系统可能是由三维气体通过加深阱的束缚逐渐演变成准二维气体的。但是，化学势在三维和二维下都有不同的表达形式：

$$\mu_{\mathrm{3D}} = \frac{\hbar \bar{\omega}}{2}(15N \cdot a_{\mathrm{sc}}/a_{\mathrm{ho}})^{2/5}, \qquad \bar{\omega} = (\omega_x \omega_y \omega_z)^{1/3} \tag{5.26}$$

$$\mu_{\mathrm{2D}} = 2\hbar \sqrt{\omega_x \omega_y} \left(\frac{N \cdot a_{\mathrm{sc}}}{\sqrt{2\pi} l_\perp}\right)^{1/2}, \qquad l_\perp = \sqrt{\frac{\hbar}{m\omega_z}}. \tag{5.27}$$

在上述公式中，我们将 z 方向定义为将气体压扁的横向方向，x, y 则为沿着二维平面的正交方向。当我们判断系统是否已经进入准二维时，其实是用三维化学势来判断的，即 $\mu_{\mathrm{3D}} \ll \hbar \omega_\perp$。而当系统一旦满足该判据，即已经进入准二维系统，则接下来的化学势便采用二维形式 μ_{2D}。

5.3.1　光阱中的准二维气体

在这里我们主要以巴黎高等师范学院的 Jean Dalibard 小组为例，讲解如何制备二维量子气体，并通过文章 [149] 中的实验来探讨二维气体从常流体到超流体的特殊临界温度——BKT 相变温度，以及通过文献 [58] 中的实验来说明在二维量子气体中的临界激发速度与二维超流特性。

在用到光晶格的实验中，大部分都是利用一对波长相同的激光对射干涉后形成驻波，或者在远端加一个反射镜使得入射波与反射波干涉形成的驻波，而最终形成的驻波就为原子提供束缚所需要的势能。而在文献 [149] 中，形成驻波的两束蓝频激光并不是沿着 z 轴完全对射的，而是与 xy 平面有一个角度，且关于 xy 平面对称，如图 5.5(a) 所示。这样的激光会抵消掉沿 xy 平面上的分量，形成一个只沿着 z 方向的光晶格。这种做法的好处是，可以通过调节两束激光相对 xy 平面的入射角度，来调节在 z 方向上形成的晶格的相邻格点间距。由此，最终形成了沿 z 方向蓝失谐的光晶格，将原子束缚在光强最弱处。在实验中，作者先制备一个三维 BEC，然后缓缓加大两束蓝频激光的光强以升起 z 方向晶格，最后将原子团一分为二紧夹在光晶格中，犹如两片垂直于 z 轴的"薄饼"相隔一定距离平行放置。通过调节射频频率，可以对两片原子团进行射频蒸发冷却，以调节温度。

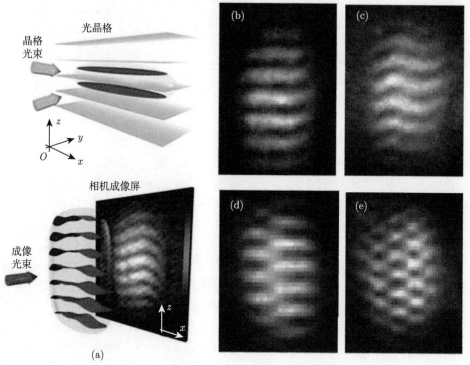

图 5.5 (a) 上图为实验装置以及探测示意图，绿色薄片是由两束蓝失谐激光干涉所形成的周期势能，其中红色的两个椭圆则为被光晶格势阱压扁的两片二维原子团。下图为探测示意图，由两团原子在空间中自由扩散，经物质波相干后得到相干条纹，即红色条纹所示。(b)~(e) 通过自由扩散，两片原子团干涉之后沿 y 轴积分得到的图片，对应的温度分别是低于 BKT 临界温度 (b)，刚刚处于临界温度左右 (c)，以及温度高于临界温度 (d)~(e)。其中 (d) 的脱节 (dislocation) 说明在相干涉的两片原子团中有一片里存在自由的涡旋，而 (e) 则显示两片原子团中都有自由涡旋存在 (该图取自文献 [149])

在文献 [149] 中，一个核心发现就是首次在实验上证实了在阱中的二维气体

的 BKT 相变，而且实验上能观测到在高于 BKT 临界温度时会有自由涡旋出现。前面我们讲解了 BKT 相变的机制：在有限长系统中，一旦温度升高超过 BKT 的临界温度，那么绑定在一起的涡旋对将被高温破坏形成自由的涡旋，而系统也将发生从超流体到常流体的相变。在该文章中，作者在不同温度下制备出两片二维原子团后，通过立即撤掉势阱，让原子团在飞行时间内自由扩散，通过物质波相干后干涉条纹的明暗对比度来说明相干的好坏，温度越低，相干越好。既然是物质波，那么对于超流体来说，它的波函数可以写成 $\psi(\boldsymbol{r}) = \sqrt{n(\boldsymbol{r})}\mathrm{e}^{\mathrm{i}\phi(\boldsymbol{r})}$，其中的 $\phi(\boldsymbol{r})$ 就是超流体在 r 处的相位。那么对于编号为 1，2 两片超流体而言，在 xy 平面上的波函数可以写成 $\psi_{1(2)} = |\psi_{1(2)}|\mathrm{e}^{\mathrm{i}\phi_{1(2)}(x,y)}$。两片原子团的密度相同，即可写成 $|\psi_1| \approx |\psi_2|$，所以相干好坏其实取决于 $\phi_1(x,y)$ 和 $\phi_2(x,y)$ 之间的差值在 xy 平面上的不同位置是否一致。需要注意的一点是，自由飞行时间 (TOF) 在这个实验中既要满足能让两团原子沿 z 轴有足够的扩散时间，使之有更多的重叠，以便让两团超流体相干彻底，又不能让飞行时间太长以至于原子团在 xy 方向也有扩散，使得增加相位的浮动以影响相干的结果。图 5.5(b)～(e) 就是两片超流体自由扩散并物质波干涉之后沿 y 轴成像所得到的照片。接下来我们分别讨论如下几种对应的情况。

(1) 低温情况：当温度远低于 BKT 相变临界温度时，涡旋和反涡旋以成对的方式绑定在一起形成超流体。在这种情况下，对于每一片超流体而言，相位都可以认为在空间中是均匀的，即 $\phi_1(x,y) = \phi_1, \phi_2(x,y) = \phi_2$，所以此时两超流体的相位差在 xy 空间中也是均匀的。因此，在自由扩散、物质波干涉之后就可以得出很整齐的干涉条纹，如图 5.5(b) 所示，干涉条纹都是水平且整齐的，条纹明暗的对比度也很高。

(2) BKT 相变临界温度：当原子团温度升高接近 BKT 相变临界温度时，虽然还没有自由涡旋出现，但是对于每一片原子团而言是超流体和常流体的混合。而正是因为常流体的存在，每一片原子团的相位并不均匀，在 xy 平面上空间的相位波动就会使得干涉之后不同位置出现的明暗条纹的绝对位置不同。正如图 5.5(c) 所示，虽然有明暗条纹出现，但是并不像图 5.5(a) 一样水平整齐，而是沿 x 轴方向出现了波动，而且明暗对比度也并不如低温那样好，其根源就是温度升高造成了相位不均匀。

(3) 高温情况：当原子团温度略高于 BKT 相变临界温度时，就会开始有自由涡旋出现。我们假设是 1 原子团中心位置出现了一个自由涡旋，那么沿着 x 轴方向从左向右来看，在涡旋还没出现之前，两团原子的相位差 $\phi_1(x) - \phi_2(x)$ 相对稳定在一个值附近波动。一旦遇到涡旋之后，就会立即有一个 π 的相位差，也就是两团原子的相位差突然跳了 π，所以曾经的明暗条纹位置互换，正如 5.5(d) 所示，通过中心的涡旋后出现突然的错位。当两片原子团中有几个自由涡旋时，就会出现图 5.5(e) 所显示的物质波干涉后的结果。我们会在第六章着重讲解相位突变与涡旋的关系。

由此，该实验通过对二维量子气体进行物质波干涉，在不同温度下得到的干涉条纹观测到二维下特殊的 BKT 相变，并且还观测到在温度高于相变临界温度时可能出现的自由涡旋。除了上述实验外，他们还通过类似实验装置来研究二维超流体的临界激发速度，参见文献 [58]，我们在这里也简单介绍一下实验的过程和结果。

我们在第二章介绍 Bogoliubov 激发和超流体的时候，提到了超流体中一个很重要的性质，即存在一个临界激发速度，如图 5.6 所示。具体来讲，当用一个障碍物在超流体内划动的时候，如果速度非常慢，那么这个超流体既不会跟着障碍物走也不会被激发。但是，当这个障碍物的移动速率超过了临界激发速度，超流体系统就开始被激发了，系统温度也就逐渐升高。而这个临界激发速度在一个二维均匀系统中就是它的声速，也正是 Bogoliubov 激发能谱的声子态。我们举一个例子，如图 5.6 所示，该实验[58] 用一束蓝失谐的激光作为"搅拌棒"，然后以不同速率旋转它来搅拌二维气体，从而观察超流体和常流体的温度变化对搅拌速度的响应。一个在阱中的二维气体如图 5.4 所示，会有中心超流的部分，但在边

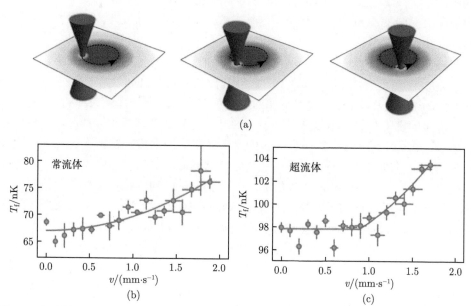

图 5.6　超流体存在临界速度的示意图。(a) 三个图描述了搅拌棒在二维气体里转圈滑动。红色部分表示在二维平面内的二维玻色气体，蓝色圆锥表示用来激发气体的搅拌棒——一束蓝失谐的激光。(b)、(c) 两个图形容在经典状态下和超流状态下，系统温度分别是如何随着搅拌棒速率加快而升高的。图来自文献 [58]

缘处因为阱的原因也会有常流体的部分。该实验可以控制蓝频激光搅拌的半径来控制划过的部分是超流体还是常流体。然后，就可以分别对比常流体和超流体不同的反应。实验结果如图 5.6 所示，对于一个二维的经典流体而言，当搅拌棒的速度逐渐加快的时候，系统的温度也会随之升高，表明有更多的激发进入系统中。然而，当该搅拌棒在一个二维超流体中滑动时，明显有一个临界速率出现，当滑动速度小于该临界速度时，系统温度不变，不会有任何激发产生。反之，当滑动速度高于该临界速度时，系统开始被激发，温度也开始上升，并从此之后滑动速度越大，系统温度越高，而这个临界速度就与系统声速有关。

5.3.2 磁阱中的准二维气体

上文我们讨论了如何用光阱得到准二维的量子气体，现在我们了解一下如何利用磁阱获得准二维量子气体。要想获得二维气体，需要一个方向上的束缚非常紧而其他两个方向相对松才可以得到"薄片"的形状。但是我们所熟知的四极阱等都无法通过简单调节线圈电流达到这样的要求，而且磁阱的束缚频率并不像光阱那么高，那如何得到薄片状的准二维量子气体呢？我们这里简单介绍一种主要的办法，就是利用射频磁场与四极阱磁场的耦合与共振，得到一个椭球形状的气泡阱，可以将原子夹在椭球的表面上，以此获得二维量子气体。法国的 H. Perrin 小组和英国的 C. Foot 小组都是用这种方式来制备准二维气体。这里我们对此做简单介绍，详细可参照综述文章 [135]。

当原子处在静磁场中，它的自旋方向是由当下位置的静磁场方向决定的。当加上射频磁场时，射频磁场与原子的自旋耦合，耦合程度的大小用拉比频率 (Rabi frequency) $\Omega_-(\boldsymbol{r})$ 来描述，最终形成的绝热势阱就是给原子提供束缚的简谐阱。构成气泡阱的实验装置并不复杂，基于一对沿着 z 轴的反亥姆霍兹线圈所构成的四极磁阱，再加上沿着 x 和 y 方向各一个天线线圈所组成。这两个天线线圈里会有振荡的电流以制备射频磁场。两个线圈分别形成的射频场强度相同，频率相同，但是相位不同，所以会形成一个在 xy 平面上圆偏振的射频场，而形成气泡阱的原理与第四章讲的如何利用射频制备另一自旋态的杂质相类似。当四极磁阱中的某一磁场强度所对应的拉莫尔频率 $\omega_0(\boldsymbol{r})$ 与射频信号的频率相同并达到共振后，就会形成一个等势面，这个等势面上的点就是新的势能零点。因为四极阱中的磁场是不均匀的，所以在空间中对应的拉莫尔频率也并不均匀，因此固定的射频频率与拉莫尔频率的差，即失谐频率 (detuning frequency) $\delta(\boldsymbol{r}) = \omega_{\mathrm{rf}} - \omega_0(\boldsymbol{r})$ 是与位置有关的。

如图 5.7 所示，我们只用一个方向 r 来举例，当拉莫尔频率和射频频率相同时，对于两个非零磁子能极，可以通过吸收一个射频光子或者散射一个射频光子形成两个新的有效势阱。但因为四极阱是旋转对称，且中心对称的，所以在一个方向上有两个位置都能达到共振，所以会有两个势能零点，这两个点与原四极阱的中心势能零点对称，所以对于不同方向也都像这里举的例子一样。但因为沿着 z 轴 (垂直于线圈方向) 的磁场梯度是沿着 xy 平面 (平行于线圈平面) 的水平方向磁场梯度的二倍，所以沿 z 轴的半径是沿着 x 和 y 轴半径的 $1/2$。因此，在射频场缀饰下的四极磁场中，新的零势能点所构成的椭球面就是我们说的气泡阱，而原子就会被囚禁在这个椭球形气泡阱的表面上。因为在地球上的重力势能，原子都聚集在椭球阱的底部，如图 5.8(a) 所示。

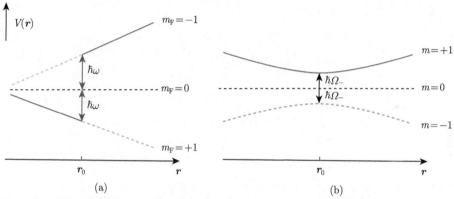

(a)   (b)

图 5.7 (a) 没有射频磁场和拉比耦合前的自旋态 $F = 1$ 在有一定磁场梯度下的磁子能级的势能线。r_0 处是射频频率和拉莫尔频率共振的位置。(b) 当有拉比耦合 Ω_- 之后，通过吸收或放射出一个射频光子之后所形成的新的绝热势阱，在共振点处，绝热势阱的能量与磁子能级 $m_F = 0$ 在此处的能量差为 $\hbar\Omega_-$。图片来自文献 [135]

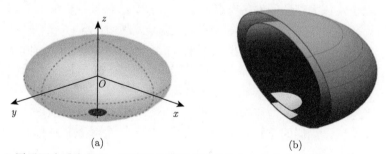

(a)   (b)

图 5.8 (a) 原子因为重力作用，束缚在气泡阱表面的底部，红色为原子团。(b) 多个射频频率缀饰静磁场所得到的同心双层气泡阱，黄色为束缚在两个气泡阱表面的底部的原子团，图片来自文献 [160]

沿椭球表面的方向阱频率较小，但如何加大垂直于表面的横向束缚频率，以使得系统进入准二维呢？首先我们要得到垂直于气泡表面的横向方向的有效简谐

阱的势能，它与耦合强度与失谐频率有关，可以写成

$$V_m(\boldsymbol{r}) = m\hbar\sqrt{\delta^2(\boldsymbol{r}) + |\Omega_-(\boldsymbol{r})|^2}, \tag{5.28}$$

所以在共振点 r_0 处周围 $\mathrm{d}r$ 范围内所提供的简谐阱的阱频率 ω_{t}，我们可以通过

$$\frac{1}{2}M\omega_{\mathrm{t}}^2(\mathrm{d}r)^2 = V(r_0 + \mathrm{d}r) - V(r_0), \tag{5.29}$$

式中，M 是原子质量，V 是在式 (5.28) 描述的绝热势阱，$V(r + \mathrm{d}r)$ 是 V 对 r 的二阶最小量展开，可以得到

$$\omega_{\mathrm{t}} = \alpha\sqrt{\frac{m\hbar}{M\Omega_-}}. \tag{5.30}$$

因此，通过增大磁场梯度 α 或者减小拉比耦合强度 Ω_- 都可以增大垂直气泡底部表面的束缚阱频率，因此可以在气泡阱底表面制备准二维量子气体。

Perrin 小组利用这种方式制备的二维气体研究二维超流体[161]，非平衡态的二维超流体的集合模 (collective mode)[162,163]，以及在椭球阱底部的旋转二维超流体[164]，这一部分内容我们将会在第六章旋转超流体中详细讲解。除此之外，牛津大学的 Foot 小组，通过多个不同的射频频率来缀饰四极阱，以此得到一大一小中心重合的两个气泡阱[160]，如图 5.8(b) 所示。利用双层的气泡阱，制备了在两层气泡阱底部的两团准二维量子气体，以此来研究二维的 BKT 相变[165]。

相比于磁场制备二维量子气体而言，利用激光则需要对环境和校准有更高的要求。比如环境的温度、湿度、气压都可能会对光和折射产生影响，都需要重新校准。因此，对于发往太空空间站的实验而言，利用磁场，在某种程度上会比光场更容易实现和校准。值得一提的是，美国国家航空航天局 (NASA) 近期将冷原子实验室 (cold atom laboratory) 发往国际空间站 (international space station)[166]。其中一项主要的研究就是在失重情况下，原子团被束缚在整个气泡阱的表面上的相关性质[167]，比如一个空心椭球形状的二维超流体的临界温度以及 BKT 相变[168,169]。而且，对于这样一个二维薄层空心的超流体，它的特殊拓扑结构也使得它的涡旋分布性质很特殊，涡旋的总数总是一个偶数，因为一个涡旋总是有一个反涡旋与之对应，并且这种涡旋–反涡旋对表现出长程吸引的相互作用[170]。

在本章中，我们讨论了二维玻色量子系统的基本量子性质，以及一些相关的基础实验。值得指出的是，二维系统相比于一维系统而言，多了两个非常好的几何空间性质。一方面，二维系统中的原子可以进行旋转运动，这将有助于我们研究量子系统的转动、涡旋问题。另一方面，二维系统的晶格可以构成很多基本几何图形，如矩形、三角形、六边形，这使得我们可以研究晶格中量子气体的奇异

现象，如挫折态 (frustrated phase)[43] 和量子拓扑。虽然三维系统也可以产生上述特征，但却引入了一个额外自由度使问题复杂化。因此，二维系统作为可以满足上述两种条件的最低维度，成为上述实验问题研究的热门研究对象。接下来的两章，我们将针对这两种二维系统的前沿研究方向，进行更进一步的介绍讨论。

第六章　二维旋转的超流体与量子涡旋

相比于普通流体而言,超流体具有很多特殊的性质,而无旋性 (irrotationality) 便是其中之一。它虽然具有无旋性,但依然可以有非零的环流量 (circulation)。所以要想将超流体旋转起来,就必须在体系当中引入涡旋,而这些引入的涡旋就形成了一个个原子密度为零的小"洞"。同时,由于超流体的环流量一定是量子化的,这些引入的涡旋也一定是量子化的。所以,通过把这样具有无旋性的超流体旋转起来而获得的量子涡旋系统,在近几十年的研究中广泛地引起了物理学家们的兴趣。

在第二章我们已经提到过,首次被观测到的超流体是液氦超流体。如果我们用一个障碍物在液氦超流体里划动或者搅拌来激发它,那么它被激发的表现方式之一就是有涡旋出现。在首次观测到稀薄气体的玻色–爱因斯坦凝聚 (BEC) 之后,很多物理学家开始研究旋转的 BEC 来对比旋转液氦超流体所出现的一系列现象。无独有偶,旋转稀薄气体的超流体也出现了涡旋。在不同的情境下,我们甚至可以发现各种各样有趣的涡旋结构。首先,对于一个被束缚在简谐阱中的超流体而言,当转速不快的时候,阱中的超流体可能还是三维的,而涡旋就是贯穿超流体的涡旋线 (vortex line)。其次,随着旋转速度不断加快,会有越来越多的小涡旋出现,而且这些小涡旋组成了三角形的涡旋阵 (vortex lattice)。而一旦旋转速度达到一定程度,因为离心力的作用,超流体就变成了二维的平面,平面上呈现的涡旋阵也会更清晰。但是,在这种情况下,旋转速度会被简谐阱的简谐频率所限制,当旋转频率超过简谐频率时,简谐阱被逐渐打开以至于无法再束缚原子。为了克服这一局限,世界各研究小组的解决办法是在简谐阱的基础之上加上一个四极阱 (quartic trap),以至于无论超流体转速有多快总能把原子束缚在势阱里。在这样一个势阱里,当旋转速度极快的时候,有可能达到巨涡旋 (giant vortex) 的状态。在这个状态下,超流体形成了一个一维的环,它本身可以看成是一个稳定的多环流量涡旋,而一个由无旋性的超流体形成的超快旋转的一维的环有很多有趣的性质。对于巨涡旋而言,虽然有很多理论学家的预言,但至今并没有在实验上真正地实现这一状态。

研究旋转的超流体还能帮助我们研究固体物理里的量子霍尔效应。类似于前面讲到的光晶格中的原子可以模拟固体中的电子,我们也可以用在简谐阱里不带电的玻色子来模拟在强磁场中带电的自由电子的运动。我们知道量子霍尔效应最早是在强磁场下的二维电子气体中观测到，在这里，我们可以利用简谐阱中超快旋转的二维超流体来对相关物理进行量子模拟，比如旋转简谐阱中的超流体是最早在冷原子中实现"人工规范场"的实验手段之一。

除此之外，环形超流体的旋转也有很多有趣的性质，这些有趣的性质可以应用在量子传感器和量子模拟上。比如说，环形的超流体可以利用萨尼亚克效应 (Sagnac effect) 来实现原子干涉仪[171, 172]；或者是研究环形超流体的量子粒子流[173, 174]；利用原子实现"原子电路"，用来研究电路中的电子传输，并用此来模拟超导量子干涉仪 (superconducting quantum interference device，SQUID)[175, 176]。

在本章中，我们首先从简谐阱中的旋转超流体入手，通过加快超流体的转速来观测它更多的奇妙性质，比如从涡旋阵的出现到接近最低朗道能级 (lowest Landau level)；然后我们来看如何在简谐加四极阱 (harmonic plus quartic trap) 或气泡阱 (bubble trap) 中进一步加速超流体的旋转，从而能更接近巨涡旋；最后我们用一节来讲述在环形阱中的超流体的旋转。超流体无黏性无阻力等很多性质可以比拟超导体，而超流体的原子流亦可比拟超导体中的稳恒电流，所以环形超流体的稳恒粒子流也引起了很多关注。本节中我们也会通过相关实验和理论来了解在环形阱中超流体的稳恒粒子流和相位突变。

6.1 超流体与环流量

在第二章的基础部分的 Bogoliubov 激发里我们曾经提到过元激发。在第二章我们所研究元激发的形式是将原子密度分布写成一个常数和一个非常小的扰动的和：$n(r) = n_0(r) + \delta r$，而速度也是用非常小的扰动量来表达：$v(r) = \delta v$。但是，用这种方式来表达元激发是有一定局限性的，因为有些元激发所造成的原子密度的波动不仅仅是"微小"量级的扰动。本章里我们将介绍另一种形式的元激发——涡旋。我们先来分析涡旋形成的机制，然后再来研究涡旋是如何随着超流体角动量的变化而演变的。

6.1.1 超流体的环流量

我们在第二章提到过，对于一个既没有黏性也没有摩擦力的超流体来说，每个粒子都可以视为一个摊开的波，这些原子的整体，也就是这个超流体可以看成一个波。它的波函数可以写成

$$\psi(\boldsymbol{r}, t) = \sqrt{n(\boldsymbol{r}, t)} \mathrm{e}^{\mathrm{i}\phi(\boldsymbol{r}, t)}, \tag{6.1}$$

n 是某一位置的原子密度而 ϕ 是该位置的相位。在第二章的非平衡态 GP 方程里我们提到过，超流体的局部流速是与该位置的相位梯度成正比的

$$\boldsymbol{v}(\boldsymbol{r}, t) = \frac{\hbar}{M} \nabla \phi(\boldsymbol{r}, t). \tag{6.2}$$

在数学里，一个标量梯度的旋度一定为零

$$\nabla \times \boldsymbol{v} = \frac{\hbar}{M} \nabla \times \nabla \phi = 0, \tag{6.3}$$

所以以上各式表明超流体流速的旋度也一定为零。这指出了超流体的一个特殊的性质，即它的无旋性。图 6.1 展示了具有量特性的超流体和经典的流体旋转起来的区别。超流体的局部流速与到旋转中心的距离是成反比的，这一点与经典流体的刚体旋转特性是截然相反的。值得指出的是，如果超流体不存在相位奇点，即空间上处处相位都有意义，那么我们可以断言，这个超流体是无旋的。然而，一旦空间中出现了相位奇点，那么围绕这个相位奇点形成的闭合回路的环流量就可以是非零的。

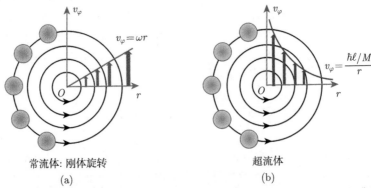

图 6.1　对比有黏度的经典液体的旋转和无黏度的超流体的旋转的区别：(a) 经典流体，有黏滞性，其旋转为刚体旋转，局部流速与到旋转中心的距离成正比；(b) 超流体的旋转，区别于刚体的旋转涡旋，局部流速与到旋转中心的距离成反比

那么，怎么样才算是相位奇点呢？我们考虑一个二维薄片形状的超流体，若在超流体空间上出现了原子密度为零的"洞"，在该位置上就出现了一个相位奇点。因为根据波函数的表达式 (6.1)，当原子密度为零时，波函数为零，此时相位可以是任意值。该位置的相位没有被定义，所以称为一个相位奇点。而激发超流体在其中形成的涡旋，就自然而然地成为超流体中原子密度为零的"洞"。对于一个三维的超流体，涡旋就是一条自上而下贯穿始终的涡旋线 (vortex line)，它的图像就像是龙卷风一样，正中心处有一条风卷起沙尘而围成的洞。如果我们围绕着这个涡旋画一个任意形状的封闭曲线，沿着这个曲线对速度进行环积分，就可以求出它的环流量。对于环积分而言，初始点即终点。为了保证同一位置波函数的统一，根据波函数的表达式 (6.1) 可知，初始点和终点的相位差一定是整数倍的 2π。一旦相位差不为零，围绕涡旋的环流量也必不为零。根据 Onsager 和

Feynman 的写法,在超流体上,闭合曲线的环流量可以写成[177,178]

$$\Gamma = \oint_C \boldsymbol{v}(\boldsymbol{r},t) \cdot \mathrm{d}\boldsymbol{l} = \oint_C \frac{\hbar}{M} \nabla\phi(\boldsymbol{r},t) \cdot \mathrm{d}\boldsymbol{l}$$

$$= \frac{\hbar}{M}(\phi_{\mathrm{end}} - \phi_{\mathrm{start}}) = \ell \times 2\pi \frac{\hbar}{M} = \ell \frac{h}{M}, \quad \ell \in \mathbb{Z}. \tag{6.4}$$

其中,ℓ 就是我们上面提到的整数,在这里也可以被称为卷绕数 (winding number)。通过上面的式子我们可以看出,对于超流体而言,环流量一定是量子化的,以 h/M 为基本单位。

6.1.2 单环流量的超流体

我们可以用另一种方式得出,对于一个超流体而言,非零的环流量一定对应着涡旋的出现。我们先来思考一种特定的情况,假设我们的超流体是二维的圆饼状薄片,原子密度为 n_0 且半径为 R,对于任意位置 $r < R$ 而言,外部势阱为零 $V_{\mathrm{tr}}(r) = 0$。当超流体拥有单环流量,即卷绕数 $\ell = 1$ 的时候,起点与终点的相位差为 2π,那么离中心距离为 r 处的一点,它的速度为

$$v_{\mathrm{r}} = \frac{\hbar}{M} \nabla\phi = \frac{\hbar}{M} \frac{2\pi}{2\pi r} = \frac{\hbar}{Mr}. \tag{6.5}$$

从上述式子中,我们可以清楚地看出,超流体某一点的流速与该点与中心的距离成反比,所以旋转中心处的原子速度应该是无穷大的。如果旋转中心的原子密度不为零,那么它将和超流体的一个重要的性质相违背,即当超流体速度很大且远远超过它的临界速度时,超流体极易被激发变成热原子团。由于原子团中心不会存在速度为无穷大的超流体,所以对于超流体这类形成涡旋的元激发,涡旋中心原子密度一定为零。

思考题 6-1 对于上述描述的二维薄片而言,因为元激发所形成的卷绕数为 1 的涡旋,它的半径大小大概是多少?

解答 6-1 我们知道,对于超流体而言,它有自己的临界速度,超过这个速度就不再是零温度的超流体。这个临界速度可以写成 $c = \sqrt{\mu/m}$。方程 (6.5) 给出了超流体局部速度的表达式,这个速度和距离中心的半径成反比。所以,当 $v_{\mathrm{r}} = c$ 的时候,所对应的半径就可以描述涡旋的半径大小,即

$$r = \sqrt{\frac{\hbar^2}{M\mu}} = \sqrt{2}\xi = \frac{1}{2\sqrt{\pi a n}}. \tag{6.6}$$

通过上述式子我们可以看出,涡旋大小是和消退长度成正比的,而我们第二章讲到的消退长度是形容原子密度从 n_0 到 0 过渡的长度大小。这里也正好描述了从原子密度非零的涡旋边缘处到原子密度为零的涡旋中心处的距离。

此外，我们还可以对平衡态的 GP 方程 (2.22) 求解，它的近似解在图 6.2 中标记出来，这也同时印证了我们上述计算。我们可以取其均方根半径 (root-mean-square radius) 和上一种方法进行比较。

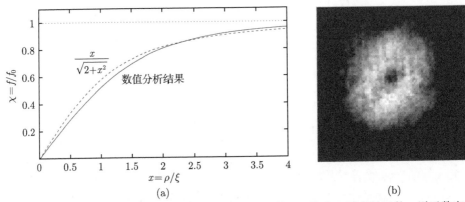

(a)   (b)

图 6.2   (a) 拥有单一环流量的超流体的波函数幅度比关于涡旋中心距离的函数。原子数密度可以看成是波函数模值即幅度的平方，即 $n(r) = f(r)^2, n_0 = f_0^2$，所以在图片中，纵坐标轴可以看成是原子密度的平方根。而横坐标轴则是到涡旋中心的距离与消退长度的比值。图中，实线曲线为 GP 方程的数值精确解，而虚线表示的是该解的近似解 $x/(2 + x^2)^{1/2}$。图片来自文献 [55]。(b) 实验中在飞行时间 (TOF) 后得到的单一环流量，即卷绕数为 1 的涡旋在 BEC 中的图片。图片来自文献 [179]

现在我们来考虑单环量涡旋所引入的能量。对于一个平摊开的半径为 R 二维超流体来说，一个单环量的涡旋给它带来的能量主要贡献在动能项上。那么，单位长度的涡旋所引入的能量为

$$E_1 = \int_\xi^R n_0 \frac{1}{2} m \left(\frac{\hbar}{mr} \right)^2 2\pi r dr = \pi n_0 \frac{\hbar^2}{m} \ln \left(\frac{R}{\xi} \right). \tag{6.7}$$

如果该超流体为三维超流体，那么所形成的就是一个涡旋线在三维超流体中自上而下贯穿的"空洞"。如果该涡旋线长度为 L，则这个单环量涡旋能量为 LE_1。

6.1.3   多环流量的超流体

以上我们所讨论的都是单环流量，即卷绕数为 1 的超流体。当然，一个超流体的环流量是量子化的，确切来说是整数倍的 h/M。当卷绕数 ℓ 大于 1 时，对于一个超流体而言，可以有两种情况与之对应：① 出现很多卷绕数为 1 的单环量涡旋 (singly charged vortex)，② 在超流体中间出现一个单独的大的涡旋，即多环量涡旋 (multiply charged vortex)，这个涡旋的卷绕数为 ℓ。对于我们上述提到的饼状的超流体来说，拥有更大的环流量之后，它的状态会更倾向于哪一种呢？我

们需要根据这两种情况所需要的能量来进行判断。对于第一种情况而言，$\ell(\ell > 1)$ 个单环量涡旋所具有的总动能就是这 ℓ 个单环量涡旋的动能的简单加和，即 ℓE_1。而对于第二种情况，一个卷绕数为 ℓ 的多环量涡旋而言，在这个大涡旋边缘处的流速为 $\ell\hbar/Mr$，而且这个大涡旋所造成的这个"洞"的大小是和环量多少成正比的，可以粗略地记作为 $\ell\xi$，这里我们取 ℓ 的值为非负整数。因此，对于一个没有外加势阱的超流体而言，如果它的中心有一个卷绕数为 ℓ 的多环量涡旋，那么这个涡旋所引入的能量，也就是它的动能为

$$E_\ell = \ell^2 \pi n_0 \frac{\hbar^2}{m} \ln\left(\frac{R}{|\ell|\xi}\right) = \ell^2 E_1 - \ell^2 \pi n_0 \frac{\hbar^2}{m} \ln|\ell| \simeq \ell^2 E_1. \tag{6.8}$$

相比这两种情况下所需要引入的能量，我们不难发现，对于一个拥有多环量的超流体而言，多个单环量涡旋的总能量 (ℓE_1) 比一个多环量涡旋的能量 $(\ell^2 E_1)$ 要更低，所以，二维饼状超流体更倾向于拥有多个单环量涡旋。如图 6.3 所示，当环流量增加时，有越来越多的单环量涡旋出现，这些涡旋在超流体里成三角形分布，形成了所谓的涡旋阵。对于一个环形超流体来说，旋转之后一开始在环形中心会出现一个多环量涡旋，而后再将其转移到普通的简谐阱中等待一段时间，多环量涡旋就会自发地分离成多个单环量涡旋，如图 6.4 所示。原因就是我们上面提到的能量差，在等待的过程中系统更倾向于演变成能量较低的稳态，为了保证总环流量不变，所以多环流量涡旋分成多个单环流量涡旋。

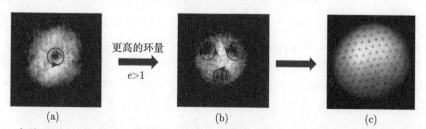

更高的环量
$e>1$

(a)　　　　　　(b)　　　　　　(c)

图 6.3　实验观测下呈现的涡旋，随着"转速"的增加，单环量涡旋数也在增加，最后得到了涡旋晶格。(a)、(b) 取自文献 [179]，其中红色圆圈为涡旋轮廓示意图，(c) 取自文献 [180]

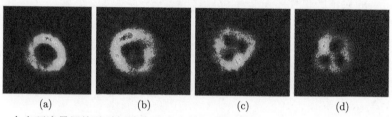

(a)　　　　(b)　　　　(c)　　　　(d)

图 6.4　一个多环流量涡旋随时间演变成多个单环流量涡旋。(a)~(d) 在简谐阱中等待的时间依次为 0ms，200ms，500ms，600ms

6.2　高速旋转超流体的研究意义

6.2.1　模拟在磁场中的电子的行为

上面我们简单介绍了超流体的无旋特性以及通过引入涡旋的方式可以让超流体的环流量不再是零，从而获得角动量。在这里我们就来讨论一下，把超流体旋转起来在物理上的重要意义。

其中一个重要的原因就是，在高速旋转中的中性粒子可以用来类比置身于强磁场中的在二维平面上的电子。一方面，我们知道带电粒子在磁场中运动是会受到洛伦兹力的，受力方向既垂直于运动方向也垂直于磁场方向。对于一个带电量为 q 的电子，在强度为 $\boldsymbol{B}$ 的磁场里以速度 $\boldsymbol{v}$ 运动，那么该电子所受的洛伦兹力为

$$F_{\mathrm{L}} = q\boldsymbol{v} \times \boldsymbol{B}. \tag{6.9}$$

另一方面，对于一个质量为 M 不带电的中性粒子而言，在一个旋转角频率为 Ω 的旋转坐标系下以速度为 $\boldsymbol{v}$ 运动，那么该原子受到科里奥利力，这个力的大小为

$$F_{\mathrm{C}} = 2M\boldsymbol{v} \times \boldsymbol{\Omega}, \tag{6.10}$$

方向也是和运动方向垂直的。对比这两种情况，电子在磁场中运动受到的洛伦兹力和中性原子在旋转坐标系下运动所受到的科里奥利力有着相同的形式，我们可以用旋转的作用 $2M\Omega$ 来对比磁场的影响 qB。为了使研究更精确，我们可以对比这两种情况下的哈密顿量的写法。

在量子力学中，单个粒子在旋转坐标系下的运动也可以用哈密顿量的形式描述出来。如果这个旋转坐标系是以 z 轴为旋转中心轴，以角频率 $\Omega = \Omega e_z$ 的速度转动，那么在该旋转坐标系下单粒子的哈密顿量可以写成 $H_{\mathrm{rot}} = H_0 - \Omega L_z$，其中 L_z 是角动量在 z 轴上的分量，H_0 是在静止坐标系下的哈密顿量。我们假设现在是一个二维系统，而原子只能在 xy 这个水平的二维平面内运动，该粒子的位置和动量可以分别写成 $\boldsymbol{r}(x,y)$ 和 $\boldsymbol{p}(p_x,p_y)$。那么，被囚禁在一个旋转对称的势能阱 $V(r)$ 中的粒子的单体哈密顿量可以写成

$$H_{\mathrm{rot}} = \frac{\boldsymbol{p}^2}{2M} + V(r) - \boldsymbol{\Omega} \cdot \boldsymbol{L} = \frac{\boldsymbol{p}^2}{2M} + V(r) - \Omega(xp_y - yp_x). \tag{6.11}$$

如果上述的旋转对称的势能阱是一个阱频率为 ω_r 的简谐阱的话，系统的哈密顿量就可以写成

$$H_{\mathrm{rot}} = \frac{1}{2M}[\boldsymbol{p}^2 - 2M\Omega\boldsymbol{p} \cdot (-y e_x + x e_y) + M^2\Omega^2(x^2 + y^2)] + \frac{1}{2}M(\omega_{\mathrm{r}}^2 - \Omega^2)r^2$$

$$= \frac{(\boldsymbol{p} - M\boldsymbol{A}_C)^2}{2M} + V_{\text{eff}}(r), \tag{6.12}$$

其中，$V_{\text{eff}}(r)$ 是有效阱势能，可以写作 $V_{\text{eff}}(r) = \frac{1}{2}M(\omega_{\text{r}}^2 - \Omega^2)r^2$。我们不难看出，相比于普通的简谐阱的势能，有效阱势能的表达式里多了一项。这多出来的一项就是旋转所造成的。矢势 (vector potential) $\boldsymbol{A}_C$ 描述的是以 $\boldsymbol{\Omega}$ 为旋转角频率的场，即 $\boldsymbol{A}_{\text{C}} = \boldsymbol{\Omega} \times \boldsymbol{r}$。上述这个哈密顿量的写法与在均匀磁场中的电子的哈密顿量的写法几乎一模一样。后者的表达式为

$$H_{\text{e}} = \frac{(\boldsymbol{p} - q\boldsymbol{A}_{\text{L}})^2}{2M}, \tag{6.13}$$

这里的矢势 $\boldsymbol{A}_{\text{L}}$ 所对应的场不再是另一种情况的旋转场而是磁场。这个矢势的表达形式为 $\boldsymbol{A}_{\text{L}} = \frac{1}{2}\boldsymbol{B} \times \boldsymbol{r}$。我们来仔细对比式 (6.12) 和式 (6.13) 中的两个哈密顿量，可以通过研究在简谐阱中旋转的 BEC 的性质来了解在均匀磁场中电子的运动状态。而对超流体旋转的速率越快，则对应着给电子外加的磁场强度越强。当旋转速度足够快，达到 $\omega_{\text{r}}^2 = \Omega^2$ 的时候，式 (6.12) 表达的哈密顿量里的第二项，有效阱势能也将变为零，旋转坐标系下的中性原子的哈密顿量写法就与强磁场中的二维电子的哈密顿量的写法完全一致。

6.2.2 最低朗道能级

1. 单原子模型描述

现在我们来聊一下超流体在简谐阱中快速旋转的情况。我们在第二章的非平衡态 GP 方程讲过超流体的流体动力学。超流体也有一些流体的性质，我们不难想象，当在简谐阱中的超流体转速不断加快的时候，由于离心力的作用，流体会渐渐扩展向简谐阱中势能更高的地方蔓延。通过上述在旋转坐标系下有效阱深的表达式：

$$V_{\text{eff}}(r) = \frac{1}{2}M(\omega_{\text{r}}^2 - \Omega^2)r^2, \tag{6.14}$$

我们不难看出，当旋转角频率 Ω 变大并且接近阱频率 ω_{r} 的时候，有效势能在不断降低，这就会导致超流体渐渐感受不到阱的束缚从而渐渐摊开变成一个平面的二维系统，原子密度也会随之降低。现在我们考虑一个单原子被囚禁在一个各向同性的二维简谐阱中，阱频率为 ω_{r}，在基态下的简谐振子 (harmonic oscillator) 为 $d_{\text{r}} = \sqrt{\hbar/M\omega_{\text{r}}}$。我们现在用量子力学里的描述方式来描述这个被囚禁的原子，通过动量和简谐振动长度我们可以写出在 x 方向上的产生和湮灭算符 (creation and annihilation operators):

$$\hat{a}_x^\dagger = \frac{1}{\sqrt{2}}\left(\frac{x}{d_{\mathrm{r}}} - \mathrm{i}\frac{p_x d_{\mathrm{r}}}{\hbar}\right), \qquad \hat{a}_x = \frac{1}{\sqrt{2}}\left(\frac{x}{d_{\mathrm{r}}} + \mathrm{i}\frac{p_x d_{\mathrm{r}}}{\hbar}\right). \tag{6.15}$$

对于沿着 y 方向上的湮灭和产生算符 $\hat{a}_y$, $\hat{a}_y^\dagger$, 如同上式描述 x 方向上的形式一样。

思考题 6-2　在旋转角频率为 Ω 的旋转坐标系下, 求解原子在能级为 n、角动量为 m 时的本征能量。

解答 6-2　上面给出的是沿着 x 和 y 方向上的产生和湮灭算符, 属于直角坐标系下的算符。我们首先要写出在旋转坐标系下, 偏振态即旋转方向为 σ_+ 和 σ_- 所对应的产生和湮灭算符。下面我们写出如何用直角坐标系的产生和湮灭算符做基底, 描述出旋转坐标系下的产生和湮灭算符:

$$\hat{a}_\pm = \frac{\hat{a}_x \mp \mathrm{i}\hat{a}_y}{\sqrt{2}}, \qquad \hat{a}_\pm^\dagger = \frac{\hat{a}_x^\dagger \pm \mathrm{i}\hat{a}_y^\dagger}{\sqrt{2}}, \tag{6.16}$$

所以简谐振子的哈密顿量可以通过旋转坐标系的基底表示出来, 可写成

$$H_0 = \hbar\omega_{\mathrm{r}}\left(\hat{a}_x^\dagger \hat{a}_x + \frac{1}{2}\right) + \hbar\omega_{\mathrm{r}}\left(\hat{a}_y^\dagger \hat{a}_y + \frac{1}{2}\right) \tag{6.17}$$

$$= \hbar\omega_{\mathrm{r}}(\hat{a}_+^\dagger \hat{a}_+ + \hat{a}_-^\dagger \hat{a}_- + 1). \tag{6.18}$$

在这个新的旋转坐标系下, 我们也可以重新写出角动量的表达式:

$$L_z = \hbar(\hat{a}_+^\dagger \hat{a}_+ - \hat{a}_-^\dagger \hat{a}_-). \tag{6.19}$$

我们知道, 算符 $\hat{a}_+^\dagger \hat{a}_+$ 和 $\hat{a}_-^\dagger \hat{a}_-$ 的本征根分别为 n_+ 和 n_-, 而这两个本征值也是两个非负整数。我们可以用直角坐标系下的哈密顿量和角动量来描述旋转坐标系下的哈密顿量, $H_{\mathrm{rot}} = H_0 - \Omega L_z$, 因此旋转坐标系下的哈密顿量可以写成

$$H_{\mathrm{rot}} = \hbar\omega_{\mathrm{r}} + \hbar(\omega_{\mathrm{r}} - \Omega)\hat{a}_+^\dagger \hat{a}_+ + \hbar(\omega_{\mathrm{r}} + \Omega)\hat{a}_-^\dagger \hat{a}_-. \tag{6.20}$$

所以, 当我们把算符 $\hat{a}_+^\dagger \hat{a}_+$ 和 $\hat{a}_-^\dagger \hat{a}_-$ 的本征根代入其中之后, 就可以得到旋转坐标系下哈密顿量的本征值, 也就是题中所问的本征能量:

$$E(n_+, n_-) = \hbar(\omega_{\mathrm{r}} - \Omega)n_+ + \hbar(\omega_{\mathrm{r}} + \Omega)n_- \tag{6.21}$$

$$= n\hbar\omega_{\mathrm{r}} - m\hbar\Omega, \tag{6.22}$$

其中 $n = n_+ + n_-$ 描述的是能级, 而 $m = n_+ - n_-$ 则用来描述角动量。

上面我们求出在旋转坐标系下原子的本征能量:

$$E(n_+, n_-) = n\hbar\omega_{\mathrm{r}} - m\hbar\Omega, \tag{6.23}$$

其中, $n = n_+ + n_-$ 是粒子的能级; $m = n_+ - n_-$ 是粒子的角动量。我们知道 n_+ 和 n_- 这两个本征值都是非负的整数,因此当能级 $n = 0$ 的时候,一定有 $n_+ = 0, n_- = 0$,所以角动量也只能有一个选择,即 $m = 0$。所以对于这个能级而言,只有一个子能级。当能级 $n = 1$ 的时候,则有 $n_+ = 1, n_- = 0$ 或者 $n_+ = 0, n_- = 1$,所以角动量可以有两个选择,即 $m = \pm 1$,因此对应该能级的角动量子能级也有两个。以此类推,因为我们有 $|m| \leqslant n$,所以当能级为 n 时,在这个能级上的角动量会从 $m = -n$ 到 $m = +n$,而相邻的角动量 m 差值为 2,如图 6.5 所示。当旋转为零的时候,即 $\Omega = 0$,我们有 $E(n_+, n_-) = \hbar\omega_{\mathrm{r}}$。在这种情况下,对于同一能级而言,所有不同的角动量子能级都是简并的,即能量相同没有区别。而当系统被旋转起来,Ω 不为零的时候,根据式 (6.11) 我们可以知道,对于所有非零的角动量,其能态都有一定的变化。对于 $m > 0$ 的角动量态的能量都增加 $m\hbar\Omega$,而对于 $m < 0$ 的角动量态的能量都减少 $|m|\hbar\Omega$。

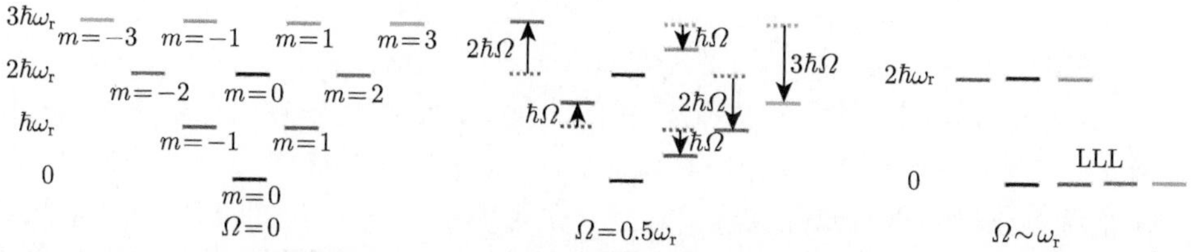

图 6.5 最低朗道能级的形成过程。当旋转速率越来越大的时候,角动量非零的子能级的能量开始分裂,直至旋转角频率等于简谐阱的阱频率时,形成简并的基态,即最低朗道能级。从左至右,旋转角频率 Ω 依次为 0、$0.5\omega_{\mathrm{r}}$ 和 ω_{r}。角动量 m 的子能级的本征能量在有旋转的情况下会改变 $m\hbar\Omega$ 的能量

正如图 6.5 中所呈现的一样,当旋转的速度越来越快,直至旋转角频率接近简谐阱的阱频率的时候,$\omega_{\mathrm{r}} = \Omega$,对于所有 $n = m$ 的态所对应的本征能量都会变为零,这样所有这些能级就都简并成同一个能量为零的能级,这个简并后的能级就被称为最低朗道能级 (lowest Landau level)。而所有满足 $n - m = 2$ 的子能级则形成了简并的第一激发态,和最低朗道能级的能量间隙为 $2\hbar\omega_{\mathrm{r}}$。值得一提的是,这种性质和电子在磁场中的性质几乎相同,正如 6.2.1 小节里所讲。当没有磁场时,对于不同能级下的塞曼子能级都拥有相同的能量,是简并的状态。而一旦施加了磁场之后,不同的自旋态的本征能量就会随着磁场的增强而加大能级之间的分裂,就像拥有旋转之后,不同的角动量态的本征能量会开始分裂一样。而当转速极快并接近阱频率时,我们得到简并的基态,即最低朗道能级。而在凝聚态

物理中，在强磁场的作用下，自由电子的基态也对应着简并后得到的最低朗道能级。这又印证了我们上面提到的用旋转的中性原子来模拟磁场中的电子的论述。

2. 多原子模型：平均场下的最低朗道能级

我们上面描述的是单原子在简谐阱中的哈密顿量，以及在旋转坐标系下的单原子的本征能量。通过解旋转坐标系下的单体哈密顿量，得出在旋转角频率接近简谐阱的阱频率，使单原子的基态能级简并成最低朗道能级。但是在现实情况中并非是单原子体系，而是会有很多的原子，所以我们还需要考虑原子之间的相互作用对原子在不同能级上的分布所产生的影响。总地来说，原子在子能级上的分布情况取决于三点：一是原子之间的相互作用产生的能量 gn；二是最低朗道能级与第一激发态的简并能级之间的能量间隙 $2\hbar\Omega$；三是因为旋转的角频率没有完全追上简谐阱的阱频率而造成的相邻角动量子能级之间的能量差 $\hbar\delta = \hbar(\omega_{\mathrm{r}} - \Omega)$。

首先，我们来介绍一个新的参量，即朗道能级参量 (Landau level parameter) Γ_{LLL}。这个参量是相互作用项的能量和简并基态与简并第一激发态之间的能量间隙的比值，可以写成

$$\Gamma_{\mathrm{LLL}} = \frac{gn}{2\hbar\Omega}. \tag{6.24}$$

在平均场的托马斯–费米近似 (忽略动能项) 和局域密度近似 (local density approximation) 下，由于相互作用而产生的能量 $gn(r)$ 也可以看成是系统的有效化学势 (chemical potential) $\mu'(r) = \mu - V(r)$。对于一个系统来说，化学势的能量就像是流体在势阱里填充的高度。这样，朗道能级参量 Γ_{LLL} 的物理意义就凸显出来了，如图 6.6 所示，当 Γ_{LLL} 小于 1，即 $gn < 2\hbar\Omega$ 的时候，我们可以想象成这个时候化学势的高度并不能够超过简并下的第一激发态，所以这时所有的原子都处在最低朗道能级上。因此我们可以说，Γ_{LLL} 就是判断有多少原子填充在最低朗道能级的标准。当 Γ_{LLL} 小于 1 的时候，我们可以说所有的原子都处在简并的基态上，也就是最低朗道能级上。紧接着我们来看，当原子都处在最低朗道能级时，被原子所占据的子能级的个数是 $m_{\max}$ 的计算方法：

$$m_{\max} = \left\lceil \frac{gn}{\hbar\delta} \right\rceil. \tag{6.25}$$

通过图 6.6 我们可以理解为什么对上式需要向上取整。比如，在图 6.6 中化学势也是相互作用能是 $gn = 2.8\hbar\delta$, 2.8 向上取整为 3，所以有三个子能级被原子所占据。通过这张图我们也能很容易地理解这一关系。因为旋转速率没有那么快，所以即使形成最低朗道能级，所有的子能级的能量也不是完全相同的，从角动量态为 0 开始，每一次角动量态加 1，子能级就会随之增加 $\hbar\delta$ 的能量，就像是一级一级的台阶一样，而化学势也就是相互作用能像是加入流体的深度，在这种构型

下有多少子能级被原子占据也可以理解为有多少级台阶被流体淹没了。所以这个占据子能级数自然就是液体的高度除以台阶的高度，又因为有 0 级台阶，所以需要向上取整。

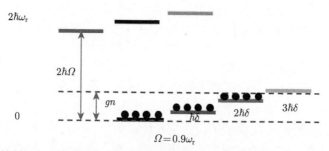

图 6.6　在高速旋转下，原子填充在接近简并的最低朗道能级示意图。这里相互作用能小于朗道能级能量间隙，所以所有原子都处在最低朗道能级上。图中共有 12 个原子，在这种情况下，子能级占据数为 $m_{\max} = 3$，填充因子为 $\nu = 4$

　　说完占据能级数之后，我们又要提出另一个基本的概念，就是填充因子 (filling factor)，这也是在量子霍尔效应里非常重要的一个概念。所谓填充因子，就可以理解平均有多少粒子填充在每一个子能级上。所以，填充因子就是总原子数除以被占据的子能级总数，可以写成：$\nu = N\hbar\delta/(gn)$。如图 6.6 所示，系统一共有 12 个原子，有 3 个子能级被原子所占据，所以填充因子就是 4。

　　我们在 6.2.1 小节中提到了对于一个旋转的超流体来说，一个重要的特征就是量子涡旋的出现，众多单环量的涡旋形成涡旋阵，正如图 6.3 所示。当旋转速度越来越快的时候，有效阱势能渐渐降低，我们可以看成这个阱渐渐打开，超流体逐渐摊开，原子密度降低。从式 (6.6) 中我们可以看到，涡旋芯的大小是用消退长度 ξ 来表示的，所以就和系统的化学势息息相关。因此，在旋转速度变快的时候，原子密度降低导致系统化学势变小，所以消退长度也会随之变大，也就使得涡旋芯逐渐变大，在后文的图 6.11 中也做了详细说明。当系统化学势，也就是相互作用能低于朗道能级能量间隙的时候，Γ_{LLL} 小于 1，这时所有的原子都分布在简并的最低朗道能级上。在这种情况下，每一个涡旋其实都对应着一个被原子占据的角动量子能级，所以被占据的子能级总数也就对应着涡旋的总个数，即 $N_{\mathrm{v}} = m_{\max}$。这时，对应的填充因子也就对应着每一个涡旋平均包含多少个原子。在实验上 E. A. Cornell 教授领导的小组在 2004 年首次发现，当在简谐阱中超流体转动速度非常快的时候，原子几乎都处在最低朗道能级上，而最小的填充因子为 $\nu = 500$[181]。我们会在 6.3 节讲述实验的时候，着重讲解这一部分。

　　但是值得注意的是，当填充因子很大的时候 $\nu \gg 1$，我们还可以用平均场理论来描述处于最低朗道能级的拥有涡旋阵的超流体[182]。但是一旦填充因子降到 1

甚至是 1 以下的时候, 就不能再用平均场理论来描述这个系统了, 因为这时候系统变成了强关联系统, 我们只能用多体的基态即劳夫林态 (Laughlin state) 来描述。在这种情况下, 对于在简谐阱中超快速旋转的二维 BEC 而言, 波函数可以写成[183]

$$\Psi(x,y) = \mathcal{C} \prod_j (u - u_j)^2 \mathrm{e}^{-|u|^2/2d_\mathrm{r}^2}, \qquad u = x + \mathrm{i}y, \tag{6.26}$$

其中 $u_j = x_j + iy_j$ 是以复数的形式来形容每一个涡旋的位置, 而 $\mathcal{C}$ 是波函数归一化的常数。对于这样一个强关联系统而言, 每一个原子的状态和位置都是由其他原子的状态位置所决定的。在分数量子霍尔效应的描述下, 电子的填充因子是分数而非整数。因为电子是费米子, 而费米子自旋不具有对称性, 所以这时填充因子 $\mu = 1/q$, q 是一个奇数; 反之, 对于玻色子而言, 填充因子 $\mu = 1/q$ 里 q 则是偶数。在这种情况下, 基态波函数就可以写成上面式 (6.26) 中的劳夫林态。更多关于量子霍尔效应或分数霍尔效应与之对应关系的细节可以在文献 [184, 185] 中找到, 对此感兴趣的读者可以自行深入阅读。

6.2.3 巨涡旋

在之前的描述当中, 一直强调的是在简谐阱中快速旋转的超流体, 并且会把旋转的角频率 Ω 和简谐阱的阱频率 ω_r 做比较。从旋转坐标系下的阱的有效势能而言, 当 $\Omega > \omega_\mathrm{r}$ 时, 有效阱深就会变为负数, 这时候原子就会从阱中逃逸出去。就像是一个碗中盛入一定量的水, 但转动这个碗中的水达到一定速率的时候, 由于离心力的作用会把水从碗里摇晃出去。这时候需要在简谐阱的基础上加一个更高的级别的囚禁, 才能够让原子达到更快速的旋转并且还能一直被囚禁在阱中。所谓更高级别的囚禁, 通俗来讲, 就是在势能阱上加一个更高更细的“收口”, 使得原子不会在高速旋转下逃出势阱。在实验上, 一个实现的方法就是在简谐阱基础上加一个四极阱, 就像在文献 [186, 187] 中介绍的一样可以用一束蓝失谐的光来制备, 这样超流体旋转的频率就可以高于简谐阱频率。这样的一个简谐加四极阱的势能可以写成

$$V_\mathrm{tr}(r) = \frac{1}{2} M \omega_\mathrm{r}^2 \left(r^2 + \lambda \frac{r^4}{d_\mathrm{r}^2} \right). \tag{6.27}$$

这里, λ 是形容四极阱的参数, 它描述了这个四极阱对整体阱所起的作用的多少; d_r 是上文描述的简谐振子长度。而现在, 在旋转坐标系下, 这个阱的有效阱势能可以写成

$$V_\mathrm{eff}(r) = \frac{1}{2} M r^2 (\omega_\mathrm{r}^2 - \Omega^2) + \lambda' r^4. \tag{6.28}$$

从上式可以看出, 即使旋转特别快以至于角频率高于阱频率, 在阱的近处势能是下降的, 但是在阱的远端即 r 大的地方, 因为最后四次方的作用, 阱的势能一定是

上升的。也就是说，无论转速多快，原子都会被陷俘在阱里。在这种情况下，从阱的径向截面来看会形成一个 "W" 形状，中心突起，两边会出现极小值，然后转而随着离中心越来越远而一直上升，这样原子就会被囚禁在出现最小值的凹槽中间，就像是图 6.7(a) 所描述的一样。而当原子都被囚禁在这样的阱的凹槽里时，中间势能突出的地方就不会有原子存在，这样就构成了一个原子密度为零的 "洞"，而这个 "洞" 就是我们上面提到一个多环量的涡旋，这时的超流体会形成一个环状，而单环量涡旋会出现在这个环的环带上。

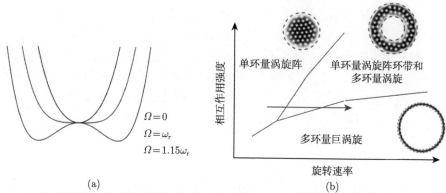

(a)   (b)

图 6.7　超流体在简谐加四极阱中快速旋转的示意图。(a) 随着转速加快，阱势能的变化，黑色、红色、蓝色的实线分别是转速为 0 倍、1 倍、1.15 倍的简谐阱频率下的阱势能。(b) 超流体在简谐加四极阱中旋转速度不断加快所形成的相图。红色箭头所示，在一定的相互作用强度下，当旋转速度的增大后会有三个不同的相：单环量涡旋形成的涡旋阵；中心有一个多环量涡旋的环形超流体，环带上还有单环量涡旋阵；本身是一个多环量的巨涡旋。图片修改于文献 [188]

　　那么在这个简谐加四极阱里的超流体要旋转得有多快才会在中间出现一个反陷俘 (anti-trapping)，进而出现一个环形的高速旋转的超流体呢？在转速不断加快的过程中，势阱虽然没有变化，但是有效势阱却因为旋转导致的离心力而发生改变，势能最低点从中间渐渐移动到边上，中间会有一个势能凸起。所以，当凸起的势能和最低势能点的差值比超流体的化学势大的时候，中间开始出现多环量涡旋。我们还是可以像之前一样把化学势比作灌入阱中的液体深度，当这个液体高度没能高过中心势能高点的时候，液体就会变成环形。所以，这个可以在中间形成多环量涡旋的临界旋转角频率就可以写成[186]

$$\Omega_{\mathrm{h}} = \omega_{\mathrm{r}} \left[1 + 2\sqrt{\lambda} \left(\frac{3\sqrt{\lambda}\tilde{g}}{2\pi} \right)^{1/3} \right]^{1/2}. \tag{6.29}$$

在这种高转速的情况下，系统会变成一个准二维系统，所以上式中的 $\tilde{g} = g/(\sqrt{2\pi}d_z)$

就是用来形容在二维系统中的原子之间的相互作用常数,这是一个无量纲数值。从这个式子我们也可以看出来,形成环形的临界旋转角频率是大于这个简谐阱的阱频率的,主要原因就是要克服原子之间的相互作用。

通过图 6.7(b) 所示的相图,我们可以归纳一下。超流体在简谐加四极阱中旋转速度不断加快后会经过三种不同的相。在固定的相互作用下,当旋转角频率 Ω 小于形成环形体的临界角频率 Ω_h 时,超流体会出现单环量涡旋形成的涡旋阵;而当转速加快,使得 Ω 大于 Ω_h 的时候,超流体中心出现多环量涡旋,而在环带上依然会有单环量涡旋组成的涡旋阵;当旋转速率更快的时候,超流体就进入了我们所说的巨涡旋状态,这个时候不再有环带,系统进入了一个一维的环。这时,所有刚刚在环带上的单环量涡旋都聚集在环的中心,扩充中心的多环量涡旋,直至环的宽度为单原子量级,不能再在环带上存在涡旋,整体形成一个多环量涡旋。这样一个由具有无旋性的超流体组成的超快旋转的一维环形气体吸引了很多理论学家的关注,但是在实验上还没有完全达到,只有法国的 Perrin 小组实现了上述的第二阶段相,向第三阶段的巨涡旋迈进一大步,我们在第七章中将其作为一个典型实验案例来着重分析。

6.3   旋转超流体的相关实验

对于液氦超流体而言,人们发现当把液氦超流体旋转之后,由于它的无旋性,所以会出现很多小的涡旋。因此,在用稀薄气体形成 BEC 之后,人们就想在稀薄气体形成的超流体中看到和液氦超流体一样的性质。所以在刚开始实现 BEC 之后,一个很热门的方向就是在实验上通过光场和磁场将 BEC 旋转起来,进而观察到量子化涡旋的出现。在 2000 年至 2010 年期间,在不同阱中旋转 BEC 的实验有着非常蓬勃的发展。其中,美国 JILA 的 E.A. Cornell 小组,MIT 的 W.Ketterle 小组以及法国 ENS 的 J.Dalibard 小组做出了非常重要的贡献。从简谐阱中旋转得到量子化的涡旋阵,到加快旋转后用旋转的超流体粒子比拟量子霍尔效应里的电子的最低朗道能级,直至近期,法国 H.Perrin 小组再一次在气泡阱中实现了突破,超快速的旋转使得超流体形成了环形,向巨涡旋的实现又迈进一步。这里我们就用以上提到的实验作为典型的例子,来讲述实验上的实现方法和重要结论。

6.3.1   旋转超流体:从涡旋阵到最低朗道能级

1. 实验构型

在旋转超流体的实验中,很多情况都是利用不同的磁阱来构成简谐阱进而囚禁原子,并通过蒸发冷却实现 BEC。那么如何旋转阱中的超流体呢?最主要的方法是:首先利用一个额外的强失谐的激光或者是通过补偿磁场最终能够改变势阱的形状，将一个沿着 z 轴旋转对称的势阱改变成一个各向异性 (anisotropic) 的势阱，也就是沿着 x 和 y 方向的阱频率并不相同。然后，再以 z 轴为旋转轴，将这个反对称的势阱旋转起来。这样的话，通过这个方法我们就可以旋转超流体。为了更好地理解它，我们来举个例子。在开始阶段超流体被囚禁在一个旋转对称的势阱中，就比如把水盛放在一个圆的碗里，对于径向的任何方向，阱频率都是一样的。如果我们想让水转起来，只旋转这个圆形的碗是不行的，尤其"碗"里装的是没有任何黏性的超流体。为了能把水转起来，首先要把这个碗从圆形挤压成一个椭圆形，然后再沿着 z 轴轴心旋转这个椭圆形碗，这样里面的水就能因为碗壁所给的力而转起来了。

　　我们在这里举两个典型的例子。法国高等师范学院的 J.Dalibard 小组，首先在 Ioffe-Pritchard 磁阱中制备了 BEC。Ioffe-Pritchard 磁阱如图 6.8(a) 所示，其中四个 Ioffe 线圈，通过图中箭头所标注的电流流向，我们可以把这看成是两对反亥姆霍兹线圈的叠加，一对沿着 x 轴方向另一对沿着 y 轴方向，由此在 xy 平面方向产生一个很强的势阱来囚禁原子团。然而，一旦磁场很强，虽然原子可以被囚禁在零磁场处，但是也会有更多原子因为马约拉纳损失而从磁势能零点位置逃逸出去。为了能够减少这种损失，可以加上补偿磁场。Ioffe-Pritchard 阱中有两对亥姆霍兹线圈，如图 6.8(a) 中的紧压线圈和补偿线圈，它们内部电流方向不同，都可以在沿着 z 的方向加上一个均匀的磁场。最后就会得到一个长条形的 BEC，沿着 z 方向伸长，而从 xy 平面上看是各向同性的。

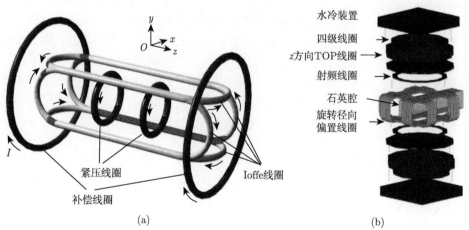

(a)　　　　　　　　　　　　　　(b)

图 6.8　两种磁阱的示意图。(a) Ioffe-Pritchard 磁阱；(b) TOP 磁阱。图片取自 Christopher Foot 课件

在制备好 BEC 之后，他们将一束红失谐的激光对着 z 轴方向射入。因为红失谐的光对原子有吸引作用，所以就会对应地改变整个阱势能。红失谐的光并没有和 z 轴完全重合，而是有一定的角度，这样就打破了势阱原本的旋转对称性，从而把"圆形的碗"变成椭圆形的。最后通过旋转这束激光来旋转这个不对称轴，从而旋转阱中的超流体。在这个过程之后，关掉红失谐激光，使势阱重回旋转对称。具体的细节和计算参见文献 [179]。

美国 JILA 的 E.A.Cornell 小组则是用另一种磁阱和旋转方式实现旋转超流体的。同样是基于反亥姆霍兹线圈构成的四极磁阱，但这是在 xy 平面加一个随时间旋转的均匀磁场。值得注意的是，这里随时间旋转的磁场并不能旋转 BEC，而是为了避免马约拉纳损失。这样构成的磁阱叫做 TOP 阱，如图 6.8(b) 所示，从上至下的贯穿轴为 z 轴。我们可以看到在科学腔周围包裹着很多线圈，这些线圈分别是沿着 x 和 y 方向的亥姆霍兹线圈，可以制备均匀磁场。在这种构型下，我们可以通过分别控制沿着 x 方向和 y 方向的线圈电流，来控制这个外加均匀磁场的方向和大小。最终实现的构型就是在一个四极磁阱的基础上再添加一个既垂直于 z 轴方向又在以 z 轴为中心轴不停旋转的均匀磁场，这样磁场零点就会在 xy 平面上不停地画圆圈。当这个旋转速度足够快时，原子就会只看到一个没有磁场零点的简谐阱，势能最低点磁场亦不为零。TOP (time-orbiting-potential) 阱的具体细节和计算可以参考文献 [189]。在 TOP 阱中制备好超流体之后，可以通过中间的补偿磁场来打破旋转对称，从而实现"圆碗"变"椭圆碗"，之后再通过旋转非对称轴将超流体旋转起来。为了能够进一步加速旋转，我们可以从图 6.8(b) 中看到在科学腔上下还有一对负责蒸发冷却的射频线圈，它们可以实现在 z 轴上的蒸发冷却。也就是说，这是一个选择性蒸发冷却的机制，更多的靠近 z 轴的原子被蒸发掉。而靠近 z 轴的原子本身就是角动量比较低的原子，因为转速快的原子都会因离心力而远离旋转中心轴。这样，原子的平均角动量就会上升。我们再举个例子来说明，这个过程就像是把在一列队伍里身高矮的同学移出队列，那么这一列同学的平均身高就会升高。这个过程的具体描述见文献 [190]。

2. 涡旋阵与有效旋转角频率

上文我们讲过，对于超流体而言，涡旋是它体现旋转的一个特别的方式。当旋转速率越来越快的时候，涡旋就会越来越多并且形成三角形结构的涡旋阵，如图 6.9(a) 所示。同时，简谐阱的有效势能也会渐渐减小，超流体渐渐摊开变大，但是原子密度逐渐减小。超流体不像是我们生活中熟悉的流体甚至固体一样，它是具有无旋性的。那么它旋转的快慢怎么跟我们熟知的刚体旋转相联系呢？超流体旋转的快慢又跟涡旋的多少和分布有什么具体的关系呢？

下面我们来看怎么通过超流体涡旋的分布以及在阱中超流体的形状变化得出

类似于刚体旋转的有效旋转角频率，从而求得原子的平均角动量。本章的前部分我们讲环流量的时候曾提过其定义，在这重提一下。根据 Feynman-Onsager 关系，我们可以通过以下式子来形容超流体的环流量：

$$\Gamma = \oint_C \boldsymbol{v}(\boldsymbol{r},t)\cdot\mathrm{d}\boldsymbol{l} = \oint_C \frac{\hbar}{M}\nabla\phi(\boldsymbol{r},t)\cdot\mathrm{d}\boldsymbol{l} = \ell\times 2\pi\frac{\hbar}{M}, \quad \ell\in\mathbb{Z}. \tag{6.30}$$

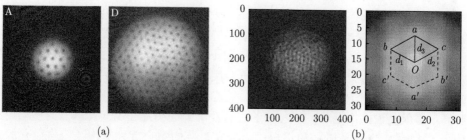

图 6.9 超流体在旋转完，经过一段飞行时间后形成的涡旋阵。(a) 经过更快的旋转我们可以看到涡旋阵中的涡旋数由左边的 13 个增加到了右侧的 130 个，图片取自文献 [180]；(b) 左图为旋转超流体在飞行时间之后呈现的涡旋阵，右图为对左侧图进行自相关 (autocorrelation) 变换之后的结果，黄色的地方为自相关后信号较强的位置

从上面的式子里我们也可以看出来，当多出现一个单环量涡旋时，超流体的总环量就会增加 $2\pi\hbar/M$。我们现在考虑有一个旋转的超流体，二维摊开的表面积为 S，在其中一共有 N_{v} 个单环量涡旋。因此，我们可以推算这个超流体的总环量为 $\Gamma_{\mathrm{N}} = N_{\mathrm{v}}2\pi\hbar/M$。根据斯托克斯定理 (Stokes' theorem)，一个经典流体旋转起来后，它的总环流量可以写成 $\Gamma_{\mathrm{c}} = 2\Omega_{\mathrm{eff}}S^{[191]}$，其中 Ω_{eff} 就是经典流体的旋转角频率。通过让 $\Gamma_{\mathrm{N}} = \Gamma_{\mathrm{c}}$，我们可以获得涡旋密度的表达式：

$$n_{\mathrm{v}} = \frac{N_{\mathrm{v}}}{S} = \frac{M\Omega_{\mathrm{eff}}}{\pi\hbar}, \tag{6.31}$$

这里 Ω_{eff} 就是形容超流体的旋转的有效角频率。这个有效角频率是通过粒子的平均角动量 $\langle L_z\rangle$ 来定义的，写成

$$\Omega_{\mathrm{eff}} = \frac{\langle L_z\rangle}{M\langle r^2\rangle}, \qquad \langle r^2\rangle = \frac{2}{7}R_\perp^2, \tag{6.32}$$

其中，$R_\perp$ 是径向的托马斯–费米半径，就是我们在第一章对平衡态的 GP 方程作托马斯–费米近似后求解可以得到的。由此可以看出，平均每个涡旋所占据的面积 A 可以写成

$$\frac{1}{n_{\mathrm{v}}} = \frac{\pi\hbar}{M\Omega_{\mathrm{eff}}} = \pi l^2. \tag{6.33}$$

我们知道量子霍尔效应里面的磁极长度可以写成 $l_B = (\hbar/eB)^{1/2}$，所以式 (6.33) 中的 $l = (\hbar/M\Omega_{\text{eff}})^{1/2}$ 就可以类比量子霍尔效应里面的磁极长度。这个长度在旋转超流体中的物理意义也是两个相邻涡旋中心的距离。因此，我们可以通过在阱中超流体涡旋阵中的涡旋密度来推导出超流体的有效旋转角频率。那么首先，我们该如何测量自由飞行前后的超流体的涡旋密度呢？

我们可以认为在自由飞行的过程中总角动量是守恒的，因此就可以认为在自由飞行前后，超流体中的涡旋的个数是不会发生变化的，所以可以先测量扩散之后的涡旋的个数。我们可以通过对涡旋阵的图片进行自相关变换，如图 6.9(b) 所示。自相关变换，就是将原图片朝向周围不同的角度平移不同的长度，分析移动完之后新的图片与原图片的重合度，重合度越高则信号越强。我们用图 6.9(b) 中的两个图片作为例子来进行仔细说明：在自相关图片里，图片中心黄色的点极为明显。这就是说，原图片，即左边的带有涡旋阵的图片在朝向任意方向移动距离为 0 的时候，也就是原图和它自己之间有最高的重合度。其次，信号最强的是 a, b, c, a', b', c' 上的六个点，这六个点形成一个六边形。我们知道形成的涡旋阵是呈三角形的，所以当中心涡旋沿着它的相邻涡旋方向移动，并且移动距离恰好就是两个涡旋之间的距离的时候，移动后的图片与原图片重合度很高，也就是将中心涡旋移动使其依次和周围的六个最近邻涡旋重合的时候，新图片与原图片有很高的重合度。所以通过这个自相关图片，我们可以知道涡旋之间的平均距离，也就知道每一个涡旋占据的平均面积 A。因为原图片向左移动一定距离后，新的图片和原图的重合度与原图片向右移动相同距离后和自己的重合度一定相等，所以这个自相关图片一定是中心对称的。我们有 $\vec{oa} = -\vec{oa'} = \vec{d_3}$，$\vec{ob} = -\vec{ob'} = \vec{d_1}$ 和 $\vec{oc} = -\vec{oc'} = \vec{d_2}$，所以可以先通过图中的 $|\vec{d_1}|$，$|\vec{d_2}|$ 和 $|\vec{d_3}|$ 的平均值求出相邻涡旋之间的平均距离：

$$\bar{d} = \frac{1}{3}\sum_{i=1}^{n=3} d_i. \tag{6.34}$$

有了这个平均距离，我们就可以知道每一个涡旋占据的平均面积 A，也就能推出涡旋密度。比如由 aoc 构成的三角形，它的内角和是 $180°$，也就是说，这个小三角形的面积只是对应了 $1/2$ 的涡旋，所以我们可以先求出小三角形的面积再乘以二就会得出每个涡旋对应的面积，而它的倒数就是单位面积下的涡旋数，即涡旋密度。具体可以写成

$$n'_{\text{v}} = \frac{1}{s} = \frac{2}{\sqrt{3}\cdot \bar{d}^2}. \tag{6.35}$$

这只是在自由扩散之后的涡旋密度，要想求有效旋转角频率，需要先求出在阱中

的涡旋密度，所以可以写成

$$n_{\rm v} = \frac{\pi r^2}{\pi R^2} \cdot n_{\rm v}', \tag{6.36}$$

其中，r 和 R 分别是阱中的和自由扩散后的超流体的托马斯–费米半径。最终我们可以得到超流体的有效旋转角频率为

$$\Omega_{\rm eff} = \frac{h}{\sqrt{3}M\overline{d}^2} \cdot \frac{r^2}{R^2}. \tag{6.37}$$

这个方法比较准确，但是同时要对超流体的涡旋阵的清晰度有一定的要求。当超流体旋转非常快或者温度稍微增加之后，都会使得涡旋阵阵行变得模糊，也就对测量旋转角频率造成一定影响。

上面是通过涡旋阵来测量有效旋转角频率，一个沿着旋转轴 z 轴从上而下的视角来看 xy 平面。我们也可以通过超流体的侧面，利用在 yz 平面上超流体的各向异性来求它的有效旋转角频率。在一个三维的简谐阱中，一个静止的 BEC 径向方向和轴向阱频率为 $\omega_{\rm r}$ 和 ω_z，因为旋转之后会使得径向方向的阱势能降低 $\frac{1}{2}M(\omega_{\rm r}^2 - \Omega_{\rm eff}^2)r^2$，有效阱频率也会因为离心力而随之降低，所以从侧面来看，随着转速加快，原子团也会变得越来越各向异性，如图 6.10 所示。所以在旋转坐标系下，超流体沿着径向和轴向的托马斯–费米半径会变成[191]

$$R_\perp(\Omega_{\rm eff}) = R_\perp(0)\left(1 - \frac{\Omega_{\rm eff}^2}{\omega_{\rm r}^2}\right)^{-3/10}, \qquad R_z(\Omega_{\rm eff}) = R_z(0)\left(1 - \frac{\Omega_{\rm eff}^2}{\omega_{\rm r}^2}\right)^{1/5}, \tag{6.38}$$

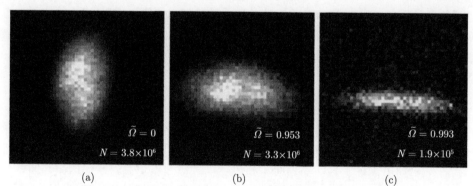

(a)　　　　　　　　　　(b)　　　　　　　　　　(c)

图 6.10　从侧面观察的在简谐阱中的超流体。(a) 在阱中静止的超流体，它的轴向半径与径向半径比值为 $R_z/R_\perp = 1.57$；当有效旋转角频率为简谐阱频率的 0.953 倍 (b) 和 0.993 倍 (c) 的时候，这个比值急速下降，使得阱中超流体竖长的超流体变成一个扁平的超流体。图片取自文献 [181]

我们也可以将它写成径向、轴向托马斯–费米半径比的形式：

$$\frac{R_z(\Omega_{\rm eff})}{R_\perp(\Omega_{\rm eff})} = \frac{\sqrt{\omega_{\rm r}^2 - \Omega_{\rm eff}^2}}{\omega_z}. \tag{6.39}$$

当 $R_z(\Omega_{\rm eff}) > d_z$ 不等式成立的时候，我们就能用托马斯–费米半径来形容超流体轴向厚度，这个式子依然成立。因此，我们依然可以用这个式子来计算超流体的有效旋转角频率。

3. 最低朗道能级

通过上面描述的第二种实验构型，JILA 的 E.A.Cornell 小组快速地旋转超流体使得在旋转坐标系下的原子接近最低朗道能级，相关成果可参见文献 [181]。我们上面讲到最低朗道能级的形成原理，以及一些重要概念。其中形容有多接近最低朗道能级的参数就是朗道能级参量 $\Gamma_{\rm LLL} = \mu/(2\hbar\Omega)$，当 $\Gamma_{\rm LLL}$ 小于 1 的时候，我们就可以说原子都处在最低朗道能级上。将超流体的旋转角频率加速到接近简谐阱频率，最终可以得到 $\Gamma_{\rm LLL} = 0.6$。随着转速的加快，原子越来越接近最低朗道能级，这时候涡旋的大小也会逐渐变大。但是当原子接近最低朗道能级的极限时，涡旋的大小也会趋近一个极限。我们用 $\mathscr{A}$ 来描述涡旋芯的大小与平均涡旋所占面积之间的比值，即 $\mathscr{A} = n_{\rm v}\pi r_{\rm v}^2$，其中 $r_{\rm v} = 1.94 \times \xi = 1.94 \times (8\pi na)^{-1/2}$ 为我们之前提到的涡旋芯的半径，可以用消退长度来表达。随着旋转加快，原子密度 n 会越来越小，所以涡旋芯半径应随之变大。理论计算预测出涡旋芯面积占比和朗道能级参量之间的关系可以写成 $\mathscr{A} = 1.34 \times (\Gamma_{\rm LLL})^{-1}$。当转速变快时，$(\Gamma_{\rm LLL})^{-1}$ 会不断变大，如果这个关系可以一直成立，那么 $\mathscr{A}$ 应该随之线性变大。而通过图 6.11 我们可以看出，在开始阶段 $(\Gamma_{\rm LLL})^{-1}$ 小的时候，确实涡旋芯面积占比线性增大，如图 6.11(b)、(c) 所示。但当靠近最低朗道能级近似时，$\mathscr{A}$ 的值开始渐渐饱和，趋于最低朗道能级极限。这也符合理论计算的最低朗道能级极限下涡旋芯面积占比的饱和值，$\mathscr{A} = 0.225$。由此也印证了高速旋转的超流体中的原子达到了最低朗道能级极限。

6.3.2　超快旋转超流体：走向巨涡旋

上面我们所讲述的都是在简谐阱中旋转的超流体。在这种情况下，超流体的转速是有上限的，不会超过简谐阱频率。我们上面提到过，如果想要进一步加速超流体，实现巨涡旋，只在简谐阱中是不够的，需要有更高级次的囚禁势阱，比如我们上面提到的简谐加四极阱。首先用这种构型囚禁超流体从而尝试巨涡旋的是法国 ENS 的 J.Dalibard 小组，我们在 6.3.1 小节中已经讲过了该小组的实验装置。为了尝试更快速的旋转，该小组在以上提到的装置中又新加上一个沿 z 轴入射的蓝失谐的光，以此来制备一个四极阱，这个激光形成的四极阱构型和最后的简谐加四极阱势能的具体表达式可参见文献 [187]。最后的结果如图 6.12 所示，当红失谐激光的旋转速率越来越快的时候，超流体旋转的速率也会越来越快，不过当带动旋转速率过快的时候，就不再能够带动超流体更快地旋转了，就像当椭圆形的碗转动频率非常快的时候也不会带动碗中的液体旋转，所以从图 6.12 中我们可以看到，当带动旋转频率是 69Hz 的时候，超流体坍缩，反而有效旋转速率变慢。而当超流体在简谐加四极阱中旋转最快的时候，也只是在中心位置原子密度渐渐变小，进而出现了一块很浅的区域，但是密度也没有完全变成零，并没有形成一个多环量涡旋。因此，对于这个实验而言，他是一个向前突破的尝试，但是结果上并没有达成我们上面提的第二个阶段，即中心形成多环量涡旋最终成为一个环形超流体。

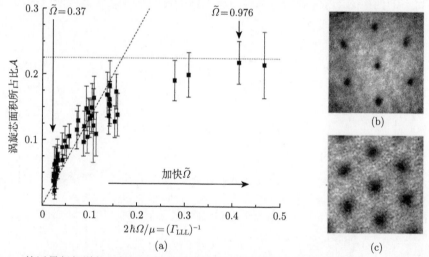

图 6.11　趋近最低朗道能级极限下的涡旋芯面积与平均涡旋占据面积的比值。(a) 转速不断加快，朗道能级参量不断变小下涡旋芯面积占比的变化走势图。斜虚线斜率为 1.34，水平虚线对应最低朗道能级极限下的饱和值 0.225。(b) 转速较慢 $\Omega = 0.37\omega_r$ 时的涡旋阵和 (c) 转速较快 $\Omega = 0.976\omega_r$ 时的涡旋阵。二者对比可以明显发现涡旋芯面积变大。图片取自文献 [181]

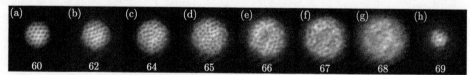

图 6.12　沿着旋转中心轴所观测到的自由扩散后的超流体图片。从左到右依次加速旋转超流体，图片下方是带动超流体旋转的红失谐激光的旋转的角频率。图中中心处简谐阱频率为 $\omega_r/2\pi = 64.8$。图片取自文献 [187]

　　在这之后，法国的 Perrin 小组近年再次尝试高速旋转超流体，突破第二阶段形成中心有多环量涡旋的环形超流体，离巨涡旋更进一步。作者并没有用上面提到的简谐加四极阱来囚禁原子团，而是利用气泡阱的底部来囚禁原子团。我们在第五章提到了如何通过磁场得到气泡阱，基于一对沿着 z 轴的反亥姆霍兹线圈所构成的四极磁阱，再加上沿着 x 和 y 方向各一个天线线圈所组成。这两个天线线圈里会有振荡的电流以制备射频磁场。当四极磁阱中的某一磁场强度所对应的拉莫尔频率与射频信号的频率相同并达到共振后，就会形成一个等势面，这个等势面上就是新的势能零点。如图 6.13(a) 所示，我们只用 x 方向来举例，当拉莫尔频率和射频频率相同时，对于两个非零磁子能级可以通过吸收一个射频光子或者散射一个射频光子形成两个新的势能零点，这两个点与原中心势能零点对称，所以对于不同轴也都像这里举例的 x 轴一样。但因为沿着 z 轴的磁场梯是沿着 xy 平面的水平方向磁场梯度的二倍，所以沿 z 轴的半径是沿着 x 和 y 轴半径的 1/2。因此，在射频场缀饰下的四极磁场中，新的零势能点所构成的椭球面就是我们说的气泡阱，而原子就会被囚禁在这个椭球形气泡阱的表面上。

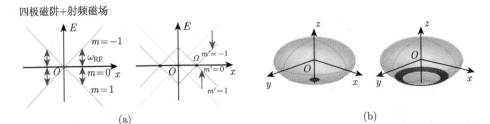

图 6.13　气泡阱原理示意图。(a) 四极磁阱被射频场缀饰后得到两个势能零点可以囚禁原子。(b) 气泡阱的示意图，左侧图中红色圆点表示在没有旋转的时候，超流体因为重力场的作用被囚禁在气泡阱的底部；右侧图中红色圆环表示在超流体快速旋转的时候，原子团渐渐爬上了气泡阱壁，形成环形超流体的示意图

　　但是这个阱的表面势能并不是完全相同的，主要是两个因素在起作用，一个是重力场，还有一个就是拉比耦合 (Rabi coupling) 在空间分布的不均匀性。拉比耦合是原子的自旋与射频场之间的耦合，取决于四极磁阱中固定磁场的方向、射频场的强度和偏振。对于一个 σ_+ 圆偏振的射频场，拉比耦合的强度是在气泡阱底部最强，而在最顶端达到零。也是因为拉比耦合的存在，气泡阱表面十分光滑。在这里，我们值得注意的是，如果只有一个天线线圈，也会形成一个椭球形的零点等势面，因为在同一个四极磁场中等势面的大小只取决于射频场的频率，那么为什么还需要两个射频线圈呢？答案是只有一个线圈的时候，射频场只能是线偏振，在这样的情况下，拉比耦合强度就不是沿 z 轴旋转对称了，自然，超流体所看到的阱就不是旋转对称的。因为重力场起的作用更大，所以原子团最终被囚禁在这个气泡阱的底部，如图 6.13(b)左图所示。关于气泡阱以及其他射频缀饰磁阱的详细讲解参见文献 [135,192]。

　　那么如何旋转在气泡阱底部的气体呢，其实上面提到的单个射频线圈造成的

线偏振射频场就可以给我们以灵感。若射频场的偏振不再是圆偏振而是椭圆偏振，那么因为在同一高度下等势面上的拉比耦合并不再是处处相同，所以旋转对称性也就被打破了。这时就可以看成是盛放流体的碗由圆形变成了椭圆形，与上述几个实验旋转超流体的概念基本一致。然后通过调节两个射频线圈发射的射频场的相位就可以把这个"椭圆形的碗"转起来，以此来旋转其中的超流体。但要注意打破旋转对称性的机制是拉比耦合而不是等势面本身，因为射频频率没有变化，所以等势面依旧为旋转对称的椭球。图 6.14 展示了在阱中的超流体从制备成 BEC 到旋转的整个过程，我们可以看到第一张图是原子团静止的时候，是一个半径很小但是密度很大的原子团；第二张图就是在"椭圆形"的阱带动超流体旋转过程中照的图片，我们可以看到它不再是一个圆形的气体，而是长条的形状，这是改变射频场偏振得到"椭圆形的碗"而造成的。带动旋转 177ms 之后，射频场的椭圆偏振又变回圆偏振，重新拥有旋转对称性，这时超流体会在"圆碗"中继续旋转。20s 之后，通过降低蒸发冷却频率，可以实现加强蒸发冷却。因为我们上面提到过，拉比耦合强度是在气泡阱最底部达到最大值，沿着高度升高而线性减小，也就是说沿着高度向上阱会越来越深。那么蒸发冷却，包括这段强制蒸发冷却的过程中更倾向于蒸发掉的是靠近气泡阱最底部的原子，也就是那些旋转角动量较低的原子。通过这种方式就可以进一步加速超流体的旋转，最终形成环形超流体。

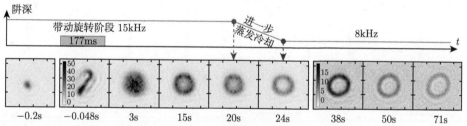

图 6.14 在阱中环形快速旋转超流体的形成过程图。第一行显示的是通过射频蒸发冷却而实现的相对阱深阱。中间蓝色方框标注的是椭圆阱带动超流体旋转的过程。第二行的超流体图片用三种不同的颜色深浅尺度，因为原子总数随着时间流逝渐渐减少。图片取自文献 [164]

与 ENS 的实验结果相比，通过该实验能够清楚地看到中心区域处原子密度为零的"洞"，也就是多环量涡旋，最终形成极快速旋转的超流体。这是达到了上述所讲旋转超流体的第二阶段，即多环量涡旋在中心的环形超流体，环带上还有单环量涡旋形成的涡旋阵。因为这是阱中原位成像的图片，所以很难看到在环带上很小的单环量涡旋。值得一提的是，在实验室参照系下的转速已经达到了 18 倍的声速，形成了一个寿命非常长的超声速旋转超流体。想要达到超声速，需要突破音障，在速率接近声速时超流体就会被激发而出现热态。这里环形超流体能够旋转如此之快并且保持低温是很难得的。能够实现这样的结果也是得益于气泡阱光滑的表面，因为但凡有一点凹凸不平，就相当于是用突出的"搅拌棒"以 18 倍声速划过超流体，就会大大激发超流体。

在这个结果下，我们可能会问，虽说这个实验结果标志着向巨涡旋更迈进一步，那么离超高速旋转的巨涡旋还差多远呢。文献 [164] 的作者通过 GP 方程可以求解波函数进而求出原子密度的空间分布，模拟出实验的结果。如图 6.15 所示，当保持现在的旋转角频率，但是原子个数从现在的 40000 个左右降到 400 个的时候，系统就会达到一维环形的巨涡旋状态。

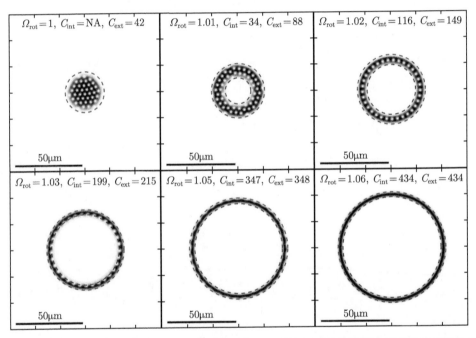

图 6.15　通过用 GP 方程模拟出的 400 个原子在气泡阱底部逐渐加快转速后形成的超流体状态。这里 $\omega_{\rm rot}$ 是有效旋转角频率，是以简谐阱的阱频率 $\omega_{\rm r}$ 为单位。蓝色 (红色) 的虚线分别是超流体的环带的内侧 (外侧)，所对应的环流量为 $C_{\rm int}$ ($C_{\rm ext}$)。外侧环和内侧环的环流量的差就是环带上存有有多少环流量，也就对应着环带上存在着多少单环量的涡旋。比如一行三列的图片，内外环流量差为 149 − 116 = 33，而环带上也正有 33 个单环量涡旋。我们可以看到，当有效旋转角频率达到 $\Omega_{\rm rot} = 1.06\omega_{\rm r}$ 的时候，内外环流量相等，也就是说没有涡旋再出现在环带上，系统已经达到了一维的巨涡旋状态。模拟图片由该组的 R.Dubessy 完成

6.4　环形超流体的旋转

我们上面讲的超流体快速旋转后进入的第二阶段，以及第三阶段的巨涡旋状态，都是一个环形超流体。我们要强调注意的是，上面提到的都是超流体在超高

速旋转之后，因离心力而爬上阱壁，但是阱本身无论是简谐加四极阱还是气泡阱，都是一个连续的阱。在本小节里，我们要讲的是超流体被囚禁在一个环形的阱中，即使没有任何旋转，超流体也会呈现一个环形。在这种情况下，我们来慢慢转动这个超流体，通过环流量的变化看其中有趣的现象。

6.4.1　单原子模型

我们首先从单原子模型入手，假设一个单原子被囚禁在环形势阱中，我们来分析它的波函数以及其旋转之后的动量分布。我们现在考虑一个质量为 M 原子，在一个半径为 r 的环形阱中旋转，这时候它的波函数 ψ 就可以用方位角 φ 来形容。我们知道，一个环形阱首尾相连，所以在这个阱中原子的波函数一定要满足边界条件 $\psi(\varphi) = \psi(\varphi + 2n\pi)$。假设该环形阱的处处势能相等，则单原子模型只有动能项，可以写成

$$\hat{H} = -\frac{\hbar^2}{2M}\nabla^2 = -\frac{\hbar^2}{2Mr^2}\frac{\mathrm{d}^2}{\mathrm{d}\varphi^2}. \tag{6.40}$$

其相应的本征态和本征能量分别为

$$\psi_\ell(\varphi) = \frac{1}{\sqrt{2\pi r}}\mathrm{e}^{\mathrm{i}\ell\varphi}, \quad E_\ell = \frac{\hbar^2}{2Mr^2}\ell^2, \tag{6.41}$$

其中，ℓ 是卷绕数，我们在上文讲到多环量的时候提到过。这里这个卷绕数就是形容当原子沿着环形阱走一圈后它的波函数相位有多少变化，为保证波函数在同一位置是相同的，所以这个变化一定是整数倍的 2π，即 $\ell \times 2\pi$。在上面的式 (6.4) 中也提到过，这个卷绕数也用来形容这个系统的环流量，记作 $\ell \times 2\pi\hbar/m$。在第二章的超流体的流体动力学方程中，我们讲过，对于超流体而言，超流体的流速取决于相位梯度。我们知道围绕一圈长度为 $2\pi r$，而在这期间积累的相位为 $2\pi\ell$，所以相位梯度就是 ℓ/r。因此，我们通过上面的本征态和本征能量，也可以用这个卷绕数来写出这个单原子的局部速度，以及它的旋转角速度：

$$\boldsymbol{v}(\varphi) = \frac{\hbar}{Mr}\ell\boldsymbol{e}_\varphi, \quad \Omega_\ell = \ell \times \frac{\hbar}{Mr^2} = \ell \times \Omega_0, \tag{6.42}$$

这里 Ω_0 是量子化的单位旋转角速度，这个角速度对应的就是卷绕数为 1 的情况。上面我们为了更简单地研究旋转中的超流体，就在旋转坐标系下重新写出了哈密顿量，并求其本征能量和本征态。在这里，我们也重新写出旋转坐标系下的哈密顿量，这样就可以得到一个不含时的稳态下的哈密顿量：

$$\hat{H}_{\mathrm{rot}} = \hat{H} - \Omega\hat{L}_z = -\frac{\hbar^2}{2Mr^2}\frac{\mathrm{d}^2}{\mathrm{d}\varphi^2} + \mathrm{i}\hbar\Omega\frac{\mathrm{d}}{\mathrm{d}\varphi} \tag{6.43}$$

$$= \frac{\hbar^2}{2Mr^2} \left(-\mathrm{i}\frac{\mathrm{d}}{\mathrm{d}\varphi} - \frac{\Omega}{\Omega_0} \right)^2 - \frac{1}{2}M\Omega^2 r^2. \tag{6.44}$$

对应上面旋转坐标系下的本征态与实验室坐标系下的本征态是一样的，写成式 (6.41)，但是本征能量有了一定的变化，在旋转坐标系下本征能量可以写成

$$E_\ell(\Omega) = \frac{\hbar^2}{2Mr^2} \left(\ell - \frac{\Omega}{\Omega_0} \right)^2 - \frac{1}{2}M\Omega^2 r^2. \tag{6.45}$$

从上面的式子我们可以看出来，等式右边的第二项来源于离心能量，它只和转动角速度有关，与方位角和卷绕数都无关，所以这一项也可以看成是对这个能量的一个补偿能量，也就是说我们可以去掉这一项，从而只是对不同的角速度 Ω 的能量零点做平行移动。这样一来，由卷绕数 ℓ 所描述的能量就可以写成

$$E_\ell(\Omega) = \frac{\hbar^2}{2Mr^2} \left(\ell - \frac{\Omega}{\Omega_0} \right)^2. \tag{6.46}$$

所以针对上面能量的表达式，对于不同卷绕数所形成的能量能谱都被绘制在图 6.16 中。我们可以看到对于任意一个卷绕数 ℓ 而言，本征能量随着旋转角速度的变化曲线都是一个开口向上的抛物线的形状，每个抛物线是关于 $\Omega = \ell\Omega_0$ 对称的。而且，这个能量能谱是周期性的，周期长度为 Ω_0。所以我们有 $E_\ell(\Omega) = E_{\ell+n}(\Omega + n\Omega_0)$。因此，当原子旋转的角速度为 Ω 的时候，它所对应的基态可以写成 ψ_ℓ，这里的 ℓ 一定是距离旋转角速度最近的那个卷绕数。举个例子，当旋转角速度 $3.4\Omega_0$ 时，它的基态一定对应着卷绕数为 3 的那个抛物线，如果角速度变成 3.6 的话，基态则对应 $\ell = 4$。所以，在原子的旋转速度不断加快的过程中，它的基态也在不断地变化，从 $\ell = 0$ 到 1，2，3，$\cdots$，而当旋转角速度很小以至于 $|\Omega| < \Omega_0/2$ 的时候，它的基态依然对应着 $\ell = 0$ 的那条抛物线，所以它就是一个静止的状态，环流量依然为零。

经过以上简单的理论分析之后，接下来的问题是，怎样在实验上探测卷绕数，以及如何去证明是否存在非零环流量？首次观测环形阱中的超流体的环流量的小组是 W. D. Phillips 小组[193]，通过让这个环形超流体经过一段飞行时间，自由扩散之后，从它的动量空间上观测到的。其中最基本的原理就是通过环形超流体与自己相干涉。如果环形超流体没有旋转，那么相位梯度就一定是零，所以在这个环形超流体上，相位处处相等。因此，当把环形阱去掉之后，超流体会沿着径向方向快速膨胀，直至汇聚到中心。这时，因为大家的相位是一致的，所以会出现相长干涉 (constructive interference)，四面八方的原子团在中心点汇聚后就会形成一个原子密度很大的实心原子团。反之，如果这个超流体旋转角速度不为零，就一定存在

非零的相位梯度，沿环转一圈积累相位差也是整数倍的 2π。在这种情况下，自由飞行时间之后超流体也会朝中心扩散，但这时发生的不再是相长干涉而是相消干涉 (destructive interference)。也就是说，环上的超流体带着不同的相位向中心点飞去，但是却在那里形成了一个密度为零的"洞"，也就是一个涡旋，如图 6.17 所示。当初始状态的卷绕数大于 1 时，这个中心涡旋便是多环量涡旋。初始状态的转速越快，即卷绕数越大，则这个多环量涡旋的大小就会变得更大。

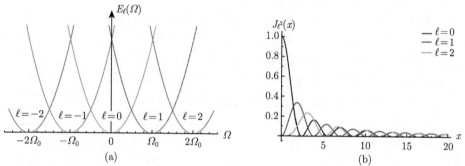

图 6.16 能量能谱与贝塞尔函数 (Bessel function)。(a) 不同卷绕数 ℓ 态对应的能谱，能量随着旋转角速度 Ω 变化而变化。(b) 黑色、红色、绿色实线对应着第一类贝塞尔函数的 0 阶、1 阶、2 阶的平方

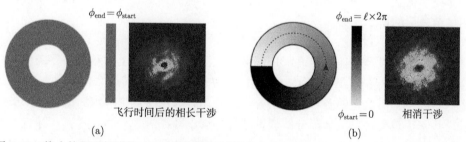

图 6.17 静止的环形超流体 (a) 和旋转的环形超流体 (b) 在自由飞行之后出现的相长干涉和相消干涉图。两图左边的圆圈表示超流体，颜色深浅表示相位大小，(a) 中的超流体没有旋转，相位均匀颜色一致，而 (b) 中的超流体有旋转，相位由 0 到 $\ell \times 2\pi$。没有旋转的环形超流体自由扩散之后在中心形成一个原子密度极大的原子团，而有旋转的超流体扩散后在中间形成了一个原子密度为零的涡旋

　　具体来讲，在去掉阱自由扩散之后的原子密度分布其实就是不考虑相互作用的原子团的动量空间分布。我们可以简单计算一下在这个一维阱中原子的动量分布。通过对波函数进行傅里叶变换再取平方，可以将位置信息转换成动量空间的信息，最后算出动量空间原子密度的分布。通过上述式 (6.41) 中得到的本征能量

和本征态，我们可以写出在动量空间内沿任意方向 (写成 x 方向) 的波函数：

$$\phi_\ell(\boldsymbol{p} = p\boldsymbol{e}_x) = \int \frac{r \cdot \mathrm{d}r\mathrm{d}\phi\mathrm{d}z}{(2\pi\hbar)^{3/2}} \frac{1}{\sqrt{2\pi r_0}} \exp[\mathrm{i}(\ell\phi - \boldsymbol{r} \cdot \boldsymbol{p})]\delta(r = r_0, \phi, z) \tag{6.47}$$

$$\propto \frac{1}{2\pi} \int_{-\pi}^{\pi} \mathrm{d}\phi \exp[\mathrm{i}(\ell\phi - r_0 p \sin\phi)] = J_\ell(r_0 p). \tag{6.48}$$

从以上推导我们可以看到，动量空间的原子密度分布是第一类贝塞尔函数的平方，如图 6.16 所示，我们可以清晰地看到，当没有旋转，即 $\ell = 0$ 的时候，在中心处有一个很高的峰值，然后渐渐降低，这就对应着图 6.17(a) 的图，因为相长干涉而在中心形成高密度原子团。而当有旋转的时候，我们看贝赛尔函数的平方在中心处出现零点，在一段距离后达到一个峰值，也就是图 6.17(b) 展示的那样，在中心形成一个密度为零的涡旋。而且我们对比图 6.16(b) 中 $\ell = 1$ 和 $\ell = 2$ 的两种情况，可以发现，$\ell = 2$ 的第一峰值出现距离比 $\ell = 1$ 的情况要远。这也就说明了，当旋转角速度越快，对应的卷绕数也会越大的时候，在动量空间，即自由扩散之后的原子团中就会出现更大的涡旋。

值得注意的是，虽然我们这个理论模型是一维单原子模型，但是迄今为止，还没有在实验上真正实现一维的环形超流体。由于目前实验上所实现的环总有一定的厚度和宽度，所以它们所对应的依然是二维或者三维系统。然而，上述测量一维系统环流量的方法同样适用。就像图 6.17 显示的就是一个二维环形超流体在自由扩散之后的原子分布。

跟 6.4.1 小节相比，这里中心处的多环量涡旋一般对应卷绕数为个位数，而上文中的巨涡旋以及快速旋转而形成的环形超流体都对应着上百量级的卷绕数。而且 6.4.1 小节中形容的超快旋转超流体，它的环形是因为转速太快而自发形成的，是一个稳态。而这里的多环量涡旋并不是稳态，如果将这个环重新放入一个简谐阱里，它还是会自发地渐渐分解成单环量涡旋。

6.4.2　实验上的制备与探测

1. 制备环形超流体

接下来我们简单介绍以下实验上构建环形阱的几种不同的构型。第一种构型主要借助光阱，如图 6.18(a) 所示。用一束像纸片一样的红失谐光将原子团囚禁在水平方向上，红失谐的光对原子有吸引力，所以原子主要集中在水平面光强较高的中心区域。在这基础上有另一束环形的红失谐的光沿着垂直于水平面的方向射入，这样在横竖两束红失谐光的交汇面上形成了一个环形的光阱，这样就可以把超流体囚禁在这个环形阱里，具体过程和参数等细节参照文献 [194]。还有一个方法是在这个构型的基础上做一点改良：水平方向的"纸片"红失谐光还在，但是把垂直方向的光做了调整。这次用一个蓝失谐的圆柱形光垂直入射，但是在这个"圆柱"底部用一个环形的"罩子"遮挡住，这样就相当于在圆柱形柱子中间挖空了一个环形的中空区域。因为蓝失谐的光对原子有排斥作用，所以在横竖这两束光的交面上也出现了一个环形阱。与前一种方法不同的是，用这种方法形成的环是靠内外两个蓝失谐的圆柱和环柱挤出来的，细节可参见文献 [174]。相比于第一种方法而言，蓝失谐的光可以把环的径向方向夹得很紧却又不太会激发原子团让其升温。加大径向阱频率、缩小环带的宽度，可以更接近一维环形系统，也会让系统更接近相关理论模型。

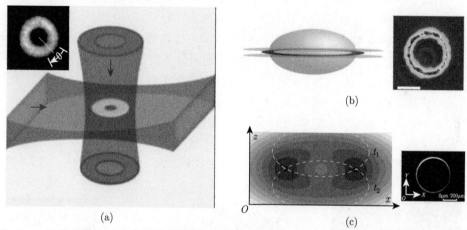

图 6.18　三种制备环形阱来囚禁超流体的方法以及各自的阱中超流体的成像照片。(a) 红色水平面和竖直环形圆柱为两束红失谐激光，图片取自文献 [194]；(b) 绿色两条线为两个"纸片"似的水平蓝失谐激光，红色为被囚禁在气泡阱赤道上的环形超流体，图片来自文献 [195]；(c) TAAP 阱的示意图。黄色虚线为在 t_1 时刻下，气泡阱在 xz 平面的投影，而蓝色虚线是 t_2 时刻的投影。这两个时刻对应着在补偿磁场振荡时气泡阱达到的最高和最低的位置。图中不同暗度的颜色表示不同的势能，越黑越暗的地方说明势能越低，而不同颜色之间形成的线圈为等势线。图片来自文献 [196, 197]

　　第二种方法如图 6.18(b) 所示，是基于我们上面描述的气泡阱。我们在超快速旋转的超流体中提到过气泡阱，即用射频场缀饰四极磁阱后得到的一个新的势能零点等势面，这个等势面构成一个椭球形的表面，因为重力作用原子被囚禁在气泡阱最底部。在这个基础上，用一对平行的蓝失谐的水平激光将底部的原子团夹住，然后通过改变竖直方向均匀的补偿磁场的大小，慢慢沿着竖直方向平移这个气泡，原子团因为被两束水平激光夹着，所以就会沿着气泡壁运动，这样就可以在气泡阱的赤道周围形成了一个环形阱。通过增加两束水平方向蓝失谐光的强度以及增加磁场梯度，可以将竖直和径向方向的阱频率加大，势阱深度加深，进而更接近一维系统，相关细节可参照文献 [195]。另一种构型也是巧妙地利用了气泡阱，如图 6.18(c) 所示。通过快速振荡竖直方向的均匀补偿磁场的强度，这个气泡阱快速地上下震荡，图中表示出的是振荡中两个极限位置。因此，在这两个位置下形成的一高一低两个气泡阱会在它们相交的位置产生一个环形阱。这个振荡的频率要比阱频率更高，以使得原子跟不上阱移动的速率，但也要比射频的频率更低。这种阱也叫做 TAAP 阱 (time-averaged adiabatic potentials)，具体细节可参照文献 [197]。

2. 旋转环形超流体

当我们制备完环形阱之后，接下来的问题就是如何旋转其中的环形超流体，以及如何准确地探测最终环形超流体的旋转角速度，以及所对应的卷绕数。以下我们介绍三种比较典型的实验上旋转环形气体的方法。第一种方法有点类似于我们6.3.2 节中讲述的 ENS 小组旋转简谐阱中的超流体的方法。如图 6.19(a) 所示，我们用一个蓝失谐的光竖直打到环带上，这样由于原子对光排斥作用，在环带上光出现的位置就会形成一个密度缺口。然后沿着环的方向在环带上搅拌起来，就像是在一个环形容器中倒入液体，然后用一个勺子在这个容器中不停画圈搅拌，用这种方式就可以将液体旋转起来。图 6.19(b) 中也给出了阱中的超流体在被旋转的过程中不同时刻的样子，原子密度缺口在随时间而旋转。具体细节参见文献 [194]。

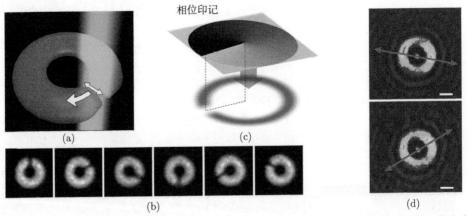

图 6.19   三种旋转环形超流体的实验方法。(a) 绿色的光为蓝失谐光，在环带上形成一个密度缺口，黄色的环就是阱中的环形超流体；(b) 通过 (a) 提到的旋转方法对原子团进行旋转，图片为在"搅拌"过程中的阱中原子成像，图片取自文献 [194]；(c) 蓝色的环表示环状的超流体，而上面则是光强沿着方位角螺旋增强的光，颜色越深则表示光强越强，图片取自文献 [198]；(d) 通过改变射频场偏振状态来旋转环形超流体。两图为旋转过程中不同时间下拍出的阱中原子的成像图，红色双箭头为拉比耦合最小处的轴，该轴随着时间旋转

第二种旋转方法是相位印记法 (phase imprint)，主要的原理其实就是利用射

向超流体的光强的梯度给原子施加一个力。正如我们提到的红失谐或者蓝失谐的光的作用，原子会受到一个推力，将它们推到光强最强或者最弱的地方。那么我们也可以利用这种思路来制备一个特殊的光，让这个光的光强沿着方位角的变化而线性增加，这样的话就会使原子感受到一个均匀的推力，进而将原子加速旋转起来。如图 6.19(c) 所示，通过空间光调试器 (spatial light modulator, SLM) 将光调节成螺旋增强状，光场的光强梯度给原子团一个相位上的梯度，而相位梯度也就决定了超流体的局部流速，因此可以用这种方法来实现旋转环形的超流体。具体细节参见文献 [198]。

另一种方法主要用在气泡阱制成的环形超流体上。我们在 6.3 节介绍了气泡阱的原理，对于圆偏振的射频场而言，气泡阱是旋转对称的，也就是说对于一定高度而言，在气泡阱壁上的拉比耦合强度应该是处处相等的。这种旋转的方法也像在气泡阱底部快速旋转超流体一样，先将射频场的偏振从圆偏振改为椭圆偏振，这样一来赤道上的拉比耦合就不再处处相同，而是会出现两个中心对称的最大值和两个最小值，然后通过旋转这个椭圆偏振的长轴朝向，就可以旋转其中的超流体。就比如液体被盛放在一个深度均匀的环形容器里，现在我们讲这个环形容器的一个方向上的深度变深，而与它垂直的方向深度变浅，而后旋转这个变化后的容器，就可以旋转容器里的液体了。

3. 探测环流量

我们在前面讲过，可以用自由飞行时间后的原子密度分布来判断是否有非零环流量存在。就像图 6.17 中呈现的一样，如果中心因为相长干涉而形成了高密度原子团，则表明没有旋转，即环流量为零；反之，如果中心形成了因为相消干涉后密度为零的涡旋，则表明有非零的环流量。但是这种方式只能定性地告诉我们有或是没有，却不能定量地告诉我们环流量有多大，对应的卷绕数是多少。因为环形超流体旋转的角速度是量子化的，以 $\Omega_0 = \hbar/Mr_2$ 为单位，并且因为存在环量的超流体自由飞行之后中心形成的涡旋也是量子化的，所以中心形成的涡旋的大小也是量子化的，呈现一个离散的分布。所以我们可以用不同的转速来旋转环形超流体，然后再经过一段自由飞行时间后记录中心密度为零的区域的大小，然后做一个柱状统计图，如图 6.20(b) 所示。柱状统计图的横轴为自由飞行后中心涡旋的面积大小，纵轴为在特定的某一面积下一共重复的次数。我们可以看出，柱状图的分布并不是连续的，也就是说中心涡旋的面积并不连续，而是量子化的。而图中，中心涡旋面积越来越大，所经过的每一小堆柱状图就是卷绕数加 1 的体现。所以在柱状图中，我们就可以标明哪里属于 $\ell = 0, 1, 2, 3, \cdots$，用这种统计方式可以证明旋转角速度是量子化的，也可以通过柱状图判定对应的卷绕数。

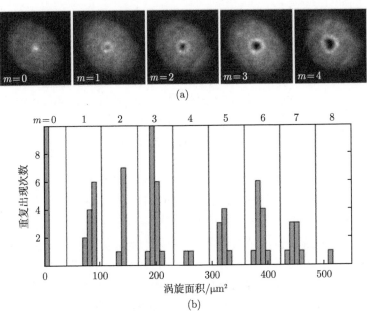

图 6.20　用柱状统计图来探测环形超流体的环流量。(a) 自由飞行之后的原子空间分布，随着卷绕数的增加，中间的涡旋环量也在增加，密度为零的区域也在不断变大。而左下角用 m 标注的卷绕数是根据第二行的柱状统计图来判定的。(b) 统计图横轴为涡旋面积，竖轴为重复出现次数

6.4.3　相位突变与稳恒粒子流

当光阱本身不是完全光滑的时候，环形超流体的转速会随着时间的流逝而渐渐变小。但与经典流体不同，这个转速的下降不是连续的，而是量子化的。我们举个例子，若一开始制备的环形超流体的卷绕数是 3，就是说它的旋转角速度为 $3\Omega_0$，并且空间角转一圈之后环上的超流体积累了 6π 的相位。当有一定损耗的时候，随着时间流逝，它的转速会从 $3\Omega_0$ 突然降到 $2\Omega_0$，然后再到 Ω_0 最后到 0。相应地，卷绕相位 (winding phase) 也就是在环上某一个位置沿环一圈之后所积累的相位，也从 6π 到 4π 再到 2π 最后变成 0，最终所达到的就是相位处处相同的静止环形超流体。我们现在知道，旋转角速度的加快与减慢的本质都是相位的突变造成的，那么相位突变背后的形成机制又是什么呢？

我们上面讲过三种能把环形超流体旋转起来的方法，目前实验上大多数都是利用第一种方法，即用一束蓝失谐的激光作为“勺子”来搅拌这个环形的超流体。用蓝失谐的光就会在环带上打出一个原子密度缺口，而相位突变机制的关键就在这个密度缺口上。当蓝失谐激光在环上旋转的时候，这个密度缺口也在随之旋转，而这个密度缺口其实就相当于在环形超流体的内部和外部打穿了一条通道。因此，

这时就会有单环量涡旋从环的外部进入环的内部中去，这样对于环形超流体的整体的环流量就又增加了 $\hbar/M$，卷绕相位由原来 $\ell 2\pi$ 变成 $(\ell+1)2\pi$，而旋转角频率也增加了 Ω_0。做一个简单的类比，我们可以联想电场中的高斯定律，若闭合的高斯曲面内有电荷进入或者流出的话，净电通量就会随之改变。这里，如果有任何的涡旋从环形超流体内部流出或从外部流入环的内部，那么环流量也会随之减小或增大。如图 6.21(a) 所示，在环带上有一个涡旋。我们现在来看这个环带的外侧的相位，因为环带外侧包裹住了这个涡旋，在环外侧旋转一圈，相位增加了 2π，但是环内侧却没有形成一个 2π 的卷绕相位。所以说，一旦这个涡旋从环带进入到环内，就会引起相位突变，对应的卷绕数随之加 1。具体细节可参考文献 [199]。

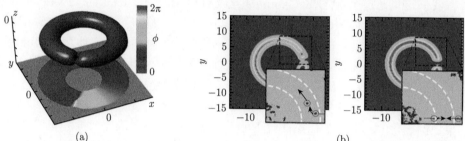

图 6.21　涡旋引起的相位突变示意图。(a) 红色环形为环形超流体，中间断点的地方是蓝失谐激光造成的，截断中心还有一个小圆圈表示涡旋。xy 平面上显示的是对应环形超流体不同方位角的相位。图片取自文献 [199]；(b) 涡旋和反涡旋在环形超流体的理论模拟图。白色虚线为环带的内侧边界和外侧边界，由 BEC 的托马斯–费米半径决定。黑色的小圈表示涡旋和反涡旋。左图为涡旋和反涡旋同时进入环带中一起在环形超流体中旋转。右图为涡旋和反涡旋在环带中同时湮灭。图片取自文献 [200]

　　那么，由于损耗而造成的旋转角频率下降，卷绕数减 1 的机制是否也和上述增加卷绕数的机制一样呢？答案是会有一点不同。当蓝失谐光并不强，密度缺口并没有非常大的时候，涡旋会通过这条缺口造成的"通道"从环内进入环带再离开环带，这样会造成卷绕相位突然减少 2π，卷绕数减 1。当蓝失谐光变强，造成的原子密度缺口变大，就会有另一种机制使得旋转速率变慢，卷绕数减 1。如图 6.21(b) 所示，一个单环量涡旋从环的内部进入环带，同时一个单环量反涡旋 (anti-vortex) 从外部进入环带中，当涡旋和反涡旋离环带中心的距离一样的时候，即使它们没有穿过环带而是在环带上绕着旋转，也会使卷绕相位减少 2π，卷绕数减 1。另一种情况是，要从环带里面沿径向出去的涡旋与要从外面沿径向进入环带的反涡旋在环带中相遇并双双湮灭在此，这样也会使得相位突然减少 2π，同时卷绕数减 1。上面说的通过涡旋引起相位突变的机制是针对一个有宽度的环，也就是二维或者三维的环。对于一维环形超流体来讲，若没有环带，就不会有涡旋出现在一维的环上，所以相位突变机制会有些不同，引起相位突变的不再是涡旋

而是孤子 (soliton)，具体细节可以参考文献 [201]。

我们现在知道了环形超流体的卷绕数增加或者减少一个量子的基本机制和实现方式，而且通过图 6.16 也知道对于一个转动角速度为 $\ell\Omega_0$ 的环形超流体而言，当旋转的角速度高于 $(\ell+0.5)\Omega_0$ 的时候，系统的基态就由 $n=\ell$ 变为 $n=\ell+1$ 了。实验上蓝失谐激光搅动旋转的角频率基本就等于环形超流体的旋转角频率。当 "搅拌棒" 旋转角速度为 $\ell\Omega_0(\ell<10)$ 的时候，环形超流体的转速可以看成 $\ell\Omega_0$。那么这个时候，当搅拌棒旋转的角速度刚刚高于 $(\ell+0.5)\Omega_0$ 的时候，系统是不是就会直接进入卷绕数为 $\ell+1$ 的状态了呢？答案是否定的，因为环形超流体的稳恒粒子流会导致它的迟滞性。

我们这里通过美国 G.K.Campbell 小组和英国 Z.Hadzibabic 小组的研究成果来解释旋转超流体的磁滞回线 (hysteresis loop) 和稳恒粒子流 (persistent current)。在文献 [202] 中提到，用蓝失谐激光旋转环形阱中的超流体，分别研究两种情况，一是如何将一个静止的环形超流体旋转起来使得卷绕数 ℓ 从 0 到 1，旋转角速度从 0 到 $\Omega=\Omega_0$；二是与此相反，如何将卷绕数为 $\ell=1$ 的旋转超流体减速到静止，即 $\ell=0$，两种情况分别对应图 6.22(a)、(b) 中的红三角 (绿实线) 与蓝色倒三角 (绿虚线)。在该实验条件下，卷绕数为 1 对应的一份的旋转角频率为 $\Omega_0/2\pi=1.1\text{Hz}$。第一种情况就是激光转圈搅拌静止的环形超流体，在不同的搅拌角频率 (图中的 Ω_2) 下通过自由扩散之后的动量空间分布来判断是 $\ell=0$ 还是 $\ell=1$，图中每个点的结果是重复 20 次实验之后取的卷绕数的平均值。我们可

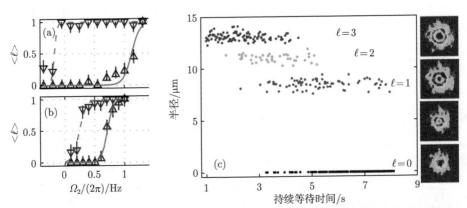

图 6.22　相位突变与稳恒电子流。(a), (b) 用光强较弱 (a) 和光强较强 (b) 的蓝失谐激光导致的相位突变所形成的迟滞回路。每个红色和蓝色的三角对应的平均卷绕数是在重复 20 次实验之后取的平均值，其初始状态分别是 $\ell=0$ 和 $\ell=1$。图片取自文献 [202]。(c) 左图是在一开始制备 $\ell=3$ 的旋转超流体后，随着等待时间的变化而测自由飞行时间后中间形成的涡旋的大小，其值分别对应 $\ell=3,2,1,0$。右图是自由飞行时间之后原子分布图，前三张中涡旋的大小分别对应 $\ell=3,2,1,0$。图片取自文献 [173]

以看到，当搅拌激光旋转的角频率超过 $\Omega_0/2$ 之后，超流体的基态按理来说应该从 $\ell=0$ 变成了 $\ell=1$，但是卷绕数并没有马上变成 1，而是在旋转角速度更强的地方完成相位突变。对于第二种情况来说，我们一开始把环形超流体旋转起来至 $\ell=1$ 的状态下，通过激光缓慢旋转直至让其减速至 $\ell=0$。无独有偶，不是在搅拌激光旋转的角频率刚刚低于 $\Omega_0/2$ 的时候完成相位突变，而是在旋转角速度更低于这个值的时候相位突变才会被触发。因此，我们从图 6.22(a)、(b) 中可以看出，由于卷绕数加 1 和减 1 对应的触发频率不同，所以形成了一个迟滞回路。对比图 6.22(a)、(b) 这两个图，我们可以看出来，若蓝失谐激光造成的密度缺口越小，则迟滞回路越大，旋转超流体的迟滞性越明显。

迟滞性背后的重要原因就是超流体的稳恒粒子流，就像超导体中的稳恒电流一样。因为环形超流体的拓扑保护 (topology protection)，系统想要以这个旋转角速度一直进行下去，所以就不愿意对外界的干扰做出改变，所以才有这样的迟滞回路曲线。不过当外界干扰过大的时候，即密度缺口太深，迟滞回路也会渐渐闭合。图 6.22(c) 就是一个稳恒粒子流的体现。我们首先将环形超流体精确地旋转起来，制备到卷绕数为 3 的态上，然后让超流体在环形阱中继续旋转，随着时间的流逝来通过动量空间测量其卷绕数。我们可以看到环形超流体的旋转可以持续很久，并且，相位突变的时间点并不是固定的某一个时间点或者某一小段时间，因为图中对应卷绕数为 $\ell=3,2,1,0$ 的四个不同的态的时间有着非常大的重合。举个例子，从图中可以清晰地看出，当等待时间在 3s 和 4s 之间时，超流体对应的状态可能是 $\ell=3,2,1,0$ 四种情况中的任意一种。与图 6.22(a)、(b) 的实验相比，这个相位突变是由于系统的损耗自发形成的，而非用额外的"搅拌棒"促成。

图 6.22(a)、(b) 中证明的环形超流体的迟滞性也可以应用在其他领域，比如可以用来精确地检测旋转，其机制和用超导量子干涉仪 (SQUID) 来检测磁场一样。除此之外，环形超流体在 $\ell=1$ 态和 $\ell=0$ 态之间的相互转换，也可能应用在量子计算领域。

在本章，我们讲解了在简谐阱中快速旋转超流体以及在环形阱中旋转超流体的基础理论知识和物理研究意义，并且通过一些实验上的范例，详细地给出了这类研究的实验技术手段以及重要成果。实际上，简谐阱中旋转的中性粒子也可以用来模拟磁场中的电子，这为利用冷原子模拟拓扑物理提供了一种可能性。比如，环形超流体中提到的卷绕数就可以看成是一种拓扑不变量。在接下来的章节中，我们将进一步详细介绍如何运用冷原子系统来模拟拓扑物理。

第七章 低维量子气体与拓扑

冷原子物理中一个有趣且重要的研究方向便是对拓扑物理的量子模拟。本章将首先对凝聚态物理中的拓扑做一个简单回顾，紧接着对相关的冷原子研究现状做一个简要介绍，以期读者首先对该领域有个概括性的了解。随后，我们将从几个重要的基本概念出发，以经典的 Harper-Hofstadter 模型为例，进一步详细讨论其拓扑性质和相应的计算方法。最后，我们将一起探讨该模型在量子气体中的常见实现手段，以及未来的机遇和挑战。

7.1 背 景 介 绍

7.1.1 为什么要研究拓扑

早在古希腊的时候，人们就发明了原子 (atom，古希腊语：atomos，意为：不可分割的) 这个词汇。虽然今天的原子表示完全不同的事物，但是将一个整体分割成小的组成部分，并通过分析其组成单元来认识该整体的这一还原论 (reductionism) 思想，在原子分子物理学、核物理、化学等诸多领域中发挥了重要的作用。然而不可否认的是，物理学的发展同样需要演生论 (emergentism)。正如安德森 (P. W. Anderson) 在 1972 年的文章 *More is different*（《多者异也》）中所阐述的那样，"把所有事物还原成简单基本定律的能力，并不意味着从这些定律出发就能重构出整个宇宙 …… 对于由基本粒子组成的庞大而复杂的系统，其行为并不能通过一些粒子本身的性质来理解。事实上，在每一种复杂层次上都会有崭新的性质出现[1]…… 理解这些新的行为往往需要涉及完全新的规律、概念和理论 …… " [203]。的确，这样的一种演生 (emergence，有时候也被翻译成"涌现") 现象在各种各样的复杂系统中发挥着至关重要的作用。尤其是在凝聚态物理[2]中，我们知道不同材料有着不同的性质，这其中起决定性作用的并不是组成该材料的粒子种类 (不过都是质子、中子、电子)，而是这些粒子之间不同的组织方式 (organization)。我们通常把粒子之间的组织方式叫做序 (order)。

---

① 有意思的是，安德森在文末说道：作为结尾，我将通过经济学上的例子来表达我想说的。马克思说过"量变引起质变"，但是 20 世纪 20 年代，美国小说家菲茨杰拉德 (F. Scott Fitzgerald) 和海明威 (Ernest Hemingway) 在巴黎的对话总结得更清楚。F：有钱人和我们相比就是不一样。H：是啊，他们更有钱。

② "凝聚态物理"这一名称也是由安德森及其剑桥的同事最早提出。

不同物相呈现出不同的性质是由于存在着不同的序。基于深刻的物理直觉,朗道 (L. D. Landau) 指出,不同的序对应着不同的对称性,而每一次相变的发生都对应着某种对称性的改变。比如,水在液态的时候,具有连续的平移对称性;而当它结为冰以后,只具有离散的平移对称性。因此,水在结冰的过程中,为了找到更低的能量状态,水分子会选择另一种组织方式从而使得系统的对称性自发地改变。基于这样的自发对称性破缺 (spontaneous symmetry breaking) 的概念,朗道和金兹堡 (V. L. Ginzburg) 发展出来的有效场理论,现在通常被叫做金兹堡–朗道理论,在描述各种各样的物相及相变行为中取得了巨大的成功。也因此在一段时间里,人们甚至觉得凝聚态物理中不会再有其他重要的物理。然而,20 世纪的两个重大发现——量子霍尔效应和高温超导——打破了这样的预判。

1. 量子霍尔效应

早在 1879 年,正在读博士的霍尔 (E. H. Hall) 就发现了著名的霍尔效应,即在磁场作用下,导体在垂直于电流的方向会产生霍尔电压。到了 1980 年,冯·克利青 (K. von Klitzing) 在测量一个二维电子气系统 (MOSFET,金属氧化物场效应晶体管) 的霍尔电压时,惊奇地发现在强磁场 (约 15T) 和极低温 (约 1.5K) 的条件下,霍尔电阻 ρ_{xy} 呈现出非常精确的量子化的平台:

$$\rho_{xy} = \frac{h}{e^2}\frac{1}{\nu}, \tag{7.1}$$

这里,ν 为整数;h 为普朗克常量;e 为电子电荷。这是非常有意思的,因为即便样品内可能存在着各种杂质或缺陷,系统依然呈现出漂亮的宏观量子化现象。更有意思的是,美籍华裔物理学家崔琦及其合作者在 1982 年发现,霍尔电阻随着磁场的变化还会呈现出分数化的平台[204]。在这两个开创性的实验工作之后,一系列的整数或者分数系数 ν 被相继发现,相应地,它们也分别被叫做整数量子霍尔效应 (integer quantum Hall effect,IQHE) 和分数量子霍尔效应 (fractional quantum Hall effect,FQHE)。

由于不同的量子霍尔态可以有相同的对称性,因此朗道的对称性破缺理论并不能用来解释量子霍尔效应。或者说,量子霍尔效应是超越朗道对称性破缺范式 (paradighm) 的现象。现在我们知道,对于量子霍尔效应的理解需要拓扑的概念。1982 年,索利斯 (D. J. Thouless) 及其合作者详细地给出了二维周期性势阱中电子的整数化霍尔电导表达式,该表达式现在也被叫做 TKNN 公式 (分别对应该文章的四位作者 D. J. Thouless, M. Kohmoto, M. P. Nightingale, M. den Nijs)[205]。随后,西蒙 (B. Simon) 在 1983 年的工作中将微分几何中的陈数 (Chern number) 和 TKNN 公式中的整数联系了起来[206]。自此以后,陈数作为一个重要的拓扑不变量 (topological invariant) 开始在物理学领域被大家所熟知。值得说明的是,整数量子霍尔效应中的拓扑对应的是一种能带拓扑，描述的是量子态在动量空间中的某种不变特性。作为一个简单的回顾，我们知道数学上的拓扑①被用来描述几何图形在连续变化下的某种不变特性，比如都只有一个洞的甜甜圈和咖啡杯在拓扑上是等价的；而拓扑不变量是指定量刻画该不变性的量，比如甜甜圈和咖啡杯中洞的个数就是一个拓扑不变量，在数学上叫做亏格 (genus)。

然而，能带拓扑理论并不能用来解释分数量子霍尔效应，因为这其中涉及凝聚态物理中一个棘手的难题——多体相互作用问题。在分数量子霍尔效应发现不到一年的时间里，劳夫林 (R. B. Laughlin) 以高超的智慧猜出了这一多体系统的波函数表达式，并预测了一系列不可压缩 (incompressible) 态的存在[207]。劳夫林的这项工作对接下来的研究产生了深远的影响，并激发了一系列新奇的想法。然而，关于这其中不可压缩性等一系列神奇特性的起源及本质，仍然无法给出令人满意的回答[208]。在这样一个思想百花齐放的时代，文小刚在拓扑序理论方面的工作为分数量子霍尔效应乃至整个凝聚态物理的研究翻开了崭新的一页[209]。

2. 拓扑序的诞生

历史上，拓扑序的提出最早是和高温超导现象有关[209]。在 1986 年贝德诺尔茨 (J. G. Bednorz) 和米勒 (K. A. Müller) 发现了高温超导现象之后[210]，理论物理学家们尝试用各种新的概念和思想来解释该现象。安德森在 1987 年指出电子自旋液体 (spin liquid) 对高温超导的理解有着重要的意义②。与此同时，基于卡梅尔 (V. Kalmeyer) 和劳夫林的工作，所谓的手征性自旋液体 (chiral spin liquid) 被认为也许可以解释高温超导现象。然而，文小刚在 1989 年的工作指出，不同的手征性自旋液体其实有着相同的对称性[211]。这也就是说，单凭对称性并不足以描述不同的手征性自旋液体，因此在这样的体系中还可能存在着另外一种序。基于拓扑量子场论的方法，文小刚因此提出了拓扑序的概念[209]。尽管后来实验结果显示，手征性自旋液体并不足以描述高温超导现象，1990 年文小刚和牛谦指出拓扑序可以用来描述分数量子霍尔效应[212]。即虽然不同的分数量子霍尔态可以有一样的对称性，但是它们可以用不同的拓扑序来区分。自此以后，拓扑序不再是一个单纯的理论想法，而是变得可以被实验验证。

拓扑序在宏观上可以用物理可观测量来刻画，而这些可观测量便是某种拓扑不变量。早期的拓扑不变量主要包括：① 多体系统的基态简并度；② 简并基态的非阿贝尔几何相位 (non-Abelian geometric phase，它们决定了系统的拓扑激发及其分数统计)；③ 手征性边界态。值得强调的是，这些特性都对局域的扰动具有

---

① 拓扑 (topology) 这个词是由德国数学家利斯廷 (J. B. Listing) 于 1847 年最早引入。有意思的是，他甚至比默比乌斯 (A. F. Möbius) 更早几个月发现了默比乌斯带的性质。

② 作为凝聚态物理领域的领军人物，他的工作鼓舞了众多研究者的研究热情，并引发了研究强关联系统的新浪潮。

鲁棒性。既然局域的扰动原则上可以破坏任何对称性，因此它们体现了这其中的拓扑特性。后来文小刚等进一步指出，从微观上来讲，拓扑序的本质是一种长程纠缠 (long range entanglement)，它代表的是粒子之间的一种整体性组织 (global organization) 方式。长程纠缠态也可以被定义成一种受有限能隙保护的量子基态，且这些态在不关闭能隙的情况下不会变成张量积 (tensor product) 形式的量子态。这样有限的能量间隙也是系统拓扑鲁棒性的根源。最后在结束对凝聚态物理中的拓扑回顾之前，我们说明两点：① 文小刚所提出的拓扑序中的拓扑，是基于拓扑量子场论方法，其实质是长程纠缠序，而与代数拓扑和能带拓扑中的拓扑并无关联；而能带拓扑对应的是某种连续流形 (continuous manifold) 的性质，例如区别球面和环面的亏格、陈数以及超流中的涡旋等，这些都可以被叫做经典意义上的拓扑。② 并不是所有的短程纠缠态都是拓扑平庸的。凝聚态物理中有一类特别的量子态被叫做对称性保护的拓扑态 (symmetry-protected topological states, SPT states)①。它们虽然只有短程纠缠序，但依然可以呈现出一些拓扑非平庸的性质，比如量子自旋霍尔效应、拓扑绝缘体都属于这一类。关于拓扑物相的详细分类，请参阅文献 [209]。

对于拓扑物相等基础物理的研究，不但是为了满足人类不断探索的求知欲和好奇心，而且还可能会有非常大的实用价值。比如，对于分数量子霍尔体系中的非平庸拓扑激发，也叫做任意子 (anyon)，当它们满足非阿贝尔分数统计的时候，可以被用来实现拓扑量子计算[213,214]。然而，在实验上至今都没有关于非阿贝尔统计的直接证据。考虑到其中蕴含着复杂而有意思的物理现象，如何在一个具有极佳参数可调控性的平台上模拟它们的行为，甚至进一步制造并操控其中非平庸的拓扑激发将是一件非常有趣的事情。接下来我们将看到，光晶格冷原子系统为实现这样的愿望开辟了新的道路。

7.1.2　冷原子中的拓扑研究现状

求解一个庞大而复杂的量子物理体系往往是困难的。在 1982 年，费曼 (R. P. Feynman) 给出了一个伟大的远见：制造一台满足量子力学规律的计算机 (building a computer from quantum mechanical elements which obey quantum mechanical laws)，从而用它来模拟经典计算机所解决不了的量子物理问题[215]。时至今日，这一量子模拟的思想在许多平台中得以体现，而光晶格中的冷原子系统在其中扮演着一个重要的角色。

通过本书前面的章节我们已经了解到，光晶格系统有着极佳的参数可调控性，比如原子在格点之间的跃迁可以通过光晶格深度 (对应激光强度) 来调控，原子间

---

① 只要其中的对称性被打破，即使在没有相变发生的情况下，所有的 SPT 态都可以连续地被变换成平庸的张量积量子态。从这里我们可以看到 "对称性保护" 的意义。

的相互作用还可以通过 Feshbach 共振来控制,甚至长程相互作用可以通过使用磁矩比较大的冷原子 (如铬 Cr、铒 Er、镝 Dy 等)、极化分子 (polar molecule)、里德伯原子等来实现。通过调控激光束,不但可以实现不同的光晶格空间维度和几何形状,还可以施加不同的势阱,比如简谐势阱、平底势阱 (box trapping) 乃至无序或准无序势阱。在测量方面,不但可以通过飞行时间吸收图 (time-of-flight absorption images) 测量原子的动量空间分布,还可以通过量子气体显微镜 (quantum gas microscope) 在实空间实现单格点分辨率的测量。这一系列的进展,使得冷原子系统不但可以做量子模拟,甚至还可以研究真实固体材料中难以涉及的领域[23]。然而,为了模拟量子霍尔效应以及其中的拓扑物理,仍然缺少最后一块拼图——人工规范场 (artificial gauge field)。

我们知道光晶格系统中的粒子都是电中性的原子。如果在光晶格系统中直接加磁场,原子感受不到洛伦兹力,也就不会像电子那样受到电磁场的作用。为了解决这样的问题,人们尝试各种办法来实现人工规范场[216-220] 或者人工自旋轨道耦合 (artificial spin-orbit coupling)[221,222],进而使得电中性的原子能够模拟电子在磁场中运动的行为。早期实现人工规范场的实验方案是使用旋转量子气体 (参见第六章)。这样一来,在转动坐标系下,原子所受到的科里奥利力就发挥了洛伦兹力的作用。然而,这样的方案通常要求囚禁势阱具有旋转不变性,而且为满足量子霍尔效应的强磁场条件也难以实现[216]。到了 2009 年,美国马里兰大学的 I. Spielman 课题组利用原子内态和拉曼 (Raman) 激光耦合的方法,在玻色–爱因斯坦凝聚体内实现了强人工磁场。虽然该方法对初始哈密顿量没有旋转对称性的限制,但是它的缺点在于原子的自发辐射将带来发热、实验时间比较有限等问题。

随后,根据弗洛凯 (Floquet) 理论发展出来的弗洛凯工程设计 (Floquet engineering) 成为实现强人工磁场的有力工具[223]。在弗洛凯理论中,一个随时间周期性变化的哈密顿量可以被近似成不依赖于时间变化的有效哈密顿量。反过来,从想要得到的不含时有效哈密顿量 (这里不妨叫做目标哈密顿量) 出发,可以通过设计不同的周期性驱动来近似模拟目标哈密顿量的行为。按照这样的思路,各种与人工规范场有关的拓扑性质在冷原子实验中得到了广泛的研究。比如在 2013 年,德国慕尼黑的 I. Bloch 课题组以及美国麻省理工学院的 W. Ketterle 课题组,利用次晶格移动的方法各自独立实现了著名的 Harper-Hofstadter 模型。值得强调的是,其一,该模型是一个典型的具有拓扑性质的晶格模型,比如其能带的拓扑性质可以用非平庸的陈数来刻画;其二,该模型在固体材料 (比如石墨烯) 中几乎难以实现,因为为了实现量子磁通级别的磁场强度将需要 10^4T,这比实验室通常所能达到的磁场强度高出了两个量级。这也从另一个角度体现了利用光晶格冷原子系统做量子模拟的优越性。更有意思的是,基于类似的实验手段,I. Bloch 课题组在后续的实验中率先测得了 Harper-Hofstadter 的拓扑不变量——陈数;W.

Ketterle 课题组首次在该强人工磁场体系中观测到了玻色–爱因斯坦凝聚。到了 2017 年，美国哈佛大学的 M. Greiner 课题组进一步研究了相互作用对该体系的影响，并观测到了由两体相互作用所诱发的手征性粒子流。

当然，还有更多基于弗洛凯工程设计来量子模拟拓扑物态的冷原子实验案例，比如瑞士苏黎世的 T. Esslinger 课题组在六角光晶格中实现了 Haldane 模型 (另一个著名的陈绝缘体模型，对应于量子反常霍尔效应)；德国汉堡大学的 K. Sengstock 课题组利用周期性晃动光晶格的方法也实现并测得了包括陈数在内的一系列拓扑性质。与此同时，通过将原子内部自由度看成是另外一个维度，这一赝维度 (synthetic dimension) 方案在现今冷原子实验中也得到了广泛的关注。赝维度方向的有限自由度很自然地提供了突出的边界 (sharp edge)，这导致了一系列关于手征性冷原子流的观测。更多关于拓扑物理的冷原子实验现状与进展，有很多优秀的综述性文献 [216-220] 可以参考，由于篇幅限制这里不再赘述。但需要强调的是，尽管已经取得了如此多的进展，在冷原子系统中真正意义上实现凝聚态物理中的强关联性质，比如分数量子霍尔态，仍然是一个挑战。实现晶格拓扑模型、测量陈数、观测手征性边缘态等一系列工作为后续利用冷原子来研究强关联系统中的内禀拓扑序铺平了道路。可以说，利用量子气体对拓扑物理进行量子模拟仍然是一个方兴未艾的研究方向。

7.2 基本概念

从本节开始，我们将从几个至关重要的概念出发，探讨其在周期性晶格系统中的一般性应用。这将为后续探讨具体晶格模型的拓扑性质做铺垫。

7.2.1 几何相位

在几何学中我们知道，如果一个向量在二维平面内做平行移动，其方向和大小都不会变化。然而，如果一个向量在一个曲面上做平行移动 (即该向量长度不变，且不会绕着该向量所在切面的法向量旋转)，当完成某闭合路径回到起始点的时候，该向量会旋转一个角度。这个角度便是一种几何相位，其大小将依赖于该闭合路径所包围的面积[224]。如图 7.1(a) 所示，当一个向量从半径为 r 的球面的北极点出发，沿着所示路径做平行移动，当再回到北极点的时候，该向量将旋转一个角度 Ω。该角度的大小为该闭合路径包围面积 A 所对应的立体角 $\Omega = A/r^2$。在现实生活中，傅科摆 (Foucault pendulum) 是一个非常典型的例子，用来阐释几何相位。当地球自转一周，也就相当于让静止的傅科摆在地球表面上绕了一周，所对应的立体角大约就是傅科摆在一天内所旋转的角度。推广到一般的曲面，这样的几何相位可以表示为对高斯曲率 $\mathcal{K}$ (Gaussian curvature) 的面积分[224]，即

$$\Omega = \iint_S \mathcal{K} \cdot \mathrm{d}\boldsymbol{S}. \tag{7.2}$$

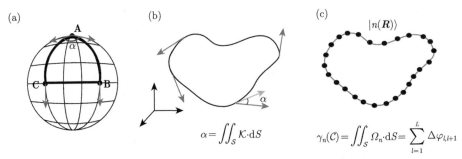

图 7.1　不同情况下的几何相位示意图。(a) 某向量在球面上做平行移动所获得的几何相位。从北极点出发，该向量沿着路径 $AB \to BC \to CA$ 做平行移动，即便过程中向量本身没有做任何转动，当向量重新回到 A 点时，获得了一个旋转的角度 α。该角度即对应着方位角 $\alpha = S/r^2$，这里 S 表示闭合路径内的曲面面积，r 表示球面半径。(b) 向量在任意曲面上做平行移动所获得的几何相位。一般地，向量沿着闭合路径做平行移动之后，旋转的几何角度可以表示成对高斯曲率 $\mathcal{K}$ 的积分，即 $\alpha = \iint_S \mathcal{K} \cdot \mathrm{d}S$。(c) 量子态 (可以看成某向量) 在参数空间中做绝热演化以后所获得的几何相位，即 Berry 相位。在回到起始点以后，该量子态所"旋转"的角度可以表达成对 Berry 曲率 Ω_n 的积分，即 $\gamma_n(\mathcal{C}) = \iint_S \Omega_n \cdot \mathrm{d}S$

　　在量子力学的数学描述 (线性代数) 中，既然每个量子态都可以用一个向量来描述，那么一个量子态在某参数空间中沿着闭合路径变化以后，也会伴随着某种几何相位。接下来，我们将参考 Resta 于 2011 年所发表的工作[225]，来理解量子态的几何相位。

　　考虑两个不同参数，比如 $\boldsymbol{R}_1$ 和 $\boldsymbol{R}_2$，它们所对应的两个本征态之间的相位差可以很自然地定义成

$$\mathrm{e}^{-\mathrm{i}\Delta\varphi_{12}} = \frac{\langle n(\boldsymbol{R}_1)|n(\boldsymbol{R}_2)\rangle}{|\langle n(\boldsymbol{R}_1)|n(\boldsymbol{R}_2)\rangle|}, \tag{7.3}$$

$$\Delta\varphi_{12} = -\mathrm{Im}\left[\lg\langle n(R_1)|n(R_2)\rangle - \underbrace{\lg|\langle n(R_1)|n(R_2)\rangle|}_{\text{实数}}\right],$$

$$= -\mathrm{Im}\,\lg\langle n(\boldsymbol{R}_1)|n(\boldsymbol{R}_2)\rangle. \tag{7.4}$$

这里直接舍去归一化因子是因为它本身是个实数，对虚部贡献为零。从上面的定义可以看到，当做某规范变换，即给每个本征态赋予某任意相位的时候，这两个

态的相位差也随之改变。也就是说，两个态的相位差本身是一个依赖规范变换的量，因此不具有任何实际的物理意义。然而，当沿着一个闭合路径改变某参数的时候，所有和规范有关的任意相位相互抵消，因此这样累积下来的相位差是一个规范不变量。举例来说，对于本征态 $|n(\boldsymbol{R})\rangle$，当以如下方式改变参数的时候，$\boldsymbol{R}_1 \to \boldsymbol{R}_2 \to \boldsymbol{R}_3 \to \boldsymbol{R}_4 \to \boldsymbol{R}_1$，根据式 (7.4)，可以将累积下来的相位差写成

$$\gamma = \Delta\varphi_{12} + \Delta\varphi_{23} + \Delta\varphi_{34} + \Delta\varphi_{41}$$

$$= -\mathrm{Im}\, \mathrm{lg}\langle n(\boldsymbol{R}_1)|n(\boldsymbol{R}_2)\rangle\langle n(\boldsymbol{R}_2)|n(\boldsymbol{R}_3)\rangle\langle n(\boldsymbol{R}_3)|n(\boldsymbol{R}_4)\rangle\langle n(\boldsymbol{R}_4)|n(\boldsymbol{R}_1)\rangle. \quad (7.5)$$

显然，即使每一个态都伴随着某规范相位因子，左矢和右矢的成对出现使得该相位相互抵消，从而使得总的相位差规范不变。

现在我们把以上结论推广到一个光滑的闭合路径 $\mathcal{C}$。将其离散化以后，根据式 (7.4) 可以将相邻两个点对应的相位差写成

$$\mathrm{e}^{-\mathrm{i}\Delta\varphi} = \frac{\langle n(\boldsymbol{R})|n(\boldsymbol{R}+\Delta\boldsymbol{R})\rangle}{|\langle n(\boldsymbol{R})|n(\boldsymbol{R}+\Delta\boldsymbol{R})\rangle|}. \quad (7.6)$$

在连续极限下，可以认为相邻两个点之间的相位差 $\Delta\varphi$ 是个小量，因此利用 $\mathrm{e}^{-\mathrm{i}\Delta\varphi} \simeq 1 - \mathrm{i}\Delta\varphi$ 以及 $|n(\boldsymbol{R}+\Delta\boldsymbol{R})\rangle = |n(\boldsymbol{R})\rangle + |\nabla_{\boldsymbol{R}}n(\boldsymbol{R})\rangle \cdot \Delta\boldsymbol{R}$，可以将上式改写成如下形式[225]：

$$-\mathrm{i}\Delta\varphi = \langle n(\boldsymbol{R})|\nabla_{\boldsymbol{R}}n(\boldsymbol{R})\rangle \cdot \Delta\boldsymbol{R}. \quad (7.7)$$

由此一来，累积的相位差可以写成如下积分形式：

$$\gamma = \sum_{l=1}^{L} \Delta\varphi_{l,l+1} \longrightarrow \oint_{\mathcal{C}} \underbrace{\mathrm{i}\langle n(\boldsymbol{R})|\nabla_{\boldsymbol{R}}n(\boldsymbol{R})\rangle}_{\mathcal{A}_n} \cdot \mathrm{d}\boldsymbol{R}. \quad (7.8)$$

以上表达式便是量子态在某参数空间中改变的相位，就如同一向量在某曲面上沿着闭合路径做平行移动之后所转动的角度，如图 7.1 所示。在几何学中，几何相位可以写成对高斯曲率的积分，而一个量子态的几何相位则可以表达成对 Berry 曲率的积分，所得到的几何相位也叫做 Berry 相位。接下来，我们将对 Berry 相位、Berry 曲率做进一步的详细介绍。

7.2.2 Berry 相位

早在 1956 年，S. Pancharatnam 就在偏振光中发现了几何相位所引起的效应。随后，H. C. Longuet Higgins 在 1958 年的工作中给出了分子系统中存在几何相位的间接证据。在 1978 年，C. A. Mead 和 D. Truhlar 给出了关于分子系统中几何相位的理论推导。直到 1984 年，M. Berry 以极为简洁而优美的方式，给

出了量子力学中几何相位的普适性推导。Berry 的工作引起了诸多实验学家的兴趣，并因此使得量子力学中的几何相位得到了越来越多的关注。如今该几何相位被命名为 Berry 相位，它为一系列的新奇量子现象提供了统一化的描述。在本小节中，我们将结合 Berry 的文章，一起来领略这项漂亮的工作。

考虑一个依赖于参数 $\boldsymbol{R}=(R_1, R_2, \cdots)$ 的哈密顿量 $\hat{H}(\boldsymbol{R})$，其本征向量 $|n(\boldsymbol{R})\rangle$ 和本征值 $E_n(\boldsymbol{R})$ 满足不含时薛定谔方程：

$$\hat{H}(\boldsymbol{R})\,|n(\boldsymbol{R})\rangle = E_n(\boldsymbol{R})\,|n(\boldsymbol{R})\rangle. \tag{7.9}$$

当参数 $\boldsymbol{R}(t)$ 随时间变化时，该系统的量子态 $|\psi(t)\rangle$ 将在 $H(\hat{\boldsymbol{R}}(t))$ 的作用下根据含时薛定谔方程进行演化：

$$\mathrm{i}\hbar|\dot{\psi}(t)\rangle = \hat{H}(R(t))\,|\psi(t)\rangle, \tag{7.10}$$

这里 i 为虚数单位，$\hbar$ 为约化普朗克常量，并且 $\dot{x}$ 表示对 x 的时间导数。

如果在一开始 $(t=0)$ 系统处于某非简并本征态 $|n(R(0))\rangle$，并且参数 $\boldsymbol{R}(t)$ 随时间变化得足够慢，绝热定理 (adiabatic theorem) 告诉我们，在任意时刻，该系统将始终处于相应的本征态。任何时刻的态可以写成

$$|\psi(t)\rangle = \exp\left\{\frac{-\mathrm{i}}{\hbar}\int_0^t \mathrm{d}t'\, E_n(\boldsymbol{R}(t'))\right\} \exp\left[\mathrm{i}\gamma_n(t)\right]|n(\boldsymbol{R}(t))\rangle. \tag{7.11}$$

这里，在第一个指数中是我们所常见的动力学相位 (dynamical phase)。除此之外，我们还引入了一个可能存在的其他相位 $\exp[\mathrm{i}\gamma_n(t)]$。值得注意的是，由于任何可观测量不依赖于波函数的相位，所以该相位本身不可测量。由于任意时刻的态函数满足含时薛定谔方程，把式 (7.11) 代入薛定谔方程 (7.10)，我们可以得到关于 $\gamma_n(t)$ 的关系式：

$$\dot{\gamma}_n(t) = \mathrm{i}\langle n|\dot{n}\rangle = \mathrm{i}\langle n(\boldsymbol{R}(t))|\nabla_{\boldsymbol{R}}n(\boldsymbol{R}(t))\rangle\dot{\boldsymbol{R}}(t), \tag{7.12}$$

这里 $\nabla_{\boldsymbol{R}}$ 表示对参数 $\boldsymbol{R}$ 的梯度。上式中的第二个等式来源于

$$\dot{f} = \frac{\mathrm{d}f(\boldsymbol{R}(t))}{\mathrm{d}t} = \frac{\partial f}{\partial R_1(t)}\frac{\mathrm{d}R_1(t)}{\mathrm{d}t} + \frac{\partial f}{\partial R_2(t)}\frac{\mathrm{d}R_2(t)}{\mathrm{d}t} + \cdots = (\nabla_{\boldsymbol{R}}f)\frac{\mathrm{d}\boldsymbol{R}(t)}{\mathrm{d}t}, \tag{7.13}$$

这里用 $f = f(\boldsymbol{R}(t))$ 表示关于参数 $\boldsymbol{R}=(R_1, R_2, \cdots)$ 的一般函数。

根据式 (7.12)，我们可以将 γ_n 表示成在参数空间中的积分：

$$\gamma_n = \int \mathcal{A}_n \cdot \mathrm{d}\boldsymbol{R}, \tag{7.14}$$

$$\mathcal{A}_n = \mathrm{i}\langle n(\boldsymbol{R})\,|\nabla_{\boldsymbol{R}} n(\boldsymbol{R})\rangle, \tag{7.15}$$

这里我们引入了一个新的量 $\mathcal{A}_n$,并把它叫做 Berry 联络 (Berry connection)。注意,这里 $\mathcal{A}_n$ 仍然是一个向量,比如它的第 j 个分量可以写成 $\mathcal{A}_n^j = \mathrm{i}\langle n(R)\frac{\partial}{\partial R_j}|n(R)\rangle$。

对于参数空间中的非闭合路径,即 $\boldsymbol{R}(0) \neq \boldsymbol{R}(T)$,我们用 T 表示总的演化时间。可以看到,这时候 γ_n 本身没有任何实际意义。比如对于以下规范变换,

$$|n(\boldsymbol{R})\rangle \to \mathrm{e}^{\mathrm{i}\xi(\boldsymbol{R})}|n(\boldsymbol{R})\rangle, \tag{7.16}$$

这里 $\xi(\boldsymbol{R})$ 可以是任何一个关于 $\boldsymbol{R}$ 的连续函数。在规范变换之后,$\mathcal{A}_n$ 可以改写成

$$\mathcal{A}_n \to \mathcal{A}_n - \nabla_{\boldsymbol{R}}\xi(\boldsymbol{R}). \tag{7.17}$$

结合式 (7.14) 和式 (7.17),我们看到在规范变换之后,相位 γ_n 的改变量为 $\xi(\boldsymbol{R}(0)) - \xi(\boldsymbol{R}(T))$。在这种情况下,我们总可以选择合适的 $\xi(\boldsymbol{R})$ 使得沿着该非闭合路径所累积的相位 γ_n 为零,从而只剩下动力学相位。正是出于这样的考虑,在很长一段时间里,相位 γ_n 被认为是不重要的,并且常常被直接忽略[226]。

然而,这样的情况在 Berry 考虑参数空间中的闭合路径 ($\boldsymbol{R}(0) = \boldsymbol{R}(T)$) 之后发生了改变。当参数变回初始值的时候,波函数的相位只可能相差 2π 的整数倍,即

$$\xi(\boldsymbol{R}(0)) - \xi(\boldsymbol{R}(T)) = 2\pi \cdot n, \boldsymbol{R}(0) = \boldsymbol{R}(T), \tag{7.18}$$

这里 n 为整数。因此,对于参数空间中的闭合路径来说,即使经过某规范变换,相位 γ_n 也只能改变 2π 的整数倍,而不可能连续变化。为了得到这一不寻常的相位变化,当系统哈密顿量演化回初始形式时,即 $\hat{H}(\boldsymbol{R}(T)) = \hat{H}(\boldsymbol{R}(0))$,式 (7.11) 表示的演化态可以写成

$$|\psi(T)\rangle = \exp\left\{\frac{-\mathrm{i}}{\hbar}\int_0^T \mathrm{d}t E_n(\boldsymbol{R}(t))\right\}\exp\left[\mathrm{i}\gamma_n(\mathcal{C})\right]|n(0)\rangle, \tag{7.19}$$

这里,$\gamma_n(\mathcal{C})$ 可以表示成在参数空间中的线积分,即

$$\gamma_n(\mathcal{C}) = \oint_{\mathcal{C}} \mathcal{A}_n \cdot \mathrm{d}\boldsymbol{R}. \tag{7.20}$$

该表达式最早由 Berry 在 1984 年的文章中得到,因此相位 $\gamma_n(\mathcal{C})$ 现在也被叫做 Berry 相位。

思考题 7-1 Berry 相位是一个实数还是复数?

解答 7-1 利用本征态 $|n(\boldsymbol{R})\rangle$ 的归一化条件,我们可以有

$$\nabla_{\boldsymbol{R}} \cdot 1 = \nabla_{\boldsymbol{R}}\left(\langle n(\boldsymbol{R})|n(\boldsymbol{R})\rangle\right)$$

$$= \langle \nabla_{\boldsymbol{R}} n(\boldsymbol{R})|n(\boldsymbol{R})\rangle + \langle n(\boldsymbol{R})|\nabla_{\boldsymbol{R}} n(\boldsymbol{R})\rangle$$

$$= 0, \tag{7.21}$$

由此可见，$\langle n(\boldsymbol{R})|\nabla_{\boldsymbol{R}} n(\boldsymbol{R})\rangle$ 为一个纯虚数。因此，表达式 (7.15) 中的 Berry 联络是一个实数，从而式 (7.20) 中的 Berry 相位也必为一个实数。

利用斯托克斯定理 (Stokes' theorem)，我们可以将上述线积分转换成面积分①，即

$$\gamma_n(\mathcal{C}) = \iint_{\mathcal{S}} \Omega_n \cdot \mathrm{d}\boldsymbol{S}, \qquad \Omega_n = \nabla_{\boldsymbol{R}} \times \mathcal{A}_n, \tag{7.22}$$

这里，$\mathcal{S}$ 表示闭合路径 $\mathcal{C}$ 所包围的曲面，$\mathrm{d}\boldsymbol{S}$ 表示面积微元。这里我们引入了另一个重要的量 Ω_n 并把它叫做 Berry 曲率 (Berry curvature)。虽然 Berry 联络 $\mathcal{A}_n$ 受规范变换的影响，如式 (7.17) 所示，但是 Ω_n 是一个规范不变量。这是由于 $\nabla \times \nabla_{\boldsymbol{R}} \xi(\boldsymbol{R}) = 0$，即任意一个标量场梯度的旋度为零。在这一点上，Berry 曲率可以被类比成磁场，Berry 联络则类似于矢势，这样一来 Berry 相位则对应参数空间中 $\mathcal{S}$ 曲面内的磁通量。

值得注意的是，在实际的计算过程中，直接对波函数求导数往往会遇到各种困难。比如，数值计算中，我们无法保证代表规范的相位是连续变化的。为了避免出现这样的困难，Berry 曲率还可以被表达成对哈密顿量的求导[226]，即

$$\Omega_{\mu\nu}^n(\boldsymbol{R}) = \mathrm{i} \sum_{n' \neq n} \left[\frac{\langle n|\partial_{R^\mu}\hat{H}|n'\rangle \langle n'|\partial_{R^\nu}\hat{H}|n\rangle}{(E_n - E_{n'})^2} - (\nu \leftrightarrow \mu) \right]. \tag{7.23}$$

思考题 7-2　请尝试推导出上述表达式。

解答 7-2　采用如下简写形式 $\dfrac{\partial}{\partial R^\mu} = \partial_{R^\mu}$，$|n(R)\rangle = |n\rangle$ 后，根据式 (7.22) 可以直接写出 Berry 曲率的一个分量，即

$$\Omega_{\mu\nu}^n(\boldsymbol{R}) = \partial_{R^\mu}\mathcal{A}_n^\nu(\boldsymbol{R}) - \partial_{R^\nu}\mathcal{A}_n^\mu(\boldsymbol{R})$$

$$= \mathrm{i}\left[\partial_{R^\mu}\langle n|\partial_{R^\nu}n\rangle - \partial_{R^\nu}\langle n|\partial_{R^\mu}n\rangle\right]$$

$$= \mathrm{i}\left[\langle \partial_{R^\mu}n|\partial_{R^\nu}n\rangle + \langle n|\partial_{R^\mu}\partial_{R^\nu}n\rangle - \langle \partial_{R^\nu}n|\partial_{R^\mu}n\rangle - \langle n|\partial_{R^\nu}\partial_{R^\mu}n\rangle\right]$$

$$= \mathrm{i}\left[\langle \partial_{R^\mu}n|\partial_{R^\nu}n\rangle - \langle \partial_{R^\nu}n|\partial_{R^\mu}n\rangle\right] \tag{7.24}$$

$$= \mathrm{i}\sum_{n'}\left[\langle \partial_{R^\mu}n|n'\rangle\langle n'|\partial_{R^\nu}n\rangle - (\nu \leftrightarrow \mu)\right], \qquad \sum_{n'}|n'\rangle\langle n'| = 1$$

---

① 在微积分中我们知道斯托克斯定理适用于三维。但这里的结论可以推广到更高维度[226,227]。

$$= \mathrm{i} \sum_{n' \neq n} \left[\frac{\langle n|\partial_{R^\mu}\hat{H}|n'\rangle \langle n'|\partial_{R^\nu}\hat{H}|n\rangle}{(E_n - E_{n'})^2} - (\nu \leftrightarrow \mu) \right]. \tag{7.25}$$

为了得到最后一步，(i) 对于 $n' = n$，我们利用了 $\partial_R(\langle n|n\rangle) = \langle \partial_R n|n\rangle + \langle n|\partial_R n\rangle = 0$，因此有

$$\langle \partial_{R^\mu} n|n\rangle \langle n|\partial_{R^\nu} n\rangle - (\nu \leftrightarrow \mu)$$
$$= [-\langle n|\partial_{R^\mu} n\rangle] \cdot [-\langle \partial_{R^\nu} n|n\rangle] - \langle \partial_{R^\nu} n|n\rangle \langle n|\partial_{R^\mu} n\rangle$$
$$= 0. \tag{7.26}$$

(ii) 对于 $n' \neq n$ 的情况，我们使用了 $\langle n|\partial_R\hat{H}|n'\rangle = (E_n - E_{n'})\langle \partial_R n|n'\rangle$，其推导如下：

$$\partial_R \langle n|\hat{H}|n'\rangle = \partial_R E_n \underbrace{\langle n|n'\rangle}_{=0} = 0$$

$$\partial_R \langle n|\hat{H}|n'\rangle = \langle \partial_R n|\hat{H}|n'\rangle + \langle n|\partial_R \hat{H}|n'\rangle + \langle n|H|\partial_R n'\rangle$$
$$= E_{n'}\langle \partial_R n|n'\rangle + \langle n|\partial_R \hat{H}|n'\rangle + E_n \langle n|\partial_R n'\rangle$$
$$\downarrow 0 = \partial_R \langle n|n'\rangle = \langle \partial_R n|n'\rangle + \langle n|\partial_R n'\rangle$$
$$= (E_{n'} - E_n)\langle \partial_R n|n'\rangle + \langle n|\partial_R \hat{H}|n'\rangle$$
$$\Rightarrow \langle n|\partial_R \hat{H}|n'\rangle = (E_n - E_{n'})\langle \partial_R n|n'\rangle. \tag{7.27}$$

经过一系列推导之后，我们再回过头来看一下其中的物理意义。在初始时刻，我们假设系统处在第 n 个本征态。在绝热演化以后，该系统的波函数同时获得了动力学相位和 Berry 相位。动力学相位其实代表了能级 E_n 随时间变化的历史，也就是记录了第 n 个本征态的贡献。然而，从表达式 (7.23) 中可以看到，Berry 相位却代表了除第 n 个本征态以外的其他所有本征态的贡献。正如 Berry 在原文中所说，"*The remarkable and rather mysterious result of this paper is that in addition the system records its history in a deeply geometrical way, whose natural formulation (7.23) involves phase functions hidden in parameter-space regions which the system has not visited.*"（"颇值得注意，甚至令人感到神秘的是，系统以一种极为几何的方式记录了演化的历史，这里得到的几何相位表达式包含了来自于一个隐藏参数空间的贡献，而这个空间是系统本身未曾遍历过的。"）

除此之外，式 (7.23) 还蕴藏了另一个有意思的现象。不难验证，当考虑所有

能级时，总的 Berry 曲率为零，即

$$\sum_n \Omega_{\mu\nu}^n(\boldsymbol{R}) = 0. \tag{7.28}$$

这个现象有时候也被叫做 Berry 曲率的局域守恒定律[226]。

最后值得说明的是，这里的推导是基于系统本征态非简并的情况。而当出现简并的时候，比如 N 重简并，这里的几何相位将变成用 $U(N)$ 矩阵表示的非阿贝尔相位[226]。与此同时，这一几何相位的概念同样可以拓展到非绝热演化的情况，从而更加突出了其中的几何本质[224]。

接下来我们讲解一下在 AB 效应中的应用。

作为量子力学中的一个重要的现象，AB 效应 (Aharonov-Bohm effect) 描述了带电粒子将会受到矢势的影响[228]。该效应可以在我们熟知的电子双缝实验中观测到。在量子力学中我们已经知道，电子束在经过不同路径之后会出现干涉条纹。再进一步，如果在这两条路径所包围区域的垂直方向放置一个很长的螺线管，注意这里"很长"的意思是指电子经过的地方感受不到任何电磁场。试问，该螺线管的出现是否会影响到干涉条纹？乍看起来，既然电子经过的地方无电磁场，它们就不会受到洛伦兹力的作用，因此干涉图案就不会发生任何变化。然而，在 1959 年发表的文章中，Aharonov 和 Bohm 指出，这样的干涉条纹将会随着螺线管内磁场的变化而变化①。就在该工作发表不到一年的时间里，R. G. Chamber 随即报告了在实验中观测到了该现象。即便有了 Chamber 的实验工作，由于在当时该现象是那么不自然和反直觉，人们还是一直不能达成共识。例如，表示怀疑的人会说实验上没办法保证电子经过的地方完全不受螺线管所产生电磁场的影响等。直到 1986 年，Tonomura 课题组漂亮的实验工作完美地和理论预测相吻合[231]，同时打消了所有的质疑[228]。

其实在 Tonomura 的标志性实验之前，Berry 在 1984 年的文章中就指出 AB 效应可以被理解成一种几何相位的特殊应用[227]。虽然在电子经过的地方磁场为零，但是至少在数学上，矢势 $\boldsymbol{A}$ 是可以存在的。根据斯托克斯定理，螺线管内的磁通 Φ 既可以表示成对螺线管内磁场的面积分，也可以表示成对螺线管外矢势沿着某闭合路径 $\mathcal{C}$ 的线积分，即

$$\Phi = \oint_{\mathcal{C}} \boldsymbol{A} \cdot \mathrm{d}\boldsymbol{R}. \tag{7.29}$$

---

① 历史上，我们今天熟知的 AB 效应其实最早是由 W. Ehrenberg 和 R. E. Siday 于 1949 年以一种半经典 (semiclassical) 的方式预测到[229]。直到 Aharonov 和 Bohm 于 1959 年的文章发表了以后，Bohm 才了解到 Ehrenberg 和 Siday 的工作。在随后 1961 年的文章中，Bohm 和 Aharonov 开篇便指出了 Ehrenberg 和 Siday 的工作[230]。

这样一来，电子在空间中运动之后，波函数就会受矢势的影响而获得额外的相位 $\varphi = -e/\hbar \int \boldsymbol{A} \cdot \mathrm{d}\boldsymbol{R}$. 因此，被分成两束的电子经过不同路径在屏幕上相遇以后，即形成了一个封闭路径，这两束电子波函数同时也将获得一个相位差，

$$\Delta\varphi = -\frac{e}{\hbar} \oint_{\mathcal{C}} \boldsymbol{A} \cdot \mathrm{d}\boldsymbol{R} = -\frac{e}{\hbar} \varPhi = \gamma_n(\mathcal{C}). \tag{7.30}$$

这个相位差正是式 (7.20) 所表达的 Berry 相位。这里的矢势正好发挥了 Berry 联络的作用。

　　为了对其中的几何性质有一个更直观的理解，我们可以将 AB 效应中的几何相位类比成一个向量在圆锥面上做平行移动所转动的角度[224]。如图 7.2(b) 所示，一个圆锥面可以由一张扇形纸的两个直边重叠而形成。在这个过程中，由于纸并没有被拉伸或者压缩，所以除了顶点之外，圆锥面上的曲率和平面纸的一样都为零。如此一来，一个向量在锥面上做平行移动的话，就和在平面上一样。然而，如果这个向量沿某闭合路径绕着顶点做平行移动，回到起始点以后它将被转动一个角度 θ (因为在扇形平面内，该向量分别在直线 MN 的两边)。我们可以按如下的方式将该现象和 AB 效应相联系。圆锥面的顶点对应着螺线管内的磁场，曲率为零的圆锥面 (不包含顶点) 对应着螺线管以外的区域 (磁场为零)。这样一来，向量旋转的角度 θ 便对应着沿不同路径的两个波函数的相位差，即 Berry 相位。

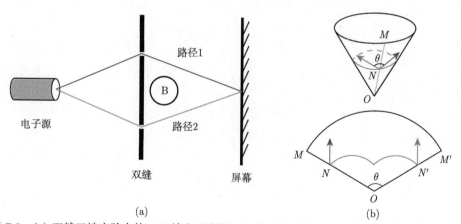

(a)　　　　　　　　　　　　　(b)

图 7.2　(a) 双缝干涉实验中的 AB 效应示意图。电子束经过路径 1 和 2 之后在屏幕上形成干涉条纹。由于螺线管内的磁场 $\boldsymbol{B}$ 决定了经过不同路径的两束电子之间的相位差 (即几何相位)，因此螺线管内的磁场变化将同时改变屏幕上的干涉条纹。(b) 向量在圆锥面上的平行移动。该圆锥面可以由扇形的两边 OM 和 OM' 重叠而形成。考虑一个向量绕着顶点做平行移动，在回到起始点之后，该向量将会旋转一个角度 θ。该角度可类比于 AB 效应中电子波函数所获得的几何相位，圆锥的顶点对应于含有磁场的螺线管

7.2.3　陈数

根据式 (7.22) 我们已经知道，Berry 相位可以表示成对 Berry 曲率的面积分。有意思的是，如果所积分的曲面是一个闭合的曲面 $\mathcal{S}$，比如球面或者环面，那么对 Berry 曲率在 $\mathcal{S}$ 内的面积分将给出 2π 的整数倍，即

$$\oiint_{\mathcal{S}} \Omega \cdot \mathrm{d}\boldsymbol{S} = 2\pi C. \tag{7.31}$$

这里的整数 C 叫做第一类陈数 (Chern number of the first class, or the first Chern number)。如果把 Berry 曲率类比成磁场，那么陈数 C 便对应该闭合曲面内磁单极子 (magnetic monopole) 的个数。

对于式 (7.31) 的证明，与狄拉克理论中对磁单极子的量子化的证明类似[232]。为了简便起见，我们考虑一个在参数 $\boldsymbol{R}$ 空间中以原点为中心的球面 $\mathcal{S}$。假设 Berry 曲率 $\Omega(\boldsymbol{R})$ 除了在圆心 $\boldsymbol{R}=0$ 处有奇点以外，在球面上均取有限值。将曲面 $\mathcal{S}$ 沿着赤道切成两半之后，式 (7.31) 中的积分便被分成对两个非闭合曲面的积分。我们把该两个曲面标记成 $\mathcal{S}_+$ 和 $\mathcal{S}_-$，且用 $\mathcal{C}$ 表示它们共同的边界。注意到这两个曲面的法向量 $\boldsymbol{n}$ 不同，我们可以把式 (7.31) 改写成如下形式：

$$\begin{aligned}
\oiint_{\mathcal{S}} \Omega \cdot \mathrm{d}\boldsymbol{S} &= \iint_{\mathcal{S}_+} \Omega \cdot \boldsymbol{n}\mathrm{d}S + \iint_{\mathcal{S}_-} \Omega \cdot \boldsymbol{n}\mathrm{d}S \\
&= \oint_{\mathcal{C}} \mathcal{A}_+ \cdot \mathrm{d}\boldsymbol{R} - \oint_{\mathcal{C}} \mathcal{A}_- \cdot \mathrm{d}\boldsymbol{R} \\
&= \gamma_+(\mathcal{C}) - \gamma_-(\mathcal{C}) = 2\pi \times \text{integer}.
\end{aligned} \tag{7.32}$$

这里的 $\mathcal{A}_\pm$ 为同一个闭合路径 $\mathcal{C}$ 上的 Berry 联络，所以它们之间可以通过某种规范变换相联系。如此一来，以上积分式便被表达成同一闭合路径上的 Berry 相位的差值。如式 (7.18) 所讨论的那样，经过规范变换后的 Berry 相位自然地相差 2π 的整数倍。因此，式 (7.31) 也自然地得到了证明。

这里值得强调的是，量子霍尔效应中一个非常重要的拓扑不变量就是陈数，即整数量子霍尔电导中的整数。前面介绍部分已经提到，整数量子霍尔电导的详细表达式早先由 D. J. Thouless 及其合作者在 1982 年的 TKNN 公式中给出[205]。借助微分几何学中的概念，B. Simon 不但指出"神秘的"Berry 相位其实对应着某种完整群 (holonomy group)，同时他还将 Berry 的工作和 TKNN 公式联系起来[206]。如此一来，微分几何学中的陈数便很自然地被用来理解 TKNN 公式中的整数。由于这其中的拓扑几何性质，量子霍尔效应打开了研究量子拓扑现象的新篇章。在接下来的章节中，我们将进一步将上述的 Berry 相位、陈数等概念运用到含有周期性势阱的晶格系统中，同时也为后续讨论其在冷原子中的应用做准备。

7.2.4 在能带理论中的应用：Zak 相位

在本书第二章，我们已经对一维晶格系统中的能带理论有所了解，并且知道周期性势阱导致了能带结构的出现，其对应的是哈密顿量本征值的性质。实际上，晶格系统中的能带一样可以具有拓扑的性质，它主要由系统的本征态决定，即与波函数如何在布里渊区 (Brillouin zone) 中变化有关。

考虑一个具有周期性势阱 $V(\boldsymbol{r}) = V(\boldsymbol{r} + \boldsymbol{a})$ 的单粒子系统，可以用如下哈密顿量来描述：

$$\hat{H} = -\frac{\hbar^2}{2m}\nabla^2 + V(\boldsymbol{r}), \tag{7.33}$$

这里我们用向量 $\boldsymbol{r}$ 来表示粒子的空间坐标 (因此不局限于一维)，$\boldsymbol{a}$ 表示主格矢 (primitive vector)，同时运用了动量算符在坐标表象下的形式 $\hat{p} = -i\hbar\nabla$。由于系统的空间平移对称性 (translational symmetry)，根据布洛赫定理 (Bloch's theorem) 可以假设本征态波函数具有如下形式：

$$\psi_{n\boldsymbol{q}}(\boldsymbol{r}) = e^{i\boldsymbol{q}\cdot\boldsymbol{r}}u_{n\boldsymbol{q}}(\boldsymbol{r}). \tag{7.34}$$

这里的周期性函数 $u_{n\boldsymbol{q}}(\boldsymbol{r}) = u_{n\boldsymbol{q}}(\boldsymbol{r} + \boldsymbol{a})$ 具有和晶格一样的周期，因此以上波函数满足

$$\psi_{n\boldsymbol{q}}(\boldsymbol{r} + \boldsymbol{a}) = e^{i\boldsymbol{q}\cdot\boldsymbol{a}}\psi_{n\boldsymbol{q}}(\boldsymbol{r}), \tag{7.35}$$

其中，n 为能带指标；$\boldsymbol{q}$ 表示波矢。由于 $\boldsymbol{q}$ 发挥了连续系统中动量的作用，因此它通常被叫做准动量 (quasi-momentum)，或者晶格动量 (crystal momentum)。另外，由于坐标空间的平移不变性，波矢在倒易空间 (reciprocal space) 中同样具有周期性，即在倒格矢 $\boldsymbol{G}$ 的作用下，波矢 $\boldsymbol{q} \to \boldsymbol{q} + \boldsymbol{G}$ 保持不变。这里的倒格矢的分量 G_i 与主格矢分量 a_j 满足 $G_i \cdot a_j = 2\pi\delta_{ij}$。我们通常把倒易空间中的最小重复单元叫做第一布里渊区 (first Brillouin zone，FBZ)。

将式 (7.34) 运用到薛定谔方程 $\hat{H}\psi_{n\boldsymbol{q}}(\boldsymbol{r}) = E_{n\boldsymbol{q}}\psi_{n\boldsymbol{q}}(\boldsymbol{r})$ 中，很容易得到关于 $u_{n\boldsymbol{q}}(\boldsymbol{r})$ 的方程[①]，即

$$\underbrace{\left[-\frac{\hbar^2}{2m}\left(\nabla + i\boldsymbol{q}\right)^2 + V(\boldsymbol{r})\right]}_{\hat{H}_{\boldsymbol{q}}}u_{n\boldsymbol{q}}(\boldsymbol{r}) = E_{n\boldsymbol{q}}u_{n\boldsymbol{q}}(\boldsymbol{r}). \tag{7.36}$$

与初始的哈密顿量不同的是，现在新的哈密顿量 $\hat{H}_{\boldsymbol{q}}$ 和函数 $u_{n\boldsymbol{q}}(\boldsymbol{r})$ 一样都依赖于 $\boldsymbol{q}$。如此一来，$\boldsymbol{q}$-空间便组成了哈密顿量的一个参数空间。在用波矢 $\boldsymbol{q}$ 取代参

---

① 这里的结果同样可以通过幺正变换 $u_{n\boldsymbol{q}}(\boldsymbol{r}) = e^{-i\boldsymbol{q}\cdot\boldsymbol{r}}\psi_{n\boldsymbol{q}}(\boldsymbol{r})$，$\hat{H}_{\boldsymbol{q}} = e^{-i\boldsymbol{q}\cdot\boldsymbol{r}}\hat{H}e^{i\boldsymbol{q}\cdot\boldsymbol{r}}$ 得到。

数 $\boldsymbol{R}$ 之后，前文所述的 Berry 相位等概念可以很自然地在晶格的准动量空间得到应用。

前面我们已经知道，Berry 相位需要对应于参数空间的一条闭合路径。然而，考虑到准动量空间中的周期性，连接 $\boldsymbol{q}$ 和 $\boldsymbol{q}+\boldsymbol{G}$ 的路径即为一条闭合路径。因此，在将 Berry 的想法应用准动量空间之后，Zak 在 1989 年的文章中给出了对应于能带的几何相位，

$$\gamma_n^{\text{Zak}} = \mathrm{i} \int_{\boldsymbol{q}}^{\boldsymbol{q}+\boldsymbol{G}} \mathrm{d}\boldsymbol{q} \cdot \langle u_{n\boldsymbol{q}} | \nabla_{\boldsymbol{q}} u_{n\boldsymbol{q}} \rangle. \tag{7.37}$$

像这样连接布里渊区边界的一条路径所对应的几何相位也被叫做 Zak 相位。一般来讲，许多一维晶格系统的拓扑性质，都可以由非平庸的 Zak 相位来描述[226]。比如在具有镜像对称性的一维晶格中，Zak 相位可以取值 0 或者 π，分别对应于拓扑平庸和非平庸的性质。

对于二维或者三维晶格系统，准动量空间中的 Berry 相位本身可以具有复杂的结构[233]。以二维晶格系统为例，对于整个能带而言，其拓扑性质可以同样由前文所述的第一类陈数来描述。即在对 Berry 曲率 $\Omega_{n\boldsymbol{q}}$ 在第一布里渊区内的积分之后，我们便得到了对应于能带 n 的陈数

$$2\pi C_n = \iint_{BZ} \Omega_{n\boldsymbol{q}} \cdot \mathrm{d}^2 q, \tag{7.38}$$

这里的 $\Omega_{n\boldsymbol{q}}$ 可以根据式 (7.23) 计算得到。陈数非零的能带通常也被叫做陈带 (Chern band)。值得注意的是，由于 Berry 曲率本身的局域守恒性质，见式 (7.28)，所有布洛赫能带的陈数之和也为零，即

$$\sum_n C_n = 0. \tag{7.39}$$

值得注意的是，对于具有时间反演对称性 (time reversal symmetry) 的系统，每个布洛赫能带的陈数都将是零，这是因为在做时间反演的时候①，我们有 $u_{n,\boldsymbol{q}}(\boldsymbol{r}) \mapsto u_{n,-\boldsymbol{q}}^*(\boldsymbol{r})$，从式 (7.24) 可以看出，这将导致 $\Omega_{n,\boldsymbol{q}} = -\Omega_{n,-\boldsymbol{q}}$。由此一来，为了实现陈带，需要破坏时间反演对称性 (比如可以通过引入复数形式的跃迁系数)。接下来，我们将把上述概念应用于一个典型的拓扑模型，即 Harper-Hofstadter 模型，并探讨该模型的拓扑性质。

---

① 时间反演变换通常意味着时间 $t \mapsto -t$，动量 $k \mapsto -k$，磁场 $B \mapsto -B$，坐标表象下的波函数 $\psi(x) \mapsto \psi^*(x)$。与此同时，空间坐标 $x \mapsto x$ 和电场 $E \mapsto E$ 保持不变[234]。

7.3 Harper-Hofstadter 模型及常见实验方案

Harper-Hofstadter 模型描述的是无相互作用的带电粒子在具有均匀磁场的二维正方晶格中的运动[235, 236]。在晶格的周期性势阱与磁场的共同作用下[1]，该模型的能带将给出漂亮的分型结构，通常被称为 Hofstadter 蝴蝶 (Hofstadter's butterfly)[236]。与此同时，磁场的出现将使得原先的布洛赫能带分裂成几个拓扑能带，这其中的拓扑性质与本征态如何在准动量空间中变化有关。接下来，我们将详细地考察这件事情。

7.3.1 Peierls 替换

前面我们已经知道，紧束缚模型可以很好地被用来描述晶格系统。比如对于无相互作用的粒子，我们可以有如下形式的哈密顿量：

$$\hat{H}_0 = -J \sum_{\langle \ell, \ell' \rangle} \hat{a}_{\ell'}^\dagger \hat{a}_\ell, \tag{7.40}$$

这里，$\hat{a}_\ell$ ($\hat{a}_\ell^\dagger$) 为粒子在格点 ℓ 处的湮灭 (产生) 算符。$J > 0$ 为跃迁强度，代表了粒子由于跃迁所获得的动能。

在量子力学中我们还知道，晶格中的带电粒子在磁场 $\boldsymbol{B} = \nabla \times \boldsymbol{A}$ 的作用下，矢势 $\boldsymbol{A}$ 会通过 Peierls 变换的方式出现在哈密顿量的跃迁相位中，即

$$\hat{H}_0 \to \hat{H}_0' = -\sum_{\langle \ell, \ell' \rangle} J e^{i\theta_{\ell'\ell}} \hat{a}_{\ell'}^\dagger \hat{a}_\ell, \tag{7.41}$$

其中相位 $\theta_{\ell'\ell}$ 被叫做 Peierls 相位，它与矢势的关系为

$$\theta_{\ell'\ell} = -\frac{e}{\hbar} \int_{\boldsymbol{r}_\ell}^{\boldsymbol{r}_{\ell'}} \boldsymbol{A}(\boldsymbol{r}) \cdot \mathrm{d}\boldsymbol{r}. \tag{7.42}$$

有了这样的对应关系之后，我们可以进一步地来讨论通过每个晶格元胞的磁通量。如图 7.3(a) 所示，粒子在绕着某晶格元胞跃迁一周之后，粒子的波函数将累积跃迁过程中获得的相位，即

$$\Phi_P = \sum_{\ell\ell' \in P} \theta_{\ell'\ell} \equiv 2\pi\alpha. \tag{7.43}$$

---

① 均匀磁场 $\boldsymbol{B}$ 的出现将改变晶格的离散平移不变性，并定义一个与晶格常数不可通约 (incommensurable) 的磁性长度 $\ell_B \propto B^{-1/2}$。

这里的 P 用来标记某个特定的晶格元胞。这里累积下来的相位 Φ_P 可以被看成是穿过元胞 P 的磁通量，它也类似于前述的 AB 相位 (7.30)：

$$\Phi_{AB} = -\frac{e}{\hbar}\oint_C \boldsymbol{A}\cdot\mathrm{d}\boldsymbol{R} \equiv -2\pi\Phi_B/\Phi_0, \tag{7.44}$$

这里，Φ_B 表示路径 C 所包围区域内的磁通量；$\Phi_0 = h/e$ 通常被叫做量子磁通量，h 为普朗克常量。这样一来，参数 $\alpha = \Phi_P/2\pi$ 也就等效为以量子磁通为单位的磁通量 Φ_B/Φ_0。

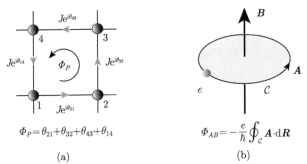

$$\Phi_P = \theta_{21}+\theta_{32}+\theta_{43}+\theta_{14} \qquad\qquad \Phi_{AB}=-\frac{e}{\hbar}\oint_C \boldsymbol{A}\cdot\mathrm{d}\boldsymbol{R}$$

(a) (b)

图 7.3　(a) 粒子绕通过累积跃迁相位而获得的单个晶格元胞磁通量示意图。(b) 电子在磁场 $\boldsymbol{B} = \nabla\times\boldsymbol{A}$ 中沿闭合路径运动获得 AB 相位的示意图。比较 (a) 和 (b) 可以很直观地看到，跃迁相位发挥了矢势 $\boldsymbol{A}$ 的作用，而累积的相位 Φ_P 则等效于单个元胞内的磁通量 (无量纲)

这里要说明的是，以上的讨论都是基于包含带电粒子的晶格系统。但是在光晶格系统中，粒子都是电中性的原子。如果在光晶格系统中直接加磁场，原子感受不到洛伦兹力，也就不会起到模拟磁场中带电粒子的作用。为了解决这样的问题，人们意识到可以通过直接实现复数的跃迁系数来制造所谓的人工规范场。这是合理的，因为根据式 (7.79) 我们可以看出，跃迁相位 $\theta_{\ell'\ell}$ 发挥的正是矢势的作用。在探讨如何实现这样的人工规范场之前，我们先一起来研究该系统中的拓扑性质。

对于具有均匀磁场的二维正方晶格系统，我们可以有如下形式的 Harper-Hofstadter 哈密顿量：

$$\hat{H} = -J\sum_{m,n}\left(\mathrm{e}^{\mathrm{i}\theta_{m,n}^x}\hat{a}_{m+1,n}^\dagger\hat{a}_{m,n} + \mathrm{e}^{\mathrm{i}\theta_{m,n}^y}\hat{a}_{m,n+1}^\dagger\hat{a}_{m,n} + h.c.\right) \tag{7.45}$$

$$= -J\sum_{m,n}\left(\mathrm{e}^{-\mathrm{i}\phi n}\hat{a}_{m+1,n}^\dagger\hat{a}_{m,n} + \hat{a}_{m,n+1}^\dagger\hat{a}_{m,n} + h.c.\right), \tag{7.46}$$

这里 $\hat{a}_{m,n}$ 为格点 (m,n) 上的粒子湮灭算符，其中 m 和 n 分别为 x 和 y 方向上的晶格坐标。不同的 Peierls 相位 $\theta_{m,n}^i$，$i = x,y$ (将反映不同的规范，gauge choice) 将会影响到本征态，但是所有的物理可观测量 (比如能谱、空间粒子数分布等) 将不会随着规范的改变而改变。为了方便讨论，我们通常采用朗道规范 (Landau gauge) 下的 Harper-Hofstadter 哈密顿量 (7.46)。简单来说，这里的朗道规范表示只在水平方向上的跃迁系数为复数，即 $(\theta^x_{m,n}, \theta^y_{m,n}) = (-\phi n, 0)$。我们可以很容易验证，当粒子绕过任何一个晶格元胞的时候，波函数将累计获得跃迁相位 (人工规范势) ϕ, 即为穿过每个晶格元胞的磁通量，如图 7.4(a) 所示。

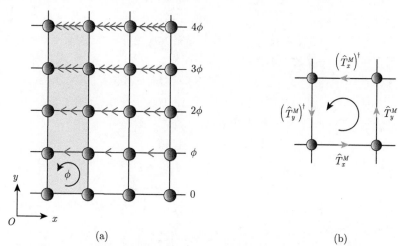

(a)   (b)

图 7.4 (a) 朗道规范下的 Harper-Hofstadter 模型示意图。这里的每一个箭头代表一个 ϕ。对于 $\alpha = \phi/2\pi = 1/4$, 一个磁元胞如阴影部分所示。(b) 将磁性平移算符作用于一个晶格元胞示意图。逆时针作用一周之后将给出相位 ϕ, 即 $\left(\hat{T}^M_y\right)^\dagger \left(\hat{T}^M_x\right)^\dagger \hat{T}^M_y \hat{T}^M_x |\psi\rangle = \mathrm{e}^{\mathrm{i}\phi}|\psi\rangle$

7.3.2 周期性边界条件：拓扑能带

布洛赫定理之所以能够应用于具有周期性势阱的晶格系统中，是由于该系统具有离散型平移对称性。它同时也保证了准动量守恒以及布洛赫能带的存在。然而，当晶格系统中出现磁场以后，这里的平移对称性将被改变。

1. 布洛赫定理的推广

为了揭示这里新出现的对称性，对于单粒子而言，我们定义如下形式的磁性平移算符 (magnetic translation operator, MTO)[237,238]：

$$\hat{T}^M_x = \sum_{m,n} \mathrm{e}^{-\mathrm{i}\chi^x_{m,n}}|m+1,n\rangle\langle m,n|, \quad \hat{T}^M_y = \sum_{m,n} \mathrm{e}^{-\mathrm{i}\chi^y_{m,n}}|m,n+1\rangle\langle m,n|. \quad (7.47)$$

这里的晶格基矢 $\{|m,n\rangle\}$ 可以通过 $|m,n\rangle = \hat{a}^\dagger_{m,n}|0\rangle$ 来定义，其中 $|0\rangle$ 为真空态。我们可以通过对易关系 $[\hat{T}^M_{x,y}, \hat{H}] = 0$ 来得到关于相位 $\chi^{x,y}_{m,n}$ 的表达式，即

$$\chi^x_{m,n} = \theta^x_{m,n} + \phi n, \quad \chi^y_{m,n} = \theta^y_{m,n} - \phi m. \quad (7.48)$$

这里的 ϕ 表示的是穿过单个晶格元胞的磁通量，可以写成 $\phi = \theta^x_{m,n} + \theta^y_{m+1,n} - \theta^x_{m,n+1} - \theta^y_{m,n}$。

思考题 7-3　试结合式 (7.45) 验证该对易关系 $[\hat{T}^M_{x,y}, \hat{H}] = 0$。

提示 7-3　可以将对易式作用于某一任意单粒子态 $|i,j\rangle = \hat{a}^\dagger_{i,j}|0\rangle$ 来得到。

有意思的是，这里的磁性平移算符满足

$$\hat{T}^M_x \hat{T}^M_y = \mathrm{e}^{-\mathrm{i}\phi} \hat{T}^M_y \hat{T}^M_x. \tag{7.49}$$

上式表明，在将磁性平移算符作用于单个晶格元胞之后，将给出一个相位因子，该相位因子正是对应于穿过该晶格元胞的磁通量，如图 7.4(b) 所示。这样一来，我们可以通过连续地作用 $\hat{T}_x$, $\hat{T}_y$，从而使得穿过某"超级元胞"的磁通量为 2π 的整数倍。具体来讲，通过 $(\hat{T}^M_x)^k$ 我们可以使得粒子在 x 方向上平移 k 个晶格常数，并且通过 $(\hat{T}^M_y)^l$ 在 y 方向上平移 l 个晶格常数，即

$$\left(\hat{T}^M_x\right)^k \left(\hat{T}^M_y\right)^l = \left(\hat{T}^M_x\right)^{k-1} \mathrm{e}^{-\mathrm{i}\phi \cdot l} \left(\hat{T}^M_y\right)^l \hat{T}^M_x = \mathrm{e}^{-\mathrm{i}\phi \cdot kl} \left(\hat{T}^M_y\right)^l \left(\hat{T}^M_x\right)^k. \tag{7.50}$$

这样一来，对于有理数磁通 $\phi = 2\pi p/q$，其中 p, q 互为质数，当保证 kl 为 q 的整数倍的时候，我们有如下对易关系：

$$[(\hat{T}^M_x)^k, (\hat{T}^M_y)^l] = 0. \tag{7.51}$$

这里的最小"超级元胞"通常被叫做磁元胞 (magnetic unit cell)。

不难验证，这里新的算符 $(\hat{T}^M_x)^k$, $(\hat{T}^M_y)^l$ 与哈密顿量 $\hat{H}$ 即式 (7.46) 对易。基于这里新的平移对称性，对于单粒子波函数 $\Psi_{m,n}$，我们可以将布洛赫定理推广为如下形式：

$$\begin{aligned} (\hat{T}^M_x)^k \Psi_{m,n} &= \Psi_{m+k,n} = \mathrm{e}^{\mathrm{i}k_x ka}\Psi_{m,n}, \\ (\hat{T}^M_y)^l \Psi_{m,n} &= \Psi_{m,n+l} = \mathrm{e}^{\mathrm{i}k_y la}\Psi_{m,n}, \end{aligned} \tag{7.52}$$

其中，a 为晶格常数；k_x, k_y 被定义在第一磁性布里渊区 (magnetic Brillouin zone) 内，即 $-\pi/(ka) \leqslant k_x < \pi/(ka)$，$-\pi/(la) \leqslant k_y < \pi/(la)$。

对于朗道规范下的哈密顿量 (7.46)，我们可以将互为对易的磁性平移算符写成

$$\begin{aligned} \hat{T}^M_x &= \sum_{m,n} |m+1,n\rangle\langle m,n|, \\ \left(\hat{T}^M_y\right)^q &= \sum_{m,n} \mathrm{e}^{\mathrm{i}\phi mq}|m,n+q\rangle\langle m,n| = \sum_{m,n} |m,n+q\rangle\langle m,n|, \end{aligned} \tag{7.53}$$

其中, 我们选取的磁元胞尺寸为 $(1 \times q)$. 这样一来, 推广的布洛赫定理 (7.52) 可以表达为

$$
\begin{aligned}
\hat{T}_x^M \Psi_{m,n} &= \Psi_{m+1,n} = \mathrm{e}^{\mathrm{i}k_x a} \Psi_{m,n}, \\
(\hat{T}_y^M)^q \Psi_{m,n} &= \Psi_{m,n+q} = \mathrm{e}^{\mathrm{i}k_y qa} \Psi_{m,n}.
\end{aligned}
\tag{7.54}
$$

与此同时, 对于任意波函数, 我们可以做如下拟设:

$$
\Psi_{m,n} = \mathrm{e}^{\mathrm{i}k_x ma} \mathrm{e}^{\mathrm{i}k_y na} \psi_n, \quad \psi_{n+q} = \psi_n.
\tag{7.55}
$$

其中 k_x, k_y 满足 $-\pi/a \leqslant k_x < \pi/a, -\pi/(qa) \leqslant k_y < \pi/(qa)$.

2. 本征能谱

为了得到系统的本征能谱, 我们可以将任一单粒子态在晶格基矢下表示为

$$
|\Psi\rangle = \sum_{m,n} \Psi_{m,n} |m,n\rangle,
\tag{7.56}
$$

因此 $|\Psi_{m,n}|^2$ 代表的是在格点 (m,n) 处的粒子数概率密度. 将以上表达式代入关于哈密顿量 (7.46) 的本征方程 $\hat{H}|\Psi\rangle = E|\Psi\rangle$, 我们有

$$
\hat{H}|\Psi\rangle = -J \sum_{m,n} (\mathrm{e}^{-\mathrm{i}\phi n} \Psi_{m,n} |m+1,n\rangle + \mathrm{e}^{\mathrm{i}\phi n} \Psi_{m+1,n} |m,n\rangle
$$

$$
+ \Psi_{m,n} |m,n+1\rangle + \Psi_{m,n+1} |m,n\rangle).
\tag{7.57}
$$

通过将左矢 $\langle m,n|$ 作用上式, 我们有关于分量 $\Psi_{m,n}$ 的以下表达式:

$$
\begin{aligned}
E\Psi_{m,n} &= \langle m,n|E|\Psi\rangle \\
&= \langle m,n|\hat{H}|\Psi\rangle = -J \left(\mathrm{e}^{-\mathrm{i}\phi n} \Psi_{m-1,n} + \mathrm{e}^{\mathrm{i}\phi n} \Psi_{m+1,n} + \Psi_{m,n-1} + \Psi_{m,n+1} \right)
\end{aligned}
\tag{7.58}
$$

通过将上式和推广形式下的布洛赫定理 (7.55) 结合, 我们可以得到

$$
E\psi_n = -J \left[2\cos(\phi n + k_x a)\psi_n + \mathrm{e}^{-\mathrm{i}k_y a}\psi_{n-1} + \mathrm{e}^{\mathrm{i}k_y a}\psi_{n+1} \right].
\tag{7.59}
$$

由于在平移一个磁元胞 $(1 \times q)$ 之后, 系统具有不变性, 因此以上方程可以被简化成求解关于一个 $q \times q$ 矩阵的本征值问题,

$$
E(\boldsymbol{k}) \begin{pmatrix} \psi_0 \\ \psi_1 \\ \vdots \\ \psi_{q-1} \end{pmatrix} = \hat{H}(\boldsymbol{k}) \begin{pmatrix} \psi_0 \\ \psi_1 \\ \vdots \\ \psi_{q-1} \end{pmatrix},
\tag{7.60}
$$

其中哈密顿量的矩阵形式为

$$\hat{H}(\boldsymbol{k}) = -J \begin{pmatrix} h_0 & \mathrm{e}^{\mathrm{i}k_y a} & 0 & 0 & \cdots & \mathrm{e}^{-\mathrm{i}k_y a} \\ \mathrm{e}^{-\mathrm{i}k_y a} & h_1 & \mathrm{e}^{\mathrm{i}k_y a} & 0 & \cdots & 0 \\ 0 & \mathrm{e}^{-\mathrm{i}k_y a} & h_2 & \mathrm{e}^{\mathrm{i}k_y a} & \cdots & 0 \\ 0 & 0 & \mathrm{e}^{-\mathrm{i}k_y a} & h_3 & \cdots & 0 \\ \vdots & \vdots & \vdots & \vdots & & \vdots \\ \mathrm{e}^{\mathrm{i}k_y a} & 0 & 0 & 0 & \cdots & h_{q-1} \end{pmatrix}. \tag{7.61}$$

这里为了简便我们引入 $h_n = 2\cos(\phi n + k_x a)$。要说明的是，左上角和左下角的两项 $\mathrm{e}^{\pm\mathrm{i}k_y a}$ 是由于周期性边界条件 $\psi_{-1} = \psi_{q-1}, \psi_q = \psi_0$ 所导致，见式 (7.55)。

在零磁通的情况下 (也因此有 $\psi_{n-1} = \psi_n = \psi_{n+1}$)，根据式 (7.59) 我们可以得单个布洛赫能带的色散关系 $E(\boldsymbol{k}) = -2J[\cos(k_x a) + \cos(k_y a)]$。在出现均匀磁通 $\phi = 2\pi\alpha = 2\pi p/q$ 之后，这样的单个布洛赫能带被分裂成 q 个能带，其对应的色散关系 $E_\mu(\boldsymbol{k})$ ($\mu = 1, \cdots, q$) 可以通过求解关于以上矩阵 (7.61) 的本征问题得到。对于有理数的 α，我们容易得到著名的 Hofstadter 蝴蝶，如图 7.5(a) 所示。以 $\alpha = 1/4$ 为例，我们看到该模型给出四个能带，如图 7.5(b) 所示。接下来，我们将通过计算陈数来考察该能带的拓扑性质。

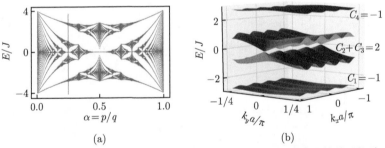

图 7.5　(a) Hofstadter 蝴蝶，竖直红线对应于 $\alpha = 1/4$，该结果通过计算关于矩阵 (7.61) 的本征方程得到，其中采用了 $q = 400$，$p = 1, 2, \cdots, q-1$；(b) $\alpha = 1/4$ 情况下的单粒子能谱。最下面及最上面能带的陈数为 -1，中间有接触的两个能带共同给出陈数为 2

3. 陈数的计算

我们知道本征值给出的是能带，而本征态则决定了能带的拓扑性质，而且该拓扑性质往往通过计算陈数来刻画。通过求解本征方程 (7.60)，对应第 j 个能带的陈数可以根据式 (7.38) 计算得到，即

$$2\pi C_j = \iint_{BZ} \Omega_{j\boldsymbol{k}} \cdot \mathrm{d}k_x \mathrm{d}k_y, \tag{7.62}$$

$$\Omega_{j\mathbf{k}} \equiv \boldsymbol{\Omega}_j(k_x, k_y) = \mathrm{i}\left[\langle\partial_{k_x}j|\partial_{k_y}j\rangle - \langle\partial_{k_y}j|\partial_{k_x}j\rangle\right] \tag{7.63}$$

$$= \mathrm{i}\left[\sum_{j'\neq j}\frac{\langle j|\partial_{k_x}\hat{H}|j'\rangle\langle j'|\partial_{k_y}\hat{H}|j\rangle}{\left(E_j - E_{j'}\right)^2} - (k_x \leftrightarrow k_y)\right], \tag{7.64}$$

这里我们采用了以下简写形式 $|j\rangle \equiv |j(k_x, k_y)\rangle$, $|\partial_k j\rangle \equiv \partial|j\rangle/\partial k$。这里要说明的是，从理论上讲我们可以通过式 (7.63) 或者式 (7.64) 来计算 Berry 曲率。然而，式 (7.63) 需要用到对本征态的偏导。由于本征态可以伴随着任意一个相位因子 (对应着某种规范)，我们并不能保证该相位因子在准动量空间中是连续变化的，所以采用式 (7.63) 并不是一个有效的方法。由于式 (7.64) 中只涉及对哈密顿量的偏导，这在实际计算尤其是数值计算上变得非常有效。对于式 (7.64) 的推导可以参见式 (7.23)。

通过对准动量空间做如下离散化:

$$k_x = 2\pi\frac{n_x}{N_x}, \quad n_x = 0, 1, \cdots, N_x - 1,$$
$$k_y = \frac{2\pi}{q}\frac{n_y}{N_y}, \quad n_y = 0, 1, \cdots, N_y - 1, \tag{7.65}$$

并且当整数 N_x, N_y 足够大的时候，上式的积分可以转化为求和，因此可以得到陈数。如图 7.6 所示，我们以 $\alpha = 1/4, 4/9$ 为例，可以得到最低能带的陈数分别为 $C_1 = -1, 2$ (这里的正负号与约定的磁场方向有关)。

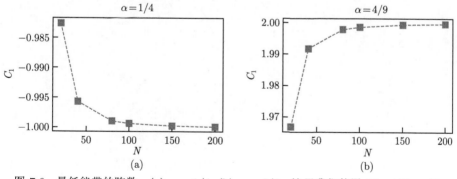

图 7.6 最低能带的陈数: (a) $\alpha = 1/4$, (b) $\alpha = 4/9$。这里我们使用 $N_x = N_y = N$

我们可以运用同样的方法得到其他分立能带的陈数。这里的分立能带主要指两个能带之间有带隙，而这样的带隙在一定程度上决定了拓扑性质的鲁棒性 (robustness)。从一个拓扑平庸态到一个拓扑非平庸态的转变，往往伴随着能带的闭合而后重新打开，也同时伴随着陈数从零到非零整数的变化。对于能带中出现简并的情况，如图 7.5(b) 所示中间两个能带，式 (7.64) 并不适用。我们可以通过式 (7.39)，即所有能带陈数的和为零这一性质，得到中间两个能带的陈数为 $C_{\mathrm{mid}} = C_2 + C_3 = -C_1 - C_4 = 2$，其中最上面的能带陈数为 $C_4 = C_1 = -1$。关于陈数的计算，也可以参考丢番图方程[238,239] 或者其他数值方法，如参考文献 [240]。

4. 关于对称性的考量

最后要说明的是，根据上面的计算，我们可以发现最低能带的陈数和最高能带的陈数相同。其实这并非偶然，而主要是由系统的粒子–空穴对称性 (particle hole symmetry) 所决定。我们已经知道，时间反演对称性的破坏会给出非零的陈数；磁性平移对称性保证了推广下的布洛赫定理。对于 Harper-Hofstadter 模型，另一个重要的对称性是粒子–空穴对称性，它保证了系统的能谱和陈数关于能量零点 $E = 0$ 对称。接下来我将更详细地来看待这件事情。

在式 (7.58) 中，对波函数做变换 $\Psi_{m,n} \to \tilde{\Psi}_{m,n} = (-1)^{m+n} \Psi_{m,n}$ 之后可以得到

$$-E\tilde{\Psi}_{m,n} = -J \left(\mathrm{e}^{-\mathrm{i}\phi n} \tilde{\Psi}_{m-1,n} + \mathrm{e}^{\mathrm{i}\phi n} \tilde{\Psi}_{m+1,n} + \tilde{\Psi}_{m,n-1} + \tilde{\Psi}_{m,n+1} \right). \tag{7.66}$$

将上式与式 (7.58) 相比较可以发现，如果存在一个对应于能量 E 的波函数 $\Psi_{m,n}$，那么也同时存在一个对应于能量 $-E$ 的波函数 $\tilde{\Psi}_{m,n}$，因此本征能谱将关于 $E = 0$ 对称。

根据推广下的布洛赫定理 (7.52)，对于新的波函数 $\tilde{\Psi}_{m,n}$，我们可以做一个类似于式 (7.55) 的拟设，即

$$\tilde{\Psi}_{m,n} = \mathrm{e}^{\mathrm{i}k_x ma} \mathrm{e}^{\mathrm{i}k_y na} \tilde{\psi}_n, \quad \tilde{\psi}_{n+q} = \tilde{\psi}_n. \tag{7.67}$$

结合式 (7.66)，我们可以得到

$$E\tilde{\psi}_n = -J \left[2\cos(\phi n + k_x a + \pi)\tilde{\psi}_n + \mathrm{e}^{-\mathrm{i}(k_y a+\pi)} \tilde{\psi}_{n-1} + \mathrm{e}^{\mathrm{i}(k_y a+\pi)} \tilde{\psi}_{n+1} \right], \tag{7.68}$$

其中能量 $-E$ 中的负号体现在等式右边准动量上多了一个 π。因此，式 (7.59) 和式 (7.68) 的相似性给出对应于正负能量的本征波函数满足如下关系式：

$$\psi_n(k_x, k_y) = \tilde{\psi}_n(k_x + \pi/a, k_y + \pi/a). \tag{7.69}$$

如此一来，正能量能带 n 上的 Berry 曲率和相应负能量能带 $\tilde{n}$ 上的 Berry 曲率满足

$$\Omega_n(k_x, k_y) = \Omega_{\tilde{n}}(k_x + \pi/a, k_y + \pi/a). \tag{7.70}$$

因此，将 Berry 曲率在第一布里渊区内积分以后，所得到的正负能带上的陈数势必相等。因此，陈数也将关于 $E = 0$ 对称分布。

7.3.3 开边界条件：边界态

当考虑具有有限尺寸的系统，即存在开边界条件的时候，系统的拓扑性质还会体现在手征性边界态的存在。在接下来，我们将详细讨论如何将一个描述有限尺寸系统的哈密顿量表达成矩阵形式，从而考察其本征能谱、本征态的性质。

在 7.3.2 小节中，我们可以通过布洛赫定理来求解无限大系统的本征方程问题。在这里我们从本征方程 (7.58) 出发，考虑系统的尺寸为 $M \times N$，其中 M 和 N 分别为 x 和 y 方向上的格点数。为了便于数值求解，我们将这里的双重坐标指标 (m, n) 映射成单一指标 $\ell = m + Mn \in \{0, 1, \cdots, MN - 1\}$，即 $|\ell\rangle = |m, n\rangle$，其中 $m \in \{0, 1, \cdots, M - 1\}$，$n \in \{0, 1, \cdots, N - 1\}$。以一个大小为 3×3 的晶格系统为例，在图 7.7(a) 中我们将格点重新标记。与此同时，我们注意到，式 (7.58) 的右边表示的是格点 (m, n) 与其最相邻格点之间的跃迁过程。由此一来，我们便可以根据该物理含义直接写出哈密顿量的矩阵形式。以一个大小为 3×3 的晶格系统为例，该哈密顿量的矩阵形式如图 7.7(b) 所示。不难发现，这里不同的矩阵元对应着不同的物理过程。第一个非对角元 ($k = 1$) 表示自右向左的跃迁过程；非对角元 $k = M$ 表示自上而下的跃迁。矩阵的下三角部分自然对应着相应的厄米共轭过程。

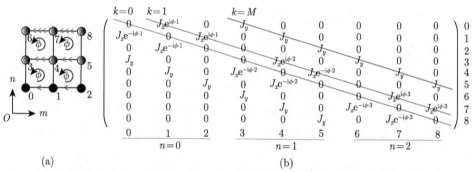

图 7.7 (a) 重新标记的 3×3 晶格系统。每一个箭头表示一个 ϕ，从而给出每个晶格元胞中相同的磁通 ϕ。(b) $-\hat{H}$ 的矩阵形式。k 值标记不同的 (非) 对角元。下三角部分对应着上三角部分的厄米共轭

在熟悉了较小晶格系统的矩阵形式之后，我们可以很容易地将其扩展到具有较大尺寸的系统。以晶格大小为 12×16，磁通 $\phi = \pi/2$ 为例，在求解相应矩阵的本征值问题之后 (比如通过使用 Numpy, Python)，我们可以得到如图 7.8(a) 所示的本征能谱。从图我们已经知道，磁通为 $\phi = \pi/2$ 的系统会给出四个能带，在开边界条件下，这对应着四个能量增长较缓的部分，而其余部分 (如阴影部分所示) 为边界态。一个典型的边界态空间粒子数分布如图 7.8(b) 所示，即粒子主要

分布在系统的边界。对于无相互作用费米子系统，当费米能处在第一个能隙之内，即最低能带被占据的时候，该系统呈现出陈绝缘体态，其典型的空间粒子数分布见图 7.8(c)。

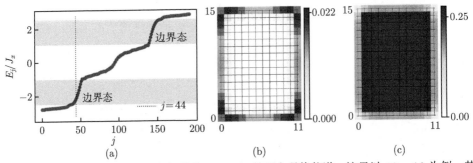

(a)　　　　　　　　　(b)　　　　　　　　　(c)

图 7.8　(a) 开边界条件下具有均匀磁通 $\phi = \pi/2$ 的正方晶格能谱，这里以 12×16 为例，其中虚线表示费米能的位置；(b) 边界态的粒子数空间分布，这里以第 44 个本征态为例；(c) 费米基态的粒子数实空间分布，这里考虑无相互作用的费米子，总粒子数为 44

要注意的是，在实际数值计算中，我们通常首先选取 $J_x = 1$ 来去量纲化。也就是说，所有的能量均以跃迁强度 J_x 为单位。

7.3.4　实验方案之弗洛凯工程设计

在熟悉了 Harper-Hofstadter 模型的拓扑性质之后，接下来的问题就是如何在实验上进行实现和探测？事实上，在传统的固体物理中，对于 Harper-Hofstadter 模型的实现是非常困难的，因为这需要极强的磁场。以石墨烯为例，由于晶格常数比较小，为了达到量子磁通级别的磁通，所需磁场高达约 10^4T，这在目前的实验室里是困难的。而这正是利用光晶格冷原子系统进行量子模拟所能发挥作用的地方。

前面介绍过，冷原子由于自身的电中性，没办法通过直接加磁场来模拟电子在磁场中的行为。在当今的冷原子实验中，已经发展出了不同的实验手段来实现人工规范场 (人工磁场)，比如利用原子的自身自由度或者赝维度[216,217]。在本小节中，我们将着重介绍其中一种用途较为广泛的实验手段——弗洛凯工程设计。

弗洛凯系统是由一个随时间周期性变化的哈密顿量来描述。在较长的一段时间里，通过弗洛凯理论可以将这样随时间周期性变化的哈密顿量用不含时的哈密顿量来近似描述。在这里，我们暂时先不详细展开其中的详细推导，感兴趣的同学可以参考文献 [241]。所谓的弗洛凯工程设计正好反过来，它讲的是在已知不含时哈密顿量的情况下，如何设计周期性驱动来近似地将其在实验上实现。该方案在冷原子系统中已经得到广泛应用，比如可以用来考察动态局域化 (dynamic localization)、周期性驱动下的超流–莫特绝缘体相变、三角光晶格中的动力阻挫 (kinetic frustration)，实现各种拓扑模型并探测其中的拓扑不变量等，详见综述性文献 [220, 223]。而在这里，我们着重讲解一个具体实例，即如何利用弗洛凯工程设计在冷原子系统中实现 Harper-Hofstadter 模型，来体会其核心思想。

1. 一般性考虑

我们考虑无粒子间相互的光晶格系统，其哈密顿量可以简写成如下形式：

$$\hat{H}(t) = -\sum_{\langle \ell\ell' \rangle} J_{\ell'\ell} \hat{a}_{\ell'}^{\dagger} \hat{a}_{\ell} + \sum_{\ell} w_{\ell}(t) \hat{n}_{\ell}, \tag{7.71}$$

其中，$\hat{a}_{\ell}$，$\hat{a}_{\ell}^{\dagger}$ 分别表示格点 ℓ 上的粒子湮灭和产生算符；$\hat{n}_{\ell} = \hat{a}_{\ell}^{\dagger} \hat{a}_{\ell}$ 为粒子数算符；$J_{\ell'\ell}$ 表示最相邻格点 $\langle \ell\ell' \rangle$ 之间的跃迁强度。除此之外，我们考虑一般形式的周期性驱动 $w_{\ell}(t) = w_{\ell}(t+T)$。

通过如下形式的规范变化：

$$|\psi'(t)\rangle = \hat{U}^{\dagger}(t)|\psi(t)\rangle, \tag{7.72}$$

薛定谔方程 $\mathrm{i}\hbar d_t|\psi(t)\rangle = \hat{H}(t)|\psi(t)\rangle$ 可以写成

$$\mathrm{i}\hbar d_t|\psi'(t)\rangle = \hat{H}'(t)|\psi'(t)\rangle, \tag{7.73}$$

其中

$$\hat{H}'(t) = \hat{U}^{\dagger}(t)\hat{H}(t)\hat{U}(t) - \mathrm{i}\hbar\hat{U}^{\dagger}(t)[d_t\hat{U}(t)]. \tag{7.74}$$

即 $|\psi'(t)\rangle$ 将在变换后的哈密顿量 $\hat{H}'(t)$ 下含时演化。这里，随时间周期性变化的幺正算符可以被定义为如下形式：

$$\hat{U}(t) = \exp\left[\mathrm{i}\sum_{\ell}\chi_{\ell}(t)\hat{n}_{\ell}\right], \tag{7.75}$$

其中

$$\chi_{\ell}(t) = -\int_{t_0}^{t} \mathrm{d}t' \frac{w_{\ell}(t')}{\hbar} - \chi_{0\ell}. \tag{7.76}$$

注意这里可以选取自由 (规范) 参数 $\chi_{0\ell}$ 使得 $\int_{0}^{T} \mathrm{d}t \chi_{\ell}(t) = 0$，以此来抵消依赖于 t_0 的项。

接下来，通过利用关系式 $\hat{a}_{\ell}\hat{n}_{\ell} = (\hat{n}_{\ell}+1)\hat{a}_{\ell}$，我们容易直接得到

$$\hat{a}_{\ell}\hat{U}(t) = \exp\left[\mathrm{i}\sum_{\ell}\chi_{\ell}(t)(\hat{n}_{\ell}+1)\right]\hat{a}_{\ell} = \hat{U}(t)\mathrm{e}^{\mathrm{i}\chi_{\ell}(t)}\hat{a}_{\ell}. \tag{7.77}$$

将式 (7.71) 和式 (7.77) 代入变换后的哈密顿量 (7.74) 中可以得到

$$
\begin{aligned}
\hat{H}'(t) &= -\sum_{\langle \ell\ell' \rangle} J_{\ell'\ell} \underbrace{\hat{U}^\dagger \hat{a}_{\ell'}^\dagger, \hat{a}_\ell \hat{U}} + \hat{U}^\dagger \sum_\ell w_\ell(t)\hat{n}_\ell \hat{U} - \mathrm{i}\hbar \hat{U}^\dagger[d_t \hat{U}] \\
&= -\sum_{\langle \ell\ell' \rangle} J_{\ell'\ell}\hat{a}_{\ell'}^\dagger \mathrm{e}^{-\mathrm{i}\chi_{\ell'}(t)} \hat{U}^\dagger \hat{U} \mathrm{e}^{\mathrm{i}\chi_\ell(t)} \hat{a}_\ell + \sum_\ell w_\ell(t)\hat{n}_\ell \hat{U}^\dagger \hat{U} \\
&\quad - \mathrm{i}\hbar \hat{U}^\dagger \hat{U} \sum_\ell \mathrm{i}\hat{n}_\ell [d_t \chi_\ell(t)] \\
&= -\sum_{\langle \ell\ell' \rangle} J_{\ell'\ell}\mathrm{e}^{-\mathrm{i}\chi_{\ell'}(t)}\mathrm{e}^{\mathrm{i}\chi_\ell(t)}\hat{a}_{\ell'}^\dagger \hat{a}_\ell + \sum_\ell w_\ell(t)\hat{n}_\ell + \mathrm{i}\hbar \sum_\ell \mathrm{i}\hat{n}_\ell w_\ell(t)/\hbar \\
&= -\sum_{\langle \ell\ell' \rangle} J_{\ell'\ell}\mathrm{e}^{\mathrm{i}\theta_{\ell'\ell}(t)}\hat{a}_{\ell'}^\dagger \hat{a}_\ell,
\end{aligned}
\tag{7.78}
$$

这里为了简便，我们引入随时间变化的 Peierls 相位 $\theta_{\ell'\ell}(t)$：

$$
\theta_{\ell'\ell}(t) = \chi_\ell(t) - \chi_{\ell'}(t).
\tag{7.79}
$$

在高频近似下，即 $\hbar\omega$ 远大于系统其他能量参数 ($\hbar\omega \gg J_{\ell'\ell}$) 时，以上随时间周期性变化的哈密顿量可以用它的单个周期内的平均来近似表示，即

$$
\hat{H}(t) \to \hat{H}_{\mathrm{eff}} = \frac{1}{T}\int_0^T \mathrm{d}t \hat{H}'(t) = -\sum_{\langle \ell\ell' \rangle} J_{\ell'\ell}^{\mathrm{eff}}\hat{a}_{\ell'}^\dagger \hat{a}_\ell,
\tag{7.80}
$$

$$
J_{\ell'\ell} \to J_{\ell'\ell}^{\mathrm{eff}} = J_{\ell'\ell}\frac{1}{T}\int_0^T \mathrm{d}t\mathrm{e}^{\mathrm{i}\theta_{\ell'\ell}(t)},
\tag{7.81}
$$

这里 $J_{\ell'\ell}^{\mathrm{eff}}$ 为修正后的有效跃迁矩阵元。由此一来，高速周期性驱动项被吸收到了有效跃迁系数中去，因此这里可以被看成是一种旋转波近似 (rotational wave approximation)。

2. 在 Harper-Hofstadter 模型上的应用

在冷原子实验中，弗洛凯工程设计的应用主要分两类。第一类是通过晶格的周期性晃动来实现，比如线性晃动、圆形晃动、椭圆形晃动甚至是非正弦函数式晃动等[223]。第二类可以通过在位势能的调制来实现，比如通过引入额外的"跑动"激光束 (running laser beams) 形成次晶格，只要保证该次晶格能够以特定的方式相对于主晶格移动，也可以达到弗洛凯工程设计的目的。事实上，在冷原子中，最早实现 Haper-Hofstadter 模型的实验便是采取后者[242,243]。接下来，我们将更具体地来看待这件事情。

在相关实验方案中，在位势能可以由两部分组成：

$$w_\ell(t) = w_\ell^{\mathrm{dr}}(t) + \nu_\ell\Delta, \tag{7.82}$$

其中，$w_\ell^{\mathrm{dr}}(t) = w_\ell^{\mathrm{dr}}(t+T)$ 表示随时间周期性变化的项，而 Δ 表示相对主晶格静止的在位势能，ν_ℓ 为整数。前面提到，随时间周期性变化的势能可以通过跑动激光束实现，而静止势能可以通过在主晶格上加梯度或者考虑主晶格为超光晶格来实现。在引入周期性驱动之前，当位势能比较大 $((\Delta \geqslant J))$ 的时候，最近邻格点之前的跃迁可以得到有效的抑制。而在引入的驱动以后，在 $\Delta = $ 整数 $\times \hbar\omega$ 的条件下，被抑制的跃迁过程将得到恢复，该现象常常被叫做 "光子" 辅助/激光辅助隧穿 ("photon"-assisted, or laser-assisted tunneling)[223]。接下来，我们将详细探讨满足正弦变化下的周期性驱动且只考虑 $\Delta = \hbar\omega$ 的情况。

我们知道粒子在两个格点直接的跃迁过程中，一定程度上取决于两格点直接的能量差 (就像一个人起身跳到一张椅子上所需的能量受限于椅子的高度，即引力势能差)。因此，为了方便讨论，我们首先给出相邻两格点之间的势能差 $w_{\ell'\ell}(t) \equiv w_{\ell'}(t) - w_\ell(t)$ 的一般化形式：

$$w_{\ell'\ell}(t) = -K_{\ell'\ell}\cos\left(\omega t - \varphi_{\ell'\ell}\right) + \nu_{\ell'\ell}\hbar\omega, \tag{7.83}$$

其中 $\nu_{\ell'\ell} = \nu'_\ell - \nu_\ell$，而相对驱动强度 $K_{\ell'\ell}$ 以及相位 $\varphi_{\ell'\ell}$ 可以根据周期性驱动 $w_\ell^{\mathrm{dr}}(t)$ 的具体形式给出。例如，对于满足正弦函数关系的驱动 $w_\ell^{\mathrm{dr}}(t) = K\sin(\omega t - \varphi_\ell)$ 将给出

$$
\begin{aligned}
w_{\ell'}^{\mathrm{dr}}(t) - w_\ell^{\mathrm{dr}}(t) &= K\sin(\omega t - \varphi_{\ell'}) - K\sin(\omega t - \varphi_\ell) \\
&= K\sin\left(\omega t - \frac{\varphi_\ell + \varphi_{\ell'}}{2} + \frac{\varphi_\ell - \varphi_{\ell'}}{2}\right) \\
&= -K\sin\left(\omega t - \frac{\varphi_\ell + \varphi_{\ell'}}{2} - \frac{\varphi_\ell - \varphi_{\ell'}}{2}\right) \\
&= 2K\sin\frac{\varphi_\ell - \varphi_{\ell'}}{2}\cos\left(\omega t - \frac{\varphi_{\ell'} + \varphi_\ell}{2}\right).
\end{aligned}
\tag{7.84}
$$

因而我们有

$$K_{\ell'\ell} = 2K\sin\left(\frac{\varphi_{\ell'} - \varphi_\ell}{2}\right), \qquad \varphi_{\ell'\ell} = \frac{\varphi_{\ell'} + \varphi_\ell}{2}. \tag{7.85}$$

接下来将 $w_{\ell'\ell}(t)$ 的表达式 (7.83) 代入依赖时间变化的相位 $\theta_{\ell'\ell}(t)$ 可以得到

$$\theta_{\ell'\ell}(t) = \chi_\ell(t) - \chi_{\ell'}(t)$$

$$= \int_{t_0}^{t} dt' \frac{w_{\ell'\ell}(t')}{\hbar} + \chi_{0\ell'} - \chi_{0\ell}$$

$$= \frac{1}{\hbar} \int_{t_0}^{t} dt' \left[-K_{\ell'\ell} \cos\left(\omega t' - \varphi_{\ell'\ell}\right) + \nu_{\ell'\ell}\hbar\omega \right] + \chi_{0\ell'} - \chi_{0\ell}$$

$$= \frac{-K_{\ell'\ell}}{\hbar\omega} \sin\left(\omega t - \varphi_{\ell'\ell}\right) + \nu_{\ell'\ell}\omega t. \tag{7.86}$$

如此一来，有效隧穿矩阵元可以写成

$$J_{\ell'\ell}^{\mathrm{eff}} = J_{\ell'\ell} \frac{1}{T} \int_{0}^{T} dt e^{i\theta_{\ell'\ell}(t)}$$

$$= J_{\ell'\ell} \frac{1}{T} \int_{0}^{T} dt \exp\left[i\frac{-K_{\ell'\ell}}{\hbar\omega} \sin\left(\omega t - \varphi_{\ell'\ell}\right)\right] \exp\left(i\nu_{\ell'\ell}\omega t\right)$$

$$\Downarrow \underline{-\tau \equiv \omega t - \varphi_{\ell'\ell}, \; -d\tau = \omega dt}$$

$$= J_{\ell'\ell} \frac{1}{T} \int_{-2\pi + \varphi_{\ell'\ell}}^{\varphi_{\ell'\ell}} \frac{d\tau}{\omega} \exp\left(i\frac{K_{\ell'\ell}}{\hbar\omega} \sin\tau\right) \exp\left[i\nu_{\ell'\ell}(-\tau + \varphi_{\ell'\ell})\right]$$

$$= J_{\ell'\ell} \underline{\frac{1}{2\pi} \int_{-2\pi + \varphi_{\ell'\ell}}^{\varphi_{\ell'\ell}} d\tau \exp\left[i\left(\frac{K_{\ell'\ell}}{\hbar\omega} \sin\tau - \nu_{\ell'\ell}\tau\right)\right]} \exp(i\nu_{\ell'\ell}\varphi_{\ell'\ell})$$

$$= J_{\ell'\ell} \mathcal{J}_{\nu_{\ell'\ell}}\left(\frac{K_{\ell'\ell}}{\hbar\omega}\right) e^{i\nu_{\ell'\ell}\varphi_{\ell'\ell}}, \tag{7.87}$$

其中下划线部分对应着第一类贝塞尔函数 $\mathcal{J}_n(x) = \frac{1}{2\pi} \int_{-\pi}^{\pi} d\tau e^{i(x\sin\tau - n\tau)}$. 至此我们可以观察到，有效跃迁矩阵元 (7.87) 与相对调制势能 (7.83) 有着很好的对应关系，即有效跃迁系数的幅度是相对调制强度的函数，而有效跃迁相位与两格点之间的周期性驱动相位 ($\varphi_{\ell'\ell}$) 以及静态势能差 ($\nu_{\ell'\ell}$) 有关。

通过恰当地调控激光束，比如使用一对失谐激光 $\propto \exp(i\boldsymbol{k}_{1,2} \cdot \boldsymbol{r} - \omega_{1,2}t)$ 来实现一个移动的次晶格，我们有如下驱动势能：

$$w_{\ell}^{\mathrm{dr}}(t) = V_0 \cos(\omega t + \boldsymbol{q} \cdot \boldsymbol{r}_{\ell} + \varphi_0), \tag{7.88}$$

这里我们引入 $\boldsymbol{q} = \boldsymbol{k}_1 - \boldsymbol{k}_2 = k_1 \boldsymbol{e}_x - k_2 \boldsymbol{e}_y$, $\omega = \omega_1 - \omega_2$, 以及 $\boldsymbol{r}_{\ell} = ma\boldsymbol{e}_x + na\boldsymbol{e}_y$, 其中 (m, n) 表示格点 ℓ 在 x 和 y 方向上的格点指标；φ_0 表示两束激光之间可能存在的初始相位差。

考虑二维正方光晶格在 x 方向上存在静态的势能梯度，即 $\nu_{\ell}\Delta = m\hbar\omega$, 结合周期性驱动，该系统可以由如下含时哈密顿量来刻画：

$$\hat{H}(t) = \sum_{m,n} \left(-J_x \hat{a}^\dagger_{m+1,n} \hat{a}_{m,n} - J_y \hat{a}^\dagger_{m,n+1} \hat{a}_{m,n} + h.c. \right)$$

$$+ \sum_{m,n} \left[V_0 \sin(\omega t - \varphi_{m,n}) + m\hbar\omega \right] \hat{n}_{m,n}, \qquad (7.89)$$

其中

$$\varphi_{m,n} = -(\boldsymbol{q} \cdot \boldsymbol{r}_\ell + \varphi_0 + \pi/2) = -(k_1 am - k_2 an + \varphi_0 + \pi/2). \qquad (7.90)$$

由此一来，我们可以直接应用式 (7.85) 和式 (7.87)，从而得到如下不含时的有效哈密顿量：

$$\hat{H}_{\text{eff}} = \sum_{m,n} \left(-J_x^{\text{eff}} \hat{a}^\dagger_{m+1,n} \hat{a}_{m,n} - J_y^{\text{eff}} \hat{a}^\dagger_{m,n+1} \hat{a}_{m,n} + h.c. \right), \qquad (7.91)$$

其中

$$J_x^{\text{eff}} = J_x \mathcal{J}_1 \left(\frac{K_x}{\hbar\omega} \right) \mathrm{e}^{\mathrm{i}\phi_{m,n}}, \quad K_x = 2V_0 \sin\left(\frac{k_1 a}{2} \right), \quad \phi_{m,n} = k_2 an + \eta_m, \quad (7.92)$$

$$J_y^{\text{eff}} = J_y \mathcal{J}_0 \left(\frac{K_y}{\hbar\omega} \right), \quad K_y = 2V_0 \sin\left(\frac{k_2 a}{2} \right). \qquad (7.93)$$

这里我们使用第一类贝塞尔函数的如下性质：$\mathcal{J}_n(-x) = \mathcal{J}_{-n}(x) = (-1)^n \mathcal{J}_n(x)$，并且引入 η_m 来表示所有依赖于 m 的项。由于只有水平方向的跃迁才为复数，因此穿过单个晶格元胞的磁通与 m 指标无关。以 $\eta_m = -m\phi$ 为例，跃迁相位分布以及穿过单一晶格元胞的人工磁通分布如图 7.9 所示。这里 ϕ 表示粒子在绕单一晶格元胞跃迁一周以后，波函数所累积的相位为

$$\phi = ak_2 \equiv \frac{\pi\lambda}{\lambda_{\text{R}}}. \qquad (7.94)$$

要强调的是，由于跃迁相位 $\phi_{m,n}$ 发挥着矢势的作用，因此这里的跃迁相位可以被看成是一种实现人工规范场的手段。

选取 $k_1 = k_2 \equiv k_{\text{R}}$，并且使得实现次晶格的激光波长为主晶格激光波长的两倍，即 $\lambda_{\text{R}} = 2\pi/k_{\text{R}} = 2\lambda$，我们便可以实现均匀的人工磁场，使得穿过单个晶格元胞的磁通为 $\phi = \pi/2$。与此同时，跃迁强度将被修正为 $J_x^{\text{eff}} \propto J_x \mathcal{J}_1 \left(\dfrac{\sqrt{2}V_0}{\hbar\omega} \right) \mathrm{e}^{\mathrm{i}\phi n}$，

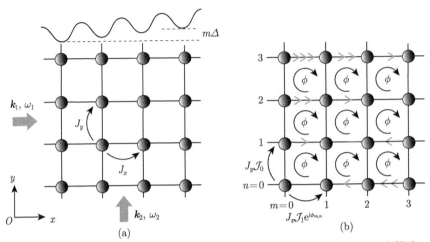

图 7.9　(a) 含有周期性驱动的光晶格示意图。该系统可以由哈密顿量式 (7.89) 来描述。由于在 x 方向上存在较大的在位势能梯度，该方向上的跃迁过程在初始时候被抑制。在引入一对跑动激光束 (如橙色箭头所示) 以后，在 $\Delta = \hbar\omega$ 条件下，x 方向上的跃迁得以恢复，其中 $\omega = \omega_1 - \omega_2$，并且 ω_1 和 ω_2 分别表示两束激光的频率。(b) 高频近似下所实现的 Harper-Hofstadter 模型示意图。这里对应于有效哈密顿量式 (7.91)。对于 x 方向上的跃迁，在被恢复之后，伴随着跃迁相位 $J_x \to J_x \mathcal{J}_1 \left(\dfrac{\sqrt{2}V_0}{\hbar\omega} \right) \mathrm{e}^{\mathrm{i}\phi_{m,n}}$，然而 y 方向上的跃迁系数为实数。这里的箭头代表相位为 $\phi_{m,n} = \phi(n - m)$ 的分布。在顺时针绕晶格元胞一周之后，波函数将累积相位 ϕ，因此均匀磁通为 ϕ 的 Harper-Hofstadter 模型得以实现

$J_y^{\mathrm{eff}} = J_y \mathcal{J}_0 \left(\dfrac{\sqrt{2}V_0}{\hbar\omega} \right)$。要注意的是，虽然跃迁相位只与竖直方向的跑动激光 (k_2) 有关，但我们始终需要水平方向的跑动激光，即 $k_1 \neq 0$。否则，根据式 (7.92)，K_x (因此有效跃迁 J_x^{eff}) 将为零。

　　事实上，通过激光恢复隧穿的方式来实现人工规范场的方案，最早是在理论上基于原子内部态之间的拉曼耦合提出来的[244-247]。随后，基于冷原子系统[248,249] 或离子阱系统[250]，人们提出可以通过将静态在位势能与跑动激光相结合的方式实现类似的现象。在这些想法的启发下，在实验室里最早实现 Harper-Hofstadter 模型的实验分别由慕尼黑的 I. Bloch 课题组[242] 以及 MIT 的 W. Ketterle 课题组几乎同一时间分别独立完成[243]。除了能够在电中性的冷原子系统中观察到像是电子在磁场中的螺旋运动行为之外[242,251]，慕尼黑课题组还在随后的实验中观测到了梯子光晶格系统中的手征性粒子流[252]。除此之外，该课题组还首次利用光晶格冷原子系统成功地测得了布洛赫能带的陈数[253]。与此同时，W. Ketterle 课题组在这样具有均匀人工强磁场的条件下首次观测到了玻色–爱因斯坦凝聚。

　　将人工强磁场与粒子间相互作用相结合是一个极具挑战而有意思的课题。直

到 2017 年，哈佛大学的 M. Greiner 课题组报道了将均匀人工强磁场与粒子间强相互作用同时在光晶格中实现的实验结果，并观测到了由于相互作用所诱发的手征性运动[254]。虽然该系统中只考虑两个粒子，但为后续利用光晶格冷原子系统研究强关联物理开辟了方向。比如，就在本书写成之际，该课题组在《自然》杂志上发表了利用冷原子对分数量子霍尔态实现的实验结果。在该实验中，虽然该作者只考虑了两个粒子在大小为 4×4 的光晶格系统，但所观测的结果在定性上很好地符合了关于分数量子霍尔态 (这里指 1/2-劳夫林态) 的预期。尽管在实验上使用更多的粒子数、更大的晶格尺寸仍有困难 (这里的挑战主要在于系统的发热问题以及拓扑非平庸态的制备问题)，该平台所展示出的极佳参数可调控性为后续研究更多强关联物理现象，尤其是内禀拓扑序、分数拓扑激发等方面打开了大门。

第八章 冷原子与前沿应用

在本书前面的章节中，我们以低维量子玻色气体为切入点，介绍了低维冷原子系统的基础量子性质以及一些相关应用。前文中所提到的应用主要是以探求物理世界的本质规律或进行针对固体物理的量子模拟为主。需要指出的是，除了前文中所提到的一些例子之外，冷原子系统也具有非常实用的量子调控方面的应用。这里所说的量子调控主要分为两部分：一方面是以原子钟、原子干涉仪为主的精密量子测量，另一方面是基于单个冷原子高精度调控，以此为基础生成量子信息，进行量子模拟、量子计算等。虽然这些应用并非低维量子系统中的独特应用，甚至很多是直接应用于三维量子系统，但在本书中，我们仍认为有必要在最后一个章节对这些非常具有实用性的应用进行简介。需要指出的是，我们在本章进行的介绍不可能涵盖所有相关的系统或相关的细节，但我们只希望通过对一些相关系统和研究方向的简要介绍，让读者对冷原子如何在量子调控的应用中发挥作用有一个初步的认知。我们希望本章能起抛砖引玉的作用，如果读者在读过本章之后对更多的细节感兴趣，我们欢迎读者参阅更加专注于这些方向的文献与书籍。

8.1 冷原子与精密测量

8.1.1 原子钟

时间这一概念对于我们来说并不陌生。在现代社会中，我们有各种各样的方式来确定时间，比如通过看手表我们通常可以得知现在是几时几分几秒，而拥有一个相对精确的时间概念会让我们的生活和工作都变得更加高效。那么时间又是怎么测量出来的呢？又能达到什么样的精确度呢？时间的流逝是否总是均匀的呢？在本节，我们将从人类最初对时间的认知开始一步步走向量子领域的原子钟。

我们对时间的最初认知从日夜变换、四季交替开始。如今我们知道，这些其实都是源于地球自转和公转所引起的一些周期变化，换言之，所谓日出月落、春夏秋冬，都是按照固定周期而重复出现的。因此，我们的祖先才根据这些周期性变化确定了年、月、日等名词来衡量时间的长短，并以此来安排了他们的社会活动，春耕秋收、日落而息等。但是随着人类社会活动越加丰富，人类对时间精确度的要求不能被年、月、日等满足，于是产生了许多方式来让我们更精确地知道时间流逝，其中比较常见的一个例子就是单摆。

一个基础的单摆模型如图 8.1 所示。我们知道当把图中小球抬高离开其平衡位置之后，在不考虑任何阻力的情况下小球将在重力的作用下来回摆动，其摆动周期 T 应满足表达式

$$T = 2\pi\sqrt{\frac{L}{g}}, \tag{8.1}$$

其中，L 为单摆长度；g 为重力加速度。这一表达式指出，对于固定的重力加速度，其单摆的振荡周期仅由系统的绳长决定。从这里我们可以看出测量时间的一个底层逻辑便是找到一个周期性系统，并以这个系统周期性信号的周期作为时间的标定。因此，如果我们可以精确测量一个更小的周期性信号，那么我们"时间卡尺"上的精确度也可以提高。但是我们并不能无限缩短单摆的长度去测量更小周期，同时单摆也很容易受气候、地点等外界条件影响。1921 年，石英钟的发现让人们欣喜不已，因为石英晶体原子内部电磁振荡的周期小，且不受气候、地点、季节及其他环境条件的影响，这就使得测时、计时变得更加精确。而这也是如今风靡的石英手表的由来。

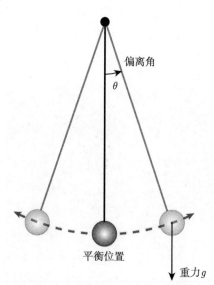

偏离角

θ

平衡位置

重力 g

图 8.1 简易单摆示意图，红线表示小球在重力作用下的运动轨迹。为了方便理解，在我们的讨论中，一切阻力及绳子质量都忽略不计，并且偏离角度很小 $\theta < 10°$

但是从实验的角度来看，一个好的实验需要较好的重复性，即多次重复实验都可给出相同实验结果。那么问题来了，因为每一块石英晶体都有不同，所以没有任何一个工厂可以制造出两个完全相同的手表，也就没办法给出很好的实验重复性。那么我们该怎么找到完全相同两个，或者说多个"时钟"呢? 答案就是基于冷

原子团的原子钟。我们利用原子在两个内部能级间的共振频率作为节拍器，就可以制造所谓的原子钟。而正如我们前面章节所讲到的，当原子被冷却到低温的时候，原子之间的共性越来越强而无法区分，它所提供的重复性也远好于石英晶体。

不仅如此，回顾我们之前的讨论，时间测量的精确度可以表示为

$$\delta t = \frac{\delta f}{f}. \tag{8.2}$$

在测量频率 f 一定的情况下，如果该信号越稳定 (即是 δf 越小)，我们所能测量的时间就会越精确。同理，在测量精确度被限制的情况下，要想有一个更加精确的测量值，我们会倾向于测量一个更高频率的稳定信号。石英晶体的频率在 100MHz 量级，而原子的共振频率却在 100THz 量级，是石英晶体的 10^6 倍。所以通过原子与激光的相互作用，以测量的原子共振频率为标准来精确测量时间的原子钟就成为精确度远超石英钟的测量手段。同时，由于这个共振频率取决于原子内部的能级结构，其稳定性也远超石英钟。如今最精确的原子钟是位于美国 JILA 的锶原子钟，如图 8.2 所示，其精确度可以达到 10^{-18}s。在本小节，我们仅通过类比单摆模型与石英钟，对原子钟的基本原理和精确度进行了简要介绍。对于原子钟具体制造的实验细节，我们在本书中不做详细讲解，建议感兴趣的读者参看综述性文章，如文献 [255]。

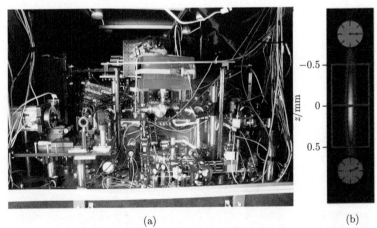

图 8.2 (a) 锶原子钟实验装置图 (取自 JILA Ye's group)，(b) 重力红移示意图，位于下方的红色原子钟比位于上方的蓝色原子钟走得更慢，取自文献 [256]

在本小节的最后，我们来讨论将时间测量得如此准确的意义。一方面，时间的精确测量对人类探知宇宙、对基础物理的探索都有着极其重要的作用。许多宇宙中涉及相对论描述的物理现象，都需要超高精度的测量来确定。在《星际穿越》

中有这样一个情景,库珀从黑洞回来之后依旧年轻,但他的女儿却已经成为一个快要接近生命终点的老人。其实这不仅仅只是科幻,更是科学。这就是百年前爱因斯坦广义相对论中提出的重力红移:简单来说时空是一体相关联的,重力越大的地方,时间的流逝速度越慢,放在地面上的钟会比戴在手腕上的手表走得慢。但是这个差别实在是太过微小了,直至原子钟出现,百年前的理论才在量子领域得到证实[256]。另一方面,由于时间乘以速度可以得到位移,所以对时间的精密测量也有助于我们更好地对地理位置进行精确探测,从而帮助空间导航系统的精确度提高。例如,我们所熟知的北斗卫星导航系统、GPS 定位系统、伽利略定位系统等,其背后都有原子钟发挥着重要的作用。

8.1.2 原子干涉仪原理

原子干涉仪是一种十分高效精准的测量手段。20 世纪 80 年代在原子干涉仪首次被提出后,许多不同的实验组利用奇思妙想构建出了原子干涉仪并在实验中证实了它的实用性。在随后的短短几十年间,原子干涉仪这项技术已经发展得十分成熟了,并被广泛应用在各个精密测量领域中,例如重力加速度测量、精细结构常数测量以及引力波的探测。如今它在精密测量这个领域中有着不可替代的地位。

1. 干涉仪原理简介

所有的干涉仪都是建立于波的干涉性特性的基础上,在讨论原子干涉仪之前,让我们先从比较熟悉的光学干涉仪开始去了解干涉仪最基本的原理 (图 8.3)。其要点如下:

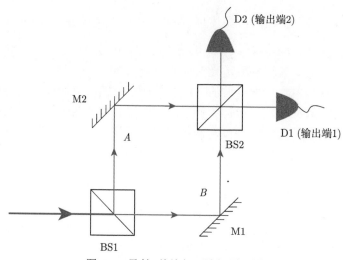

图 8.3 马赫–曾德尔干涉仪原理图

(1) 假设我们的光源是单色性十分好的激光，它的频率不会随着时间而改变

$$\boldsymbol{E}(r,t) = \boldsymbol{E}_0 \mathrm{e}^{\mathrm{i}(kr-\omega t)}.$$

(2) 当它通过第一个分束器 (BS1) 的时候，这束激光被分离成对等的两束 (形成了叠加态)，将分别通过路径 A 和路径 B

$$\boldsymbol{E}_A(r,t) = \frac{\boldsymbol{E}_0}{2} \mathrm{e}^{\mathrm{i}(kr_A-\omega t)},$$

$$\boldsymbol{E}_B(r,t) = \frac{\boldsymbol{E}_0}{2} \mathrm{e}^{\mathrm{i}(kr_B-\omega t)}.$$

(3) 在各自经过反射镜后这两束光将会在另一个分束器 (BS2) 处完成光束的合束。我们以输出端 1 为例，其光强可以表示为

$$\boldsymbol{E}_1(r,t) = \frac{\boldsymbol{E}_0}{2} \left[\mathrm{e}^{\mathrm{i}(kr_A-\omega t)} + \mathrm{e}^{\mathrm{i}(kr_B-\omega t)} \right].$$

(4) 这时候如果用光电探测器 (D1) 去探测输出端 1 的光功率 P_1，

$$P_1 = \frac{P_0}{2} \left[1 + \cos(k\Delta r_{AB}) \right] = \frac{P_0}{2} \left[1 + \cos\left(\frac{2\pi\Delta r_{AB}}{\lambda} \right) \right], \tag{8.3}$$

$\Delta r_{AB} = r_A - r_B$ 是路径 A、B 之间的路程差，λ 是激光的波长。

从式 (8.3) 我们得知，当改变路径 A、B 之间的路程差 Δr_{AB} 时，输出端 1(2) 光功率也会变化；当 $\Delta r_{AB} = N\lambda$ 时 (N 是整数)，P_1 有最大值；而当 $\Delta r_{AB} = \left(N + \dfrac{1}{2} \right)\lambda$ 时 (N 是整数)，P_1 则有最小值。这就是经典的马赫–曾德尔干涉仪 (Mach-Zehnder interferometer)。通过检测光功率的变化，我们可以观测到两个路径之间的变化，并且其精确度是光波长的量级 (100nm)。

那么，干涉仪既然是根据波的干涉特性而建立的，我们该如何利用原子去做一个干涉仪呢？波粒二象性告诉我们，所有的物质都有两个性质：波动性和粒子性。为什么我们在日常生活中没有观测到物质的波动性？这里就回顾一下我们在之前提及过的德布罗意波长，它可以简单地表述为

$$\lambda = \sqrt{\frac{2\pi\hbar^2}{mk_{\mathrm{B}}T}}, \tag{8.4}$$

其中，m 为物质的质量；k_{B} 为玻尔兹曼常量；T 为原子团的温度。在我们的日常生活中能接触的温度以及物体质量相对原子而言都很高，所以德布罗意波长比

可观察的极限尺寸要小很多，因此可能发生波动性质的物体尺寸及能量是完全在日常生活经验范围之外。但是正如前面章节所讲到的，归功于激光冷却技术的发展，如今我们可以轻易地将原子温度降至微开量级，这使得原子的波动性更为突出。因此，我们可以利用冷原子系统中突出的原子波动性来构造原子干涉仪，或者说物质波干涉仪。

我们已经知道利用物质的波动性可以构建原子干涉仪，不同于光学干涉仪的是我们利用的是物质波，这就表明它对于势能的感受更为敏感，因此原子干涉仪在重力加速度 g、万有引力常数 G、精细结构常数 α 的测量，引力波探测以及广义相对论的验证上都有着极大的潜力及不可替代性。伴随着原子冷却及超稳激光等技术的发展，原子干涉仪在精密测量这个大舞台上扮演着越来越重要的角色。接下来我们将会简要概述原子干涉仪的基本原理。

2. 二能级系统

原子干涉仪的基本原理和光学干涉仪是一样的，都是通过测量两条路径所造成的相位差来测量目标物理量，所以我们要让原子团先分离再合并。但不同的是在原子干涉仪中，研究对象不再是光波而是有着不同能级的原子。通常情况下，我们可以把系统简化成最为简单的二能级系统，如图 8.4 所示。在原子干涉仪的最后，我们通过测量处于 $|1\rangle$ 和 $|2\rangle$ 的原子数来判定原子处于基态及激发态的概率。为了方便理解，我们可以简单认为当原子在没有受到任何外场作用的情况下，处于 $|1\rangle$ 和 $|2\rangle$ 的原子数是不会改变的。实际情况下，原子由于自发辐射等过程最终会更倾向于处于更不稳定的基态。同时需要指出的是，实验中的原子干涉仪通常都建立于更复杂的三能级系统，这里我们就不多做展开了。

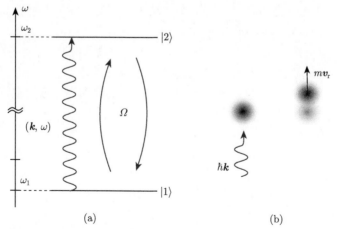

图 8.4 二能级系统：(a) 在外加电磁场的作用下，处于不同能级的原子会发生耦合，原子以拉比频率 Ω 在两个能级之间振荡；(b) 在原子吸收光子后，动量发生改变并获得反动速度 v_{r}

为了使原子可以在两能级之间转换，如图 8.4 中我们会外加一个频率为 ω 电磁场。通常情况下，这个场可以是微波 ($\omega \sim$ GHz)，也可以是激光 ($\omega \sim$ THz)。这里我们引入一个新物理量：拉比频率 Ω_{ij}，它间接表达了 $|i\rangle$ 和 $|j\rangle$ 之间的耦合强度，其表达式为

$$\Omega_{ij} = \frac{\langle i|\boldsymbol{d}_{ij} \cdot \boldsymbol{E}_0|j\rangle}{\hbar}, \tag{8.5}$$

其中，$\boldsymbol{d}_{ij}$ 是跃迁偶极矩；$\boldsymbol{E}_0$ 是所加外电场的强度。如果我们假设系统一开始原子都处于 $|1\rangle$，那么在一个拉比频率为 Ω_{12}，时长为 τ 的脉冲后，原子从 $|1\rangle$ 跃迁到 $|2\rangle$ 的可能性为

$$P_{1 \to 2} = \sin^2\left(\frac{\Omega_{12}\tau}{2}\right), \tag{8.6}$$

并且从 $|1\rangle$ 跃迁到 $|2\rangle$ 的原子将会获得激光的相位信息 $\phi_l(t,r) = kr(t) - \omega t + \phi_0$，额外获得光子的动量 $\hbar\boldsymbol{k}$，从而获得一个**反冲速度**

$$\boldsymbol{v}_{\mathrm{r}} = \frac{\hbar\boldsymbol{k}}{m}. \tag{8.7}$$

进而由 $|1\rangle$ 跃迁到 $|2\rangle$ 原子将会获得一个相对速度差 v_{r}，并开始沿着激光传播方向与处于 $|1\rangle$ 的原子分离。

根据这个性质，我们可以通过控制激光脉冲的长短来产生原子分束器以及原子反射镜，从而完成原子干涉仪的构建。

(1) 原子分束器：从式 (8.6) 中我们可以得知，当 $\Omega\tau = \pi$ 时，原子团将会平均分成两个部分 (叠加态，见图 8.5)。这个作用类似于光学干涉仪中的分束器 (BS)，所以我们也将其称为原子分束器。

(2) 原子反射镜：当式 (8.6) 中的 $\Omega\tau = 2\pi$ 时，原子的内态将会发生改变，在脉冲前处于 $|1\rangle$ 将会转化为 $|2\rangle$，反之亦然。这将导致原子轨迹发生改变。这个作用类似于光学干涉仪中的反射镜，所以我们也将其称为原子反射镜。

3. 原子干涉仪的构建方法

在了解了如何利用电磁场和原子的相互作用来产生原子分束器后，就可以用此来构建我们的原子干涉仪了。在图 8.6 中，在第一个和最后一个原子分束器处原子团完成分束，合束后就已经构建好了一个原子干涉仪。

在这里我们回顾一下，干涉仪的基本原理是通过测量两个路径的相位差从而精确测量目标物理量。在之前的讨论中，我们知道在光学干涉仪中不同路径的相位是通过计算激光相位 $\phi_i = kr_i - \omega t$ 来获得的。

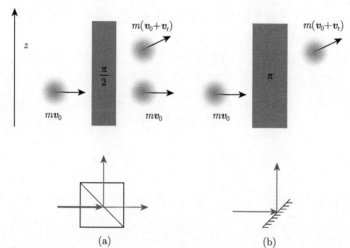

图 8.5 利用原子在能级转换的同时会产生动量变化的原理产生的原子分束器及原子反射镜。(a) 原子分束器以及相对应的光学器件，(b) 原子反射镜以及相对应的光学器件

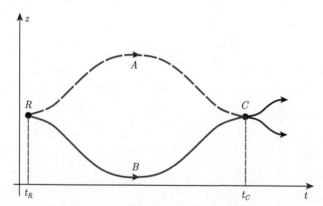

图 8.6 原子干涉仪广义示意图：原子干涉仪在第一个原子分束器处 (R 点) 开始并在最后一个原子分束器处 (C 点) 结束。在时间 t_R 和 t_C 之间，可以利用激光脉冲来完成我们的目标测量

而在原子干涉仪中，我们不仅要计算原子和光相互作用而获得的相位 ϕ_{laser}，还要计算由原子运动所获得的相位 $\phi_{\text{propagation}}$，即

$$\phi_i = \phi_{\text{laser}} + \phi_{\text{propagation}}, \tag{8.8}$$

其中

$$\phi_{\text{laser}} = \sum_i \pm [kr(t_i) - \omega t_i + \phi_i], \tag{8.9}$$

t_i 是激光脉冲与原子开始作用的时刻，其符号由跃迁的方向决定。当原子从二能级的 $|1\rangle$ 跃迁到 $|2\rangle$ 时为正号，反之为负号。

第二项 $\phi_{\mathrm{propagation}}$ 是原子沿着路径 (A 或者 B) 运动所获得的相位，这一项通过费曼路径积分来计算[257]，如果我们假设在原子干涉仪开始时，也就是我们打上第一束激光 (第一个分束器) 时，原子的波函数的初始相位为零，那么在原子干涉仪结束时 (最后一个分束器) 原子沿着路径 Γ (A 或者 B) 运动所获得的相位为

$$\phi_\Gamma = \frac{1}{\hbar}\int_{t_i}^{t_f}\left[\frac{mv^2}{2} - V(r)\right]\mathrm{d}t, \tag{8.10}$$

其中第一项是原子的动能项，$V(r)$ 是原子所感受到的外加势能，那么原子将会感受到外加力 $\boldsymbol{F} = -\dfrac{\partial V}{\partial r}$。在这里我们讨论最简单的情况，也就是原子在每一点所感受到的外加力都是相同的 $V = -m\boldsymbol{a}\cdot\boldsymbol{r}$。通过计算式 (8.10) 我们可以得到由原子运动所产生的相位差 $\Delta\phi_{\mathrm{propagation}} = \phi_B - \phi_A$ 为

$$\Delta\phi_{\mathrm{propagation}} = \frac{m}{\hbar}\left(\boldsymbol{v}_B\cdot\boldsymbol{r}_B - \boldsymbol{v}_A\cdot\boldsymbol{r}_A\right)_{t_i}^{t_f} - \frac{m}{\hbar}\int_{t_i}^{t_f}\frac{\boldsymbol{v}_B^2 - \boldsymbol{v}_A^2}{2}\mathrm{d}t$$

$$= \Delta\phi_{\mathrm{separation}} + \Delta\phi_{\mathrm{kinetic}}. \tag{8.11}$$

从式 (8.11) 我们可以得到：

(1) 当原子在路径 A 和 B 上的初始速度、初始位置相同 $r_A(t_0) = r_B(t_0)$ 以及 $v_A(t_0) = v_B(t_0)$，并且末速度、位置也相同时，$r_A(t_f) = r_B(t_f)$ 以及 $v_A(t_f) = v_B(t_f)$，$\Delta\phi_{\mathrm{separation}} = 0$。在这种情况下，我们称原子干涉仪是闭合的。

(2) 当原子在内态 $|1\rangle$，$|2\rangle$ 上的所处时间相同时 (请记住不同的内态之间有一个反冲速度的速度差)，则 $\Delta\phi_{\mathrm{kinetic}} = 0$。这种情况下我们称原子干涉仪是对称的。

当原子干涉仪同时满足闭合以及对称条件的时候，最终的相位差只取决于原子与激光的相互作用所产生的相位差，即

$$\Delta\phi = \Delta\phi_{\mathrm{laser}}. \tag{8.12}$$

在这里需要强调的是，原子干涉仪在很多情况下由于原子在不同路径上所感受到的外加势能并不完全一样，例如由于重力梯度、原子之间的相互作用力等作用，并不能同时满足闭合和对称这两个条件。但是这也给了我们利用原子干涉仪探索更多物理特性的可能性。

8.1.3 原子干涉仪的应用

在本小节中，为了简化讨论，我们将继续在闭合和对称同时满足的条件下讨论不同的原子干涉仪结构，这里我们将着重讨论两种干涉仪：马赫–曾德尔干涉仪

和 Ramsey-Bordé 干涉仪。

接下来我们将一一讨论它们的原理以及相对应的应用。

1. 马赫–曾德尔干涉仪

马赫–曾德尔干涉仪是由 $\frac{\pi}{2} - \pi - \frac{\pi}{2}$ 三脉冲所构成的 (图 8.7)。它的主要应用是测量加速度，或者说作用在原子的力, 例如重力加速度及对应的重力。

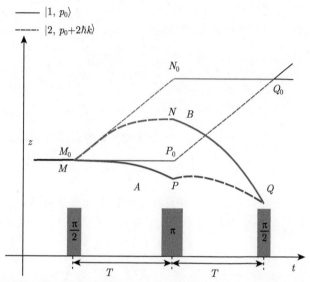

图 8.7 马赫–曾德尔干涉仪, 每一个脉冲间隔为 T。图中分别描述了在有无重力情况下的原子的运动轨迹

由于我们已经假设了干涉仪同时满足闭合和对称这两个条件，那么 $\Delta\phi_{\text{propagation}} = 0$。因此，在原子干涉仪末端的相位差可以表示为

$$\Delta\phi_{\text{total}} = \Delta\phi_{\text{laser}} = \phi^B_{\text{laser}} - \phi^A_{\text{laser}}. \tag{8.13}$$

我们假设激光沿竖直方向传播，在考虑重力的作用下，原子在 $t_0 = 0$, $t_1 = T$ 和 $t_2 = 2T$ 时的竖直位置为

$$z_M = z_{M_0},$$

$$z_N = z_{N_0} - \frac{gT^2}{2},$$

$$z_P = z_{P_0} - \frac{gT^2}{2},$$

$$z_Q = z_{Q_0} - 2gT^2.$$

基于式 (8.9) 我们可以分别计算出路径 A 和 B 上原子通过和激光的相互作用所获得相位。

(1) 沿着路径 $A(MPQ)$ 所获得相位:

$$\phi_{\text{laser}}^A = k \left(z_{P_0} - \frac{gT^2}{2} \right) - \omega T + \phi_2. \tag{8.14}$$

(2) 沿着路径 $B(MNQ)$ 所获得相位:

$$\phi_{\text{laser}}^B = kz_{M_0} + \phi_1 - \left[k \left(z_{N_0} - \frac{gT^2}{2} \right) - \omega T + \phi_2 \right]$$
$$+ \left[k \left(z_{Q_0} - 2gT^2 \right) - 2\omega T + \phi_3 \right], \tag{8.15}$$

并且由于 $z_{M_0} - z_{P_0} - z_{N_0} + z_{Q_0} = 0$,我们可以得到最终相位差为

$$\Delta\phi = -kgT^2 + \phi_1 - 2\phi_2 + \phi_3. \tag{8.16}$$

原子干涉仪和光学干涉仪一样,信号会随着相位差而周期性变化。在式 (8.16) 中,$\phi_1 - 2\phi_2 + \phi_3$ 为定值,所以我们看到原子干涉仪的精确度可以表示为

$$\frac{\Delta g}{g} = \frac{2\pi}{kT^2}. \tag{8.17}$$

该式表明,在激光波长一定的情况下,我们可以选择通过增长脉冲之间的时间间隔来极大提高测量的精确度。

从式 (8.16) 我们可以看出,三脉冲的马赫–曾德尔干涉仪可以精确测量重力加速度。但实际上利用同样的原理,它不仅可以测量重力加速度,还可以测量旋转加速度等。

2. Ramsey-Bordé 干涉仪

相比于三脉冲的马赫–曾德尔干涉仪,Ramsey-Bordé 干涉仪是由 4 束脉冲构成的 (图 8.8)。我们可以利用同样的方式计算出 A、B 两条路径的相位差。

(1) 沿着路径 $A(MPQ)$ 所获得相位:

$$\phi_{\text{laser}}^A = k \left(z_P - \omega T + \phi_2 \right). \tag{8.18}$$

(2) 沿着路径 $B(MNQ)$ 所获得相位:

$$\phi_{\text{laser}}^B = kz_M + \phi_1 - \{ k \left[z_N - \omega(T + T_{\text{D}}) \right] + \phi_3 \}$$

$$+ k\left\{[z_Q - \omega(2T + T_D)] + \phi_4\right\}, \tag{8.19}$$

那么最终的相位差是

$$\Delta\phi = \phi_{\text{laser}}^B - \phi_{\text{laser}}^A \tag{8.20}$$

$$= k(z_M + z_Q - z_N - z_P) + \Delta\phi,$$

其中 $\Delta\phi = \phi_1 - \phi_2 - \phi_3 + \phi_4$ 为定值。这里我们将其简化为零，这一简化并不会影响我们的结果。如果我们假设原子团在第一对 $\frac{\pi}{2}$ 激光脉冲之间的平均速度为 v_1，在第二对 $\frac{\pi}{2}$ 激光脉冲之间的平均速度为 v_2，在式 (8.20) 中位置差可以表示为

$$z_Q - z_N - (z_P - z_M) = (v_2 - v_1)T = \Delta vT, \tag{8.21}$$

由此可见 Ramsey-Bordé 干涉仪对两对 $\frac{\pi}{2}$ 激光脉冲之间的原子团速度差 $\Delta v = v_2 - v_1$ 十分敏感。结合式 (8.20)，我们得到最终相位差，可以表达为

$$\Delta\phi = -k\Delta vT, \tag{8.22}$$

其中，Δv 可以是由最常见的重力导致的 $\Delta v = g(T + T_D)$，也可以是人为利用光晶格加速所导致的 $\Delta v = N v_{\mathrm{r}}$。接下来我们将简单讨论这两种情况。

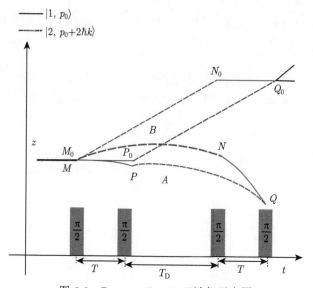

图 8.8 Ramsey-Bordé 干涉仪示意图

我们已经知道了 Ramsey-Bordé 干涉仪对于速度差 Δv 十分敏感，而利用原子在光晶格中的布洛赫振荡，我们可以在极短的时间时间内给原子以大量的反冲动量 $N\hbar k$[258]。

如图 8.9 所示，ω_1 和 ω_2 分别为第一对和第二对 $\frac{\pi}{2}$ 激光脉冲的频率。在两对 $\frac{\pi}{2}$ 激光脉冲之间，利用布洛赫振荡给原子短时间内加速 (以铷原子为例，6ms 内使原子速度改变 6m/s。)，传递给原子大量的反冲速度 Nv_r，并通过改变两个 Ramsey 干涉仪中激光频率差 $\Delta\omega = \omega_2 - \omega_1$ 来弥补速度差所引起的多普勒效应。通过同样的计算，最后的相位差可以表示为

$$\Delta\phi = -(kNv_r - \Delta\omega)T, \tag{8.23}$$

因此通过扫描激光的频率差使上式的相位差为零，我们就可以得到原子的反冲速度 v_r 信息。

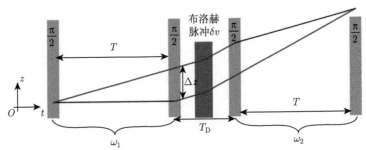

图 8.9　测量原子反冲速度示意图。图中，我们在两个 Ramsey Bordé 之间利用光晶格为原子加速

根据之前的讨论，我们知道 Ramsey-Bordé 干涉仪同样也可以用来测量重力加速度。这里我们考虑只有重力作用在原子上的情况下，最终的相位差可以表达为

$$\Delta\phi = -kgT(T + T_D). \tag{8.24}$$

通过该公式我们知道，如果想要让测量精度更高的话，需要使 $T_R(T_R + T_D)$ 尽可能大。这里让我们再次运用布洛克振荡为原子加速，那么原子将会在一定范围内一直"弹跳"，如图 8.10 所示。

需要指出的是，虽然在测量重力加速度的精确度上，Ramsey-Bordé 干涉仪要稍逊于马赫–曾德尔干涉仪 $(T(T + T_D) \leqslant (T + T_D/2)^2)$，但是这样的结构也有很多优势：通常来说马赫–曾德尔干涉仪为了达成高精度的测量会建造十分巨大的原子喷泉，目前最精准的重力测量在斯坦福大学，而该原子喷泉有 10m 之高[260]。

精准制造如此大的精密仪器，不仅需要大量人力物力，而且在技术上也是十分困难的。而利用双 Ramsey-Bordé 干涉仪结构，通过让原子在小范围内不断"弹跳"从而大大减小了实验仪器的大小，2m 甚至更小就已经足够了[259]。

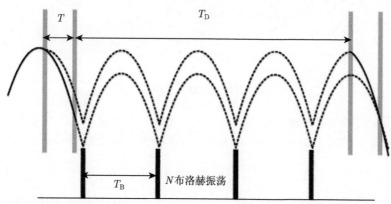

图 8.10　测量重力原理图：在第一个 Ramsey 干涉仪结束后，我们利用布洛克振荡给原子团不断加速，从而使原子对抗重力在一定范围内"弹跳"。通过在 T 时间内的重力势能积累从而完成重力势能的测量。图取自文献 [259]

8.1.4　原子干涉仪的重要意义

那么原子干涉仪到底有什么应用呢，又或者它对物理探索有怎样的意义呢？首先最常见的应用就是重力仪。一个精密的重力仪可以精准地探测地质情况，由于不同地质情况而引起的重力加速度不同，这些都可以用干涉仪精密测量出来。同时一些十分微弱的相互作用力，例如范德瓦耳斯力都可以用原子干涉仪去探测。除此之外，引力波也可以利用原子干涉仪来探测。所以精密测量对基础物理研究有着不可或缺的推进作用。接下来我们将较为细致地了解原子干涉仪在检测标准模型 (standard model) 以及引力波探测等方面的应用。

1. 检测标准模型

标准模型描述了粒子之间的相互作用，这是一个理论与大量的实验数据吻合甚至被誉为最成功的理论模型。但是可惜的是，这个理论模型并不能解释暗物质以及暗能量的存在。因此，利用精密测量来检验标准模型，从而探索物理的未知领域变得重要并充满了挑战。其中一种方法就是通过检测异常磁矩 a_e 来进行检验。

首先我们来介绍什么是异常磁矩 a_e。当一个带电轻子 (charged lepton) 放置于磁场中，就拿我们最熟知的轻子即电子作为例子来讨论。由于电子自旋与磁场的耦合，它将产生一个磁矩

$$\mu_s = -g_e \mu_B \frac{S}{\hbar}, \tag{8.25}$$

μ_B 是玻尔磁子，S 是自旋角动量。虽然由 Dirac 公式可以推论出 $g_e = 2$，但是由于量子力学的影响，实际的 g_e 与数值 2 有些许偏差，而这个偏差的一半被称为**异常磁矩** a_e 的共同作用。它可以表达为

$$a_e = \frac{g_e - 2}{2}. \tag{8.26}$$

如今最精准的电子的异常磁矩实验测量值为[261]

$$a_e^{\text{exp}} = 1159652180.73(28) \times 10^{-12}. \tag{8.27}$$

而标准模型已经为异常磁矩准备好了解释：它可以解释为粒子与电磁场的相互作用 (QED)、弱相互作用 (weak interaction) 以及强子相互作用 (hadronic)。

$$a_e = a_e(\text{QED}) + a_e(\text{weak}) + a_e(\text{Had}) \tag{8.28}$$

由于电子质量十分小，所以最后两项相比于第一项 QED 的贡献是十分微小的。而第一项 $a_e(\text{QED})$ 又可以表示为

$$a_e(\text{QED}) = \sum C_n \left(\frac{\alpha}{\pi}\right)^n \tag{8.29}$$

其中，α 是精细结构常数。从式 (8.29) 得知，如果可以精确测量出精细结构常数 α，就可以通过标准模型计算出更为精确的异常磁矩 a_e^{theo}，并将其与实际测量值 a_e^{exp} 进行比较，从而验证标准模型的完整性。

那么新的问题便是我们要如何测量精细结构常数。精细结构常数可以表示为

$$\alpha^2 = \frac{2R_\infty}{c} \frac{m}{m_e} \frac{h}{m}, \tag{8.30}$$

其中，光速 c 及普朗克常量 h 都是确定的数值，里德伯常量 R_∞ 和原子电子相对质量比的相对误差在 10^{-11} 量级及以下，而 $\frac{h}{m}$ 的相对误差仍然停留在 10^{-10} 的量级。因此，如果我们想提高精细结构常数 α 的精度，首先要做的就是更加精确地测量 $\frac{h}{m}$。

而我们在之前的讨论中已经获知原子的反冲速度中包含着 $\frac{h}{m}$ 的信息，所以我们可以通过测量原子的反冲速度从而确定精细结构常数 α，并以此来检验标准模型。如今最精确的 α 测量是通过 Ramsey Bordé 原子干涉仪以及布洛克振荡测量铷原子的反冲速度，利用标准模型计算出电子异常磁矩的理论值[262]：

$$a_e^{\text{theo}} = 1159652180.252(095) \times 10^{-12}, \tag{8.31}$$

然后将测量的实验值 $a_{\mathrm{e}}^{\exp}$ 与理论值 $a_{\mathrm{e}}^{\mathrm{theo}}$ 相互比较。

不同的实验组在不同时间测量的电子异常磁矩 a_{e} 的比较如图 8.11 所示。虽然如今最精确的理论值与实验值之间相差了 1.6 个标准误差 σ，但是以目前的精确度，我们还无法从测量的实验值 $a_{\mathrm{e}}^{\exp}$ 与利用标准模型计算的理论值 $a_{\mathrm{e}}^{\mathrm{theo}}$ 的比较中断言标准模型是否存在缺陷、不完整的地方。要想从电子的异常磁矩来检验标准模型，我们必须将实验值和理论值的相对误差同时提高到 6×10^{-14}。

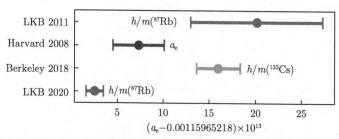

图 8.11 不同的实验组在不同时间测量的电子异常磁矩 a_{e} 的比较。红色代表实验测量值，蓝色代表通过测量铷原子 ($^{87}\mathrm{Rb}$)[262] 的反冲速度而确定的电子异常磁矩 a_{e} 理论值，绿色代表通过测量铯原子 ($^{133}\mathrm{Cs}$)[263] 的反冲速度而确定的电子异常磁矩 a_{e} 理论值

2. 原子干涉仪与引力波探测

在广义相对论中，有质量的物体会扭曲周围时空并以光速散播出去，我们将其称为引力波。你可以将时空理解为平静的水面，当不同质量的物体投掷到湖面时所引起的湖面涟漪是不同的，一片羽毛可能只能引起十分微弱的湖面扰动，但是一块石头却可以激起水花引起剧烈的扰动。所以我们也将引力波称为时空的涟漪。

1916 年，阿尔伯特·爱因斯坦即根据广义相对论预言了引力波的存在。1974 年，拉塞尔·赫尔斯和约瑟夫·泰勒发现赫尔斯–泰勒脉冲双星。这个双星系统在互相公转时，由于不断散发引力波而失去能量，因此逐渐相互靠近，这种现象为引力波的存在提供了第一个间接证据，并由此获得了 1993 年诺贝尔奖。科学家也利用引力波探测器来观测引力波现象，如激光干涉引力波天文台 (LIGO)。2016 年 2 月 11 日，LIGO 科学团队与室女座干涉仪团队共同宣布，人类于 2015 年 9 月 14 日首次直接观察到引力波，其源自于双黑洞合并，该发现同样获得了 2017 年的诺贝尔奖。

科学家们之所以如此重视引力波，是因为引力波与物质彼此之间的相互作用非常微弱，引力波不容易被传播途中的物质所改变，因此引力波是优良的信息载体，使人类能够观测从宇宙深处传来的宝贵信息。天文学家就可以利用引力波观测到超新星的核心，或者大爆炸的最初几分之一秒，而利用电磁波是不足以观测到这些重要天文事件的。而对于引力波的探测，原子干涉仪同样有着巨大的潜力。

通过之前的讨论,我们可以将原子干涉仪理解为一个原子钟,是原子相位与激光相位的一个相互对比矫正。而引力波作为时空的涟漪,它的出现自然会使处在不同位置的原子钟之间的时空发生振荡,从而产生相对应的相位差。在图 8.12 中,我们假设两个原子干涉仪相距 L,一个强度为 h,初始相位为 ϕ_0 的引力波垂直穿过这两个干涉仪所在的平面时将会导致两个干涉仪之间产生相位差[264]:

$$\phi_{\mathrm{tot}} \propto k_{\mathrm{eff}} h L \sin \phi_0, \tag{8.32}$$

其中,k_{eff} 是干涉仪中激光的有效波矢量。而引力波的初始相位在每一次实验开始的时候都是不同的,由此我们可以得到引力波的信息。

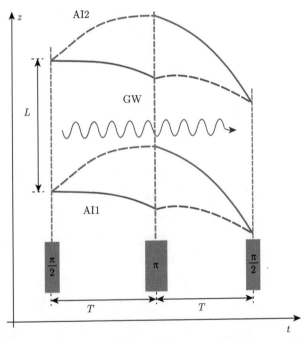

图 8.12 AI1 和 AI2 分别表示原子干涉仪中原子团的运动轨迹,两个干涉仪相距 L,引力波 (GW) 垂直穿过干涉仪所处的平面。两个干涉仪使用相同的激光源来减少系统误差使测量结果更加准确

由于原子干涉仪的在引力波的探测中显现出的高精度测量,相对较低的成本等优势使得它在未来引力波的探测中扮演着越来越重要的角色,甚至会在不久的未来成为引力波探测的主角。

8.2 冷原子与量子信息：以里德伯原子为例

除了 8.1 节提出的精密测量领域之外，高精确度控制下的冷原子在量子信息、量子计算等其他量子调控领域都发挥了相当重要的作用。所谓量子信息，就是以量子系统的量子态来携带的信息。通过对量子态的物理性质加以利用，我们可以对这些信息进行存储、传输、计算等，所以就衍生了量子通信、量子计算等领域。量子信息的优点是运算能力强、效率高及安全性好。然而，目前这个领域中的很多热点问题都在初步探索和研发阶段。而光子系统、冷原子系统与冷离子系统都是量子信息研究的热门系统。其中，由于光镊技术的发展，冷原子系统中的里德伯原子更是成为这几年量子信息研究的热门对象之一。在本节，我们将以里德伯原子为例，对冷原子系统如何在这些量子调控的研究中发挥其作为量子信息的作用进行简要介绍。本节的讨论主要依据文献 [265-268]。

8.2.1 里德伯原子的基础知识

里德伯原子是指有一个或多个电子被激发到主量子数很大的高激发态的原子，它具有电偶极矩长、寿命长等特点。相比于普通的短程相互作用的冷原子系统，里德伯原子具有特殊的偶极相互作用，即长程相互作用。这些特性也使得它成为量子计算、量子信息、量子模拟等多个领域中重要的研究对象。在本小节，我们将对里德伯原子的一些基本理论与实验的基础知识进行讲解，为 8.2.2 节和 8.2.3 节的应用内容做好铺垫。

我们刚刚提到，里德伯原子的长程相互作用得益于被激发到高激发态的电子。在具体实验中，我们通常是通过双光子受激拉曼绝热过程 (stimulated Raman adiabatic passage, STIRAP) 和双光子拉曼过程等手段将原子最外层电子从基态 $5S_{1/2}$ 激发到一个很大的主量子数 n 的激发态。实验中 n 一般取 50 左右，n 越大相邻能级能量差越小，如图 8.13 所示。其原子半径 (即最外层电子与原子核的距离) 与 n^2 成正比。当激发能级 n 很高的时候，原子的半径很大甚至超过了近邻格点的大小，而电偶极矩也和 n^2 成正比。前面几章我们讲关于超流体和 BEC 的实验中，无论是基态还是激发态，主量子数 n 都不变，电偶极矩可以忽略。然而对于里德伯原子而言，最外层电子处于主量子数很高的激发态，电偶极矩很大，里德伯原子之间也会有偶极–偶极长程相互作用。而当外加电场使原子极化之后，电偶极相互作用则会被进一步增强。

具有大的电偶极矩的里德伯原子具有特殊的长程相互作用的特性正是来自于偶极–偶极相互作用。对于位置为 $\boldsymbol{R}_A$ 和 $\boldsymbol{R}_B$ 的两个里德伯原子，它们的偶极–偶极耦合项可以写为

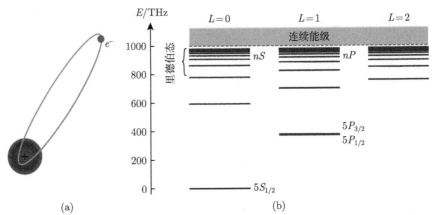

图 8.13　里德伯原子的结构与能谱示意图。(a) 里德伯原子示意图, 其结构主要包含中心的正离子 (红色) 和被激发到高主量子数激发态的电子。(b) 铷原子的激发能谱, 随着主量子数 n 变大，相邻能级之间的能量差也在变小，图片取自文献 [267]

$$\hat{V}_{\text{dip}} = \frac{1}{4\pi\epsilon_0} \frac{\hat{\boldsymbol{d}}_A \hat{\boldsymbol{d}}_B - 3(\hat{\boldsymbol{d}}_A \hat{\boldsymbol{n}})(\hat{\boldsymbol{d}}_B \hat{\boldsymbol{n}})}{R^3}, \tag{8.33}$$

其中，$\hat{\boldsymbol{d}}_i (i = A, B)$ 为原子 i 的电偶极矩；$R = \boldsymbol{R}_A - \boldsymbol{R}_B$ 为两原子的间距向量；$\boldsymbol{n} = \boldsymbol{R}/R$ 为该向量的方向向量。这一项的强度大小大致可估算为

$$|\hat{V}_{\text{dip}}| \sim \frac{1}{4\pi\epsilon_0} \frac{e^2 a_0^2}{R^3} n^{*4}, \tag{8.34}$$

其中，n^* 为系统的有效主量子数。

接下来我们来讨论这个偶极相互作用带来的能量变化。我们假设单原子的初始态为 $|r\rangle$，则双原子的初始态可写为 $|r, r\rangle$。当通过偶极相互作用 $\hat{V}_{\text{dip}}$ 耦合时，它们将被耦合到新的双原子态 $|r', r''\rangle$，如图 8.14(a) 所示。其初末态的能量差为

$$\Delta = E_{|r'\rangle} + E_{|r''\rangle} - 2E_{|r\rangle}, \tag{8.35}$$

这个能量差也被称为福斯特缺陷 (Föster defect)。在双基矢下，我们可以求解系统的本征能量为

$$E_{\pm} = \frac{1}{2}\left(\Delta \pm \sqrt{\Delta^2 + 4C_3^2/R^6}\right), \tag{8.36}$$

其中 $C_3/R^3 = \langle r, r|\hat{V}_{\text{dip}}|r', r''\rangle$。值得注意的是，这里的相互作用能量项在不同的原子间距下，体现出的特性是完全不同的。我们以铷原子为例，如图 8.14(b) 所示，当两原子间距较短时，即 $R^3 \ll C_3/\Delta$，系统的相互作用主要为偶极–偶极相互作

用，其相互作用能量体现为 $|E_{\pm}| \propto C_3/R^3$；而当原子间距离较大时 $R^3 \gg C_3/\Delta$，即系统的相互作用主要是范德瓦耳斯相互作用，此时系统的相互作用可以表达为 C_6/R^6 的形式。关于其系数 C_6 的具体表达式与推导过程，我们建议感兴趣的读者参考文献 [267] 的第七章。

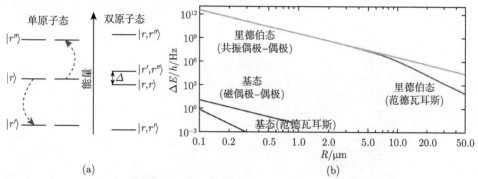

图 8.14 里德伯原子的偶极相互作用。(a) 里德伯原子的单原子态与双原子态的能级示意图，图片取自文献 [268]；(b) 铷原子的二体相互作用强度曲线，图片取自文献 [267]

8.2.2 里德伯原子与光镊

我们在第二章讲过如何通过磁光阱来冷却原子，得到 MOT 原子团，然后再通过进一步的蒸发冷却最终得到 BEC。然而，对于里德伯原子的实验而言，通常不需要达到像 BEC 一样低的温度，准备阶段只需要将原子团在磁光阱里冷却到 MOT 阶段即可。同时，在里德伯原子的经典实验中，我们不得不提到光镊的重要性。光镊可以将原子一个一个地"夹到"理想的位置并最终形成原子阵列，而后再利用光子跃迁将最外层电子从基态打到高能级的激发态上，以此来制备里德伯原子。我们在这里以巴黎综合理工学院与巴黎高等光学研究院 Antoine Browaeys 教授领导的实验组的实验系统为例，简单介绍如何形成光镊，如何移动原子得到原子阵列，如何激发原子得到里德伯原子以及如何成像等实验手段。这里我们只作粗略讨论，更多具体细节可参考文献 [267, 269]。

1. 光镊与原子阵列

我们在第二章囚禁原子中提到过红失谐的光对原子会产生一个辐射压，进而产生一个将原子推向光强最强位置的力，红失谐的偶极阱和光晶格就是利用这个力来囚禁原子。当汇聚透镜的数值孔径 (numerical aperture) 非常大的时候，我们就可以将原子紧紧地束缚在红失谐光汇聚的焦点上。要注意的是，当聚焦强度不够的时候，原子在沿着光传播方向依然有一段距离可以自由移动，这段距离可以看成是瑞利距离，即 $z_R = \pi w_0^2/\lambda$，所以在实验上我们要使得焦点上横截面的

束腰 w_0 小到波长 λ 的量级，这样在沿光传播方向也会形成紧束缚，从而就可以实现将单原子囚禁在三维空间中的任意一点上。如图 8.15 所示，青色的一对非球面镜 (aspheric lens) 处在磁光阱腔中用来汇聚红失谐光，捕捉并囚禁原子，非球面镜的复杂表面可以减少或者消除球面相差或者其他像差，以便更好地汇聚于一点。而在这一点上，原子被从三个方向紧紧地夹住，像镊子一样，所以我们也称之为光镊。

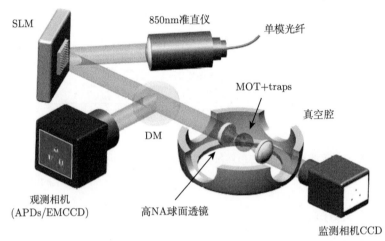

图 8.15　利用光镊囚禁基态单原子以及荧光成像的示意图，图片取自文献 [267]

　　图 8.15 是光镊囚禁单原子的实验装置示意图。该实验所用原子为铷 (Rb) 原子，其基态自发辐射的光子波长为 780nm。一束波长为 850nm 的红失谐的光经过空间光调试器 (SLM) 以及二向色镜 (dichroic mirror) 后进入真空腔内，再通过非球面镜汇聚形成光镊来囚禁原子。通过 MOT 的泵浦光以及冷却光使得囚禁的原子不断地自发辐射，向四周发射荧光光子，其中一部分射向二向色镜并反射被观测相机 (如 EMCCD) 获取，而形成光镊囚禁原子的光也显示在监测相机 (如 d-CCD) 上。我们在第六章讲解如何旋转 BEC 中提到了空间光调试器，它可以通过改变每一个微小晶体单元的电压来改变折射率等，进而调节光的相位，以此来得到我们想要的光强分布。在实验上，我们并不是把所有的光会聚到一个焦点上只形成一个光镊，而是可以调节 SLM 改变光强分布得到我们想要的一组光镊，进而改变原子的空间分布。我们通过想要得到的在焦平面上的光强分布，利用 Gerchberg-Saxton 相位算法，通过反复做傅里叶变换得到给定光强分布下对应的空间光调试器需要提供的相位分布，进而在焦平面上得到光镊组，正如图 8.15 中的例子就是三个光镊形成一个呈三角形结构的光镊组。所以，监测相机可以获得在一个给定焦平面上光强的分布，进而监测光镊的结构是否如我们所愿。而观测相机则通过原子辐射的荧光来判断原子是否被束缚在光镊里。

接下来我们来看，如何在实验中获得我们想要的三维原子阵列。上文我们提到的只是在一个焦平面上通过 SLM 来得到想要的光镊组合，也是在这同一个焦平面上对光镊和原子进行成像。如果我们要将原子排布成一个三维原子阵列，只需要同时调节这一个焦平面的前后位置即可。如图 8.16(a) 所示，在监测相机 d-CCD 和观测相机 EMCCD 前分别放置一个电动可调焦透镜 (electrically tunable lens, ETL)，这样就可以将成像的焦平面前后调节。那么如何形成一个三维的光镊组合呢？其实只需要调节 SLM 给光镊的光印记的相位就可以做到。虽然通过调节 SLM 我们可以得到一组三维光镊组合，但是我们不能保证原子一开始就能完美地填充到这些光镊中去。所以我们还需要可移动光镊来做一个输运转移的工作，利用一个可移动光镊将原子从一个光镊里"夹"出来放到另一个光镊里。图 8.16(a) 中紫色的部分体现出可移动光镊需要的元器件，主要就是两个垂直摆放的声光偏转器 (AOD)，我们可以通过调节输入进 AOD 的射频频率使得输出光线的传播方向进行偏转，两个垂直的 AOD 可控制对 x 和 y 方向的偏转角度，最后这个可移动光镊就可以在一个给定的焦平面上沿着图中 x、y 方向平移到任意位置。除此之外还有一个电动可调焦透镜用来调节焦平面的位置，使得光镊也可以将原子沿 z 方向平移，由此通过可移动光镊可以将原子移动到三维空间中的任意位置。图 8.16(b) 显示了可移动光镊把原子从一个光镊里"夹"送到另一个光镊里的过程：首先将可移动光镊处在原子和束缚原子的光镊的位置处，随后将可移动光镊的光强增加，使得势阱比原子所处的光镊势阱更深，然后通过调节两个 AOD 和 ETL 将可移动光镊以及它囚禁着的原子平移到想要束缚的光镊的位置，最后再渐渐降低可移动光镊光强，最后原子被该处的光镊束缚，成功完成转运。

在具体的实验中，我们可以通过磁光阱将原子囚禁并冷却到 $100\mu K$ 左右，然后打开三维光镊组合开始捕捉原子。需要注意的是，如果最后需要 N 个原子组成想要的原子阵列，那么要准备约 $2N$ 个光镊来束缚原子。这是因为光助碰撞 (light-assisted collisions) 和作用[270]，即当光镊一开始束缚的是偶数个原子时最终光镊夹住 0 个原子，而当一开始夹住奇数个原子则最终会有 1 个原子被光镊夹住，奇偶概率参半。所以通过 SLM 准备约 $2N$ 个光镊后，最终可以获得 N 个原子，然后再通过可移动光镊一个一个地将原子移动到想要束缚的光镊中。在实际操作的过程中，要调节三个电动可调焦透镜，一层一层安置原子并成像，如图 8.16(a) 中的小图所示。这项技术较为成熟，高度可控，最终可以得到任意三维原子阵列，比如图 8.16(c) 中用原子搭建的埃菲尔铁塔。

2. 里德伯原子的制备与探测

上面我们所介绍的如何用光镊束缚并转移原子最终形成原子阵列都是基于基态原子，并非里德伯原子，所以在这里我们来讨论得到基态原子的原子阵列之后如何对其进行激发最终得到里德伯原子，又如何来进行探测。如果想要通过一束光直接把原子从基态激发到很高主量子数 n 的里德伯态，则需要用到紫外光，这是因为两个能级之间的能量差很大。由于相干性良好的紫外光光源并不常见，所以大部分实验会选择打两束光，利用双光子跃迁的方式来制备里德伯态。

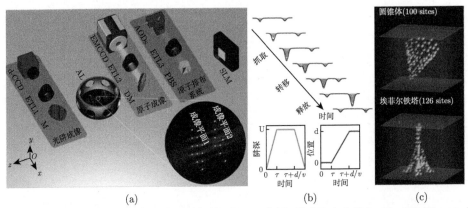

图 8.16　　(a) 用光镊实现三维原子阵列的实验装置示意图，图片取自文献 [271]。相比图 8.15 中的实验装置图而言，除了图中形成光镊 (红色) 的光、原子自发辐射的荧光 (绿色) 外，还有粉色的光是用于转移原子从一个光镊到另一个光镊的可移动光镊。通过三个电动可调焦透镜 (ETL) 可以使得可移动光镊、监测相机以及观测原子的成像相机的焦平面沿光传播的方向 (图中 z 轴) 前后移动。图片取自文献 [271]。(b) 可移动光镊将原子从一个光镊移动到另一个光镊里的示意图，以及可移动光镊的光强和位置随时间的变化，图片取自文献 [269]。(c) 通过可移动光镊将原子"夹"到三维的光镊里，让原子形成圆锥和埃菲尔铁塔形状的阵列。图片取自文献 [271]

　　我们以铷原子为例，图 8.17 中描述了如何通过双光子跃迁制备里德伯原子。实验上一般会先用波长为 795nm 左右的红光将原子从基态 $|g\rangle = |5S_{1/2}\rangle$ 激发到 $|e\rangle = |5P_{1/2}\rangle$ 这个中间激发态作为跳板，然后再通过一束波长在 475nm 左右的蓝光，将原子从中间激发态打到里德伯态 $|r\rangle = |nS_{1/2}\rangle$ 或者 $|nD_{3/2}\rangle$。具体参数细节可参考文献 [269]。除此之外还可以通过过双光子受激拉曼绝热过程 (STIRAP) 实现双光子跃迁得到里德伯原子，更多细节可参见文献 [268]。

　　当制备里德伯原子过程结束之后，如何探测哪些原子被成功激发，哪些原子还停留在基态呢？这时需要再将光镊重新打开，里德伯原子处于高激发态，红失谐的光镊不能再夹住里德伯原子，但是还是可以夹住基态原子。因此，在实验中我们可以在制备里德伯原子之后重新打开光镊，对比激发之前的荧光成像图片，就可以知道哪个格点上的原子已经被成功激发到里德伯态。8.2.3 小节我们会提一个利用这样的实验流程测量里德伯阻塞的经典实验。

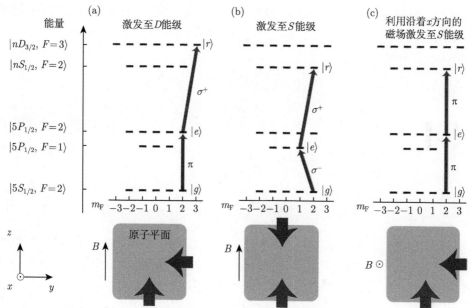

图 8.17　三种通过双光子跃迁激发原子得到里德伯原子的示意图。$|g\rangle$、$|e\rangle$、$|r\rangle$ 分别代表基态、中间激发态和里德伯态。图中灰色平面，即 yz 平面为原子所处的二维焦平面，x 则为光镊光传播方向。(a) 通过偏振为 π 和 σ^+ 的双光子制备出处在 $nD_{3/2}$ 激发态的里德伯原子。(b)~(c) 通过双光子跃迁得到处在 $nS_{1/2}$ 激发态的里德伯原子。图片取自文献 [269]

8.2.3　里德伯原子中的量子比特与逻辑门

在本小节，我们将以里德伯原子为例，介绍一个量子系统如何被应用于量子信息领域，从而为量子通信和量子计算等领域提供实验平台的。

首先，我们将介绍里德伯原子的阻塞效应 (blockade effect)，即当一个原子被激发到里德伯态之后，其一定范围内的临近原子都不能被激发到里德伯态。这一效应实际上展示了里德伯原子的量子纠缠特性，对后面的一些实际应用有着非常重要的奠基作用。

我们取间距为 R 的两个里德伯原子，假设它们的单原子态是一个二能级系统，包含一个基态 $|g\rangle$ 和一个里德伯态 $|r\rangle$，其能量差为 E_n，拉比振荡的频率为 Ω，如图 8.18(a) 所示。当我们考虑双原子能态时，原则上说可以产生 $|gg\rangle$、$|gr\rangle$、$|rg\rangle$、$|rr\rangle$ 四种情况。然而，真实的双原子能级图如图 8.18(b) 所示。这里我们需要指出两个非常重要的要点。一方面，当两原子距离较远的时候，它们可以各自被独立地激发到里德伯态，但当它们的距离近到范德瓦耳斯作用力显著的范围之内后，$|rr\rangle$ 能级将会产生一个显著的偏移 $\Delta E(R)$。当 $\Delta E(R) \sim C_6/R^6 \gg \hbar\Omega$ 时，激光与 $|rr\rangle$ 态不再共振，这也使得两个原子不能同时被激发到里德伯态上。这时，

我们也可以给出一个大致的阻塞半径为 $R_{\mathrm{b}} = \sqrt[6]{C_6/\hbar\Omega}$。另一方面，这一效应使得系统可以处于只有一个原子被激发的叠加态，即

$$|\Psi_+\rangle = \frac{1}{\sqrt{2}}(|gr\rangle + \mathrm{e}^{\mathrm{i}\phi}|rg\rangle). \tag{8.37}$$

需要指出的是，反对称的 $|\Psi_-\rangle = \frac{1}{\sqrt{2}}(|gr\rangle - \mathrm{e}^{\mathrm{i}\phi}|rg\rangle)$ 是一个暗态，所以在后面的讨论中不予以讨论。同时，我们也可以基于对称态 $|\Psi_+\rangle$ 计算出这个态与双原子基态的光耦合项，即

$$-\langle\Psi_+|\hat{\boldsymbol{d}}_A\boldsymbol{E}_{\mathrm{L}}\mathrm{e}^{\mathrm{i}\boldsymbol{k}\cdot\boldsymbol{R}_A} + \hat{\boldsymbol{d}}_B\boldsymbol{E}_{\mathrm{L}}\mathrm{e}^{\mathrm{i}\boldsymbol{k}\cdot\boldsymbol{R}_B}|gg\rangle = \sqrt{2}\hbar\Omega. \tag{8.38}$$

这个式子也告诉我们，里德伯阻塞效应下的双原子系统，其基态与激发态的耦合频率变成了 $\sqrt{2}\Omega$。同时，我们还可以将上述讨论扩展到 N 个原子的里德伯阻塞效应。这时，N 个原子中最多可以有一个原子被激发到里德伯态，即

$$|W\rangle = \frac{1}{\sqrt{N}}\sum(|rggg\cdots g\rangle + |grgg\cdots g\rangle + \cdots + |gggg\cdots r\rangle) \tag{8.39}$$

它与基态 $|G\rangle = |ggg\cdots g\rangle$ 的耦合频率将变为 $\sqrt{N}\Omega$。值得关注的是，在激发态 $|W\rangle$ 下也就意味着这 N 个原子之间形成了一种量子纠缠。而这种基于范德瓦耳斯力形成的量子纠缠，也是量子信息处理的重要因素之一。

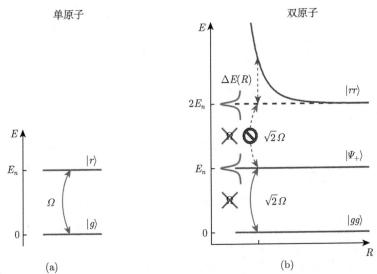

图 8.18   里德伯阻塞效应中的单原子与双原子能级示意图。图片取自文献 [267]

在实验上，里德伯阻塞也被成功地观测到 [272]，其主要图像如图 8.19 所示。与 8.2.2 小节提到的实验流程类似，利用 SLM 的相位印记使得光镊在焦平面上得到正方形或者三角形的结构，光镊从 MOT 里捕获基态原子，然后用可移动光镊将原子排成 14×14 的方形原子阵列或者 147 个格点的三角原子阵列，相邻格点为 $10\mu m$ 左右，如图 8.19(b) 所示。而后，关掉光镊，通过双光子跃迁将基态原子制备到里德伯态，这个时间非常短，在纳秒量级，以保证原子不会因为失去势阱束缚而离开原来的位置。紧接着重新打开光镊，被激发到里德伯态的原子会从光镊中逃逸，而还处在基态的原子则会自发辐射出荧光被观测相机成像。最终结果如图 8.19(c) 所示，由于范德瓦耳斯力导致的里德伯阻塞，相邻两个格点的原子不会同时被激发到里德伯态，只能一个被激发到里德伯态 (蓝色)，另一个停留在基态 (红色)。而这种基态 $|\downarrow\rangle$-激发态 $|\uparrow\rangle$ 交替的状态，一方面证实了里德伯阻塞效应的存在，另一方面也是对自然界中相邻电子自旋呈相反方向排列的反铁磁序 (antiferromagnetic order) 的一种量子模拟。

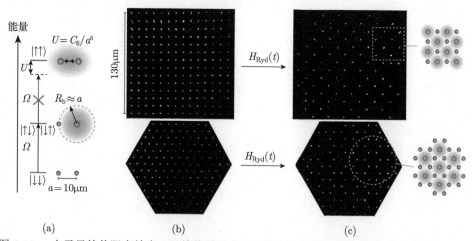

图 8.19　由于里德伯阻塞效应，里德伯原子在正方形和三角形阵列中被观测到反铁磁序，图片取自文献 [272]。(a) 里德伯阻塞示意图。(b) 激发原子之前，用基态原子得到正方形和三角形的原子阵列。(c) 通过里德伯原子和基态原子的排列，观测到反铁磁序

在讨论里德伯原子的阻塞效应后，我们接下来简要介绍一下里德伯原子是如何被应用于量子信息领域的。对于一个传统的电子计算机系统，其最核心的两个基本元素为比特与逻辑门。比特 (bit) 也称为位元，是指二进制中的一位，也是信息中的最小单位。在实际的物理电路中，我们通常以低电压与高电压来代表二进制中的 0 和 1。这样，系统的信息就以二进制数字的形式进行存储。而所谓逻辑门 (logic gate)，是集成电路上的基本组件，是可以进行"或""与""非""或

非""与非"等逻辑运算的电路。在一个实际的数字电路中，通过合理的电路设计，我们可以构造需要的逻辑门。

　　量子系统生成的量子信息通常具有高安全性，而如果基于这些量子信息可以更进一步通过量子系统制备出量子计算机，那么我们将获得计算能力强、效率高、安全性高等多个优点。设计量子计算机的第一步，就是要找到量子系统中的比特，即量子比特，并通过量子系统的特性，设计量子比特的逻辑门。通常，对于一个二能级的量子系统，我们可以用两个能级的量子态 $|0\rangle$ 和 $|1\rangle$ 来代表二进制中的 0 和 1，如电子的自旋、光子的极化等。值得注意的是，与经典的比特不同，量子比特除了处在绝对的 $|0\rangle$ 和 $|1\rangle$ 态外，还可以处于 $|0\rangle$ 和 $|1\rangle$ 的量子叠加态。

　　通常，对于一个中性原子系统，其基态超精细结构的二能级系统可以被征用为量子比特的 $|0\rangle$ 与 $|1\rangle$，具体细节可以参看文献 [265,266]。而在类似于光镊等高精度的控制技术下，我们可以高精度地控制多位的量子信息，并基于此进行量子计算。前文提到的里德伯阻塞效应，就是量子逻辑门的很好的例子之一。如图 8.20 所示，展示了由里德伯阻塞效应所设计的相位控制门 (C_Z 门) 的示意图，这个设想最初是由文献 [273] 提出的。首先，我们取原子基态的两个超精细结构的能级作为 $|0\rangle$ 与 $|1\rangle$，其中 $|1\rangle$ 能级与里德伯能级 $|r\rangle$ 以拉比频率 Ω 耦合。如果我们将左右两个原子分别称作控制原子与目标原子，那么这个 C_Z 门主要由三段脉冲完成，它们分别是：对于控制原子 $|1\rangle \rightarrow |r\rangle$ 跃迁的 π 脉冲；对于目标原子 $|1\rangle \rightarrow |r\rangle \rightarrow |1\rangle$ 跃迁的 2π 脉冲；对于控制原子 $|r\rangle \rightarrow |1\rangle$ 跃迁的 π 脉冲。如果系统的初始状态为 $|01\rangle$，那么在我们的操作下目标原子将获得一个 π 的相位偏移，如图 8.20(a) 所示。而如果系统的初始状态为 $|11\rangle$，那么由于里德伯阻塞效应，目标原子将会被冻结在 $|1\rangle$ 态而不获得额外的相位。在基底 $|00\rangle, |01\rangle, |10\rangle, |11\rangle$ 下，其演化矩阵可以写为

$$U = \begin{pmatrix} 1 & 0 & 0 & 0 \\ 0 & -1 & 0 & 0 \\ 0 & 0 & -1 & 0 \\ 0 & 0 & 0 & -1 \end{pmatrix}, \tag{8.40}$$

即一个 C_Z 门。而通过适当的操作，我们总可以将一个 C_Z 门转化为一个 CNOT 门，详情见文献 [274]。

　　需要指出的是，我们这里只是举例说明了一个双原子系统利用阻塞效应形成的量子逻辑门。实际上，量子逻辑门的构造是多种多样的。仅就里德伯原子的领域而言，就可以构造相互作用门、干涉门等。对这些量子逻辑门的设计感兴趣的读者，我们建议参看文献 [265,266]。

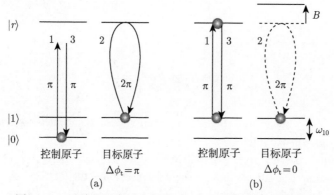

图 8.20　里德伯阻塞效应下的 C_Z 门。图片取自文献 [265]

　　至此，我们便通过一些简要理论和实例介绍，完成了对精密测量、量子信息与量子计算等领域内冷原子如何发挥作用的简要介绍。我们需要再次强调，由于本章为本书的拓展章节，意在让读者对中性的冷原子系统如何在量子调控的前沿应用领域发挥作用有初步的了解，因此对于一些更高深、更前沿或更细致的内容，我们在此就不展开作详细的介绍。建议对此感兴趣的读者参考我们给出的文献，对更细致的知识点进行探索。

参 考 文 献

[1] Bose S. Planck's law and the light quantum hypothesis. Journal of Astrophysics and Astronomy, 1994, 15(1): 3.

[2] Anderson M H, Ensher J R, Matthews M R, et al. Observation of Bose-Einstein condensation in a dilute atomic vapor. Science, 1995, 269(5221): 198.

[3] Davis K B, Mewes M O, Andrews M R, et al. Bose-Einstein condensation in a gas of sodium atoms. Phys. Rev. Lett., 1995, 75: 3969.

[4] Bradley C C, Sackett C A, Tollett J J, et al. Evidence of bose-Einstein condensation in an atomic gas with attractive interactions. Phys. Rev. Lett., 1995, 75: 1687.

[5] Bloch I, Dalibard J, Zwerger W. Many-body physics with ultracold gases. Rev. Mod. Phys., 2008, 80: 885.

[6] Sanchez-Palencia L. Disordered, ultracold quantum gases: Theoretical studies and experimental perspectives. Ph.D. thesis, Université Paris Sud-Paris XI, 2011.

[7] 王义遒. 原子的激光冷却与陷俘. 北京: 北京大学出版社, 2007.

[8] 陈徐宗. 现代原子物理进展 (讲义).

[9] Kapitza P. Viscosity of liquid helium below the λ-point. Nature, 1938, 141: 74.

[10] Allen J, Misener A. Flow of liquid helium II. Nature, 1938, 141: 75.

[11] Ashkin A. Trapping of atoms by resonance radiation pressure. Phys. Rev. Lett., 1978, 40: 729.

[12] Chu S, Hollberg L, Bjorkholm J E, et al. Three-dimensional viscous confinement and cooling of atoms by resonance radiation pressure. Phys. Rev. Lett., 1985, 55: 48.

[13] Lett P D, Watts R N, Westbrook C I, et al. Observation of atoms laser cooled below the Doppler limit. Phys. Rev. Lett., 1988, 61: 169.

[14] Cohen-Tannoudji C. Nobel lecture: Manipulating atoms with photons. Rev. Mod. Phys., 1998, 70: 707.

[15] Chu S. Nobel lecture: The manipulation of neutral particles. Rev. Mod. Phys., 1998, 70: 685.

[16] Phillips W D. Nobel lecture: Laser cooling and trapping of neutral atoms. Rev. Mod. Phys., 1998, 70: 721.

[17] Fried D G, Killian T C, Willmann L, et al. Bose-einstein condensation of atomic hydrogen. Phys. Rev. Lett., 1998, 81: 3811.

[18] Luiten O J, Reynolds M W, Walraven J T M. Kinetic theory of the evaporative cooling of a trapped gas. Phys. Rev. A, 1996, 53: 381.

[19] Jannes G. Emergent gravity: The bec paradigm. arXiv:0907.2839, 2009.

[20] Schreck F, Khaykovich L, Corwin K, et al. Quasipure Bose-Einstein condensate immersed in a Fermi sea. Physical Review Letters, 2001, 87(8): 080403.

[21] Truscott A G, Strecker K E, McAlexander W I, et al. Observation of Fermi pressure in a gas of trapped atoms. Science, 2001, 291(5513): 2570.

[22] Bloch I. Quantum simulations come of age. Nature Physics, 2018, 14(12): 1159.

[23] Schäfer F, Fukuhara T, Sugawa S, et al. Tools for quantum simulation with ultracold atoms in optical lattices. Nature Reviews Physics, 2020, 2(8): 411.

[24] Grimm R, Weidemüller M, Ovchinnikov Y B. Optical dipole traps for neutral atoms, Advances in atomic. Molecular, and Optical Physics, 2000, 42: 95.

[25] Bloch I, Dalibard J, Zwerger W. Many-body physics with ultracold gases. Rev. Mod. Phys., 2008, 80: 885.

[26] Jaksch D, Bruder C, Cirac J I, et al. Cold bosonic atoms in optical lattices. Phys. Rev. Lett., 1998, 81: 3108.

[27] Fisher M P A, Weichman P B, Grinstein G, et al. Boson localization and the superfluid-insulator transition. Phys. Rev. B, 1989, 40: 546.

[28] Greiner M, Mandel O, Esslinger T, et al. Quantum phase transition from a superfluid to a mott insulator in a gas of ultracold atoms. Nature, 2002, 415(6867): 39.

[29] Stoof H T. Breaking up a superfluid. Nature, 2002, 415(6867): 25.

[30] Chin C, Grimm R, Julienne P, et al. Feshbach resonances in ultracold gases. Rev. Mod. Phys., 2010, 82: 1225.

[31] Lahaye T, Menotti C, Santos L, et al. The physics of dipolar bosonic quantum gases. Reports on Progress in Physics, 2009, 72(12): 126401.

[32] Baranov M A, Dalmonte M, Pupillo G, et al. Condensed matter theory of dipolar quantum gases. Chemical Reviews, 2012, 112(9): 5012.

[33] Gadway B, Yan B. Strongly interacting ultracold polar molecules. Journal of Physics B: Atomic, Molecular and Optical Physics, 2016, 49(15): 152002.

[34] Moses S A, Covey J P, Miecnikowski M T, et al. New frontiers for quantum gases of polar molecules. Nature Physics, 2017, 13(1): 13.

[35] Browaeys A, Lahaye T. Many-body physics with individually controlled Rydberg atoms. Nature Physics, 2020, 16(2): 132.

[36] Bakr W S, Gillen J I, Peng A, et al. A quantum gas microscope for detecting single atoms in a Hubbard-regime optical lattice. Nature, 2009, 462(7269): 74.

[37] Sherson J F, Weitenberg C, Endres M, et al. Single-atom-resolved fluorescence imaging of an atomic mott insulator. Nature, 2010, 467(7311): 68.

[38] Weitenberg C, Endres M, Sherson J F, et al. Single-spin addressing in an atomic Mott insulator. Nature, 2011, 471(7338): 319.

[39] Ott H. Single atom detection in ultracold quantum gases: A review of current progress. Rep. Prog. Phys., 2016, 79(5): 054401.

[40] Kuhr S. Quantum-gas microscopes: A new tool for cold-atom quantum simulators. Natl. Sci. Rev, 2016, 3(2): 170.

[41] Bakr W S, Peng A, Tai M E, et al. Probing the superfluid-to-mott insulator transition at the single-atom level. Science, 2010, 329: 547.

[42] Haller E, Hart R, Mark M J, et al, Pinning quantum phase transition for a Luttinger liquid of strongly interacting bosons. Nature (London), 2010, 466: 597.

[43] Struck J, Ölschläger C, Le Targat R, et al. Quantum simulation of frustrated classical magnetism in triangular optical lattices. Science, 2011, 333(6045): 996.

[44] Krinner S, Esslinger T, Brantut J P. Two-terminal transport measurements with cold atoms. Journal of Physics: Condensed Matter, 2017, 29(34): 343003.

[45] Browaeys A, Lahaye T. Many-body physics with individually controlled rydberg atoms. Nature Physics, 2020, 16(2): 132.

[46] Merloti K. Condensat de Bose –Einstein dans un piège habillé: modes collectifs d'un superfluide en dimension deux. Ph.D. thesis, Université Paris 13, 2013.

[47] Mattias G. A quantum gas with tunable interactions in an optical lattice. Ph.D. thesis. University of Innsbruck, 2008.

[48] Greiner M, Bloch I, Hänsch T, et al. Magnetic transport of trapped cold atoms over a large distance. Phys. Rev. A, 2001, 63: 031401.

[49] Benali D. Conception et construction d'une expérience d'atomes froids: Vers un condensat de sodium sur puce. Ph.D. thesis, Université Paris 13, 2016.

[50] Yang B. Experimental study on spin entanglement with ultracold atoms in optical lattices, Ph.D. thesis. University of Science and Technology of China, 2015.

[51] Aoki T, Kato T, Tanami Y, et al. δ-kick cooling using the ioffe-pritchard potential. Physical Review A, 2006, 73(6): 063603.

[52] Wang L, Zhang P, Chen X Z, et al. Generating a picokelvin ultracold atomic ensemble in microgravity. Journal of Physics B: Atomic, Molecular and Optical Physics, 2013, 46(19): 195302.

[53] Yao H, Luan T, Li C, et al. Comparison of different techniques in optical trap for generating picokelvin 3d atom cloud in microgravity. Optics Communications, 2016, 359: 123.

[54] Dalfovo F, Giorgini S, Pitaevskii L P, et al. Theory of Bose-Einstein condensation in trapped gases. Rev. Mod. Phys., 1999, 71(3): 463.

[55] Pethick C, Smith H. Bose-Einstein Condensation in Dilute Gases. Cambridge: Cambridge University Press, 2008.

[56] Stringari S. Collective excitations of a trapped Bose-condensed gas. Phys. Rev. Lett., 1996, 77(12): 2360.

[57] Walraven J. Quantum gases (2017), lecture notes, course given at the university of Amsterdam. https://staff.fnwi.uva.nl/j.t.m.walraven/walraven/Publications_files/2017-Les- Houches.pdf.

[58] Desbuquois R, Chomaz L, Yefsah T, et al. Superfluid behaviour of a two-dimensional Bose gas. Nature Physics, 2012, 8: 645.

[59] Chodos A. This month in physics history–january 1938: Discovery of superfluidity. APS News, 2006, 15: 1. https://www.aps.org/publications/apsnews/200601/history.cfm.

[60] Jaksch D, Bruder C, Cirac J I, et al. Cold bosonic atoms in optical lattices. Phys. Rev. Lett., 1998, 81(15): 3108.

[61] Greiner M, Mandel O, Esslinger T, et al. Quantum phase transition from a superfluid to a Mott insulator in a gas of ultracold atoms. Nature (London), 2002, 415(6867): 39.

[62] DeMarco B, Jin D S. Onset of fermi degeneracy in a trapped atomic gas. Science, 1999, 285(5434): 1703.

[63] Köhl M, Moritz H, Stöferle T, et al. Fermionic atoms in a three dimensional optical lattice: Observing fermi surfaces, dynamics, and interactions. Physical Review Letters, 2005, 94(8): 080403.

[64] Schneider U, Hackermüller L, Will S, et al. Metallic and insulating phases of repulsively interacting fermions in a 3d optical lattice. Science, 2008, 322(5907): 1520.

[65] Jördens R, Strohmaier N, Günter K, et al. A mott insulator of fermionic atoms in an optical lattice. Nature, 2008, 455(7210): 204.

[66] Husmann D, Uchino S, Krinner S, et al. Connecting strongly correlated superfluids by a quantum point contact. Science, 2015, 350(6267): 1498.

[67] Corman L, Fabritius P, Häusler S, et al. Quantized conductance through a dissipative atomic point contact. Physical Review A, 2019, 100(5): 053605.

[68] Greif D, Jotzu G, Messer M, et al. Formation and dynamics of antiferromagnetic correlations in tunable optical lattices. Physical Review Letters, 2015, 115(26): 260401.

[69] Boll M, Hilker T A, Salomon G, et al. Spin-and density-resolved microscopy of antiferromagnetic correlations in fermi-hubbard chains. Science, 2016, 353(6305): 1257.

[70] Koepsell J, Vijayan J, Sompet P, et al. Imaging magnetic polarons in the doped fermi–hubbard model. Nature, 2019, 572(7769): 358.

[71] Bouchoule I, van Druten N J, Westbrook C I. Atom chips and one-dimensional Bose gases. Atom Chips，2011: 331-363.

[72] Lieb E H, Liniger W. Exact analysis of an interacting Bose gas. I. The general solution and the ground state. Phys. Rev., 1963, 130: 1605.

[73] Lieb E H. Exact analysis of an interacting Bose gas. II. The excitation spectrum. Phys. Rev., 1963, 130: 1616.

[74] Gurarie V. One-dimensional gas of bosons with Feshbach-resonant interactions. Phys. Rev. A, 2006, 73(3): 033612.

[75] Fabbri N, Panfil M, Clément D, et al. Dynamical structure factor of one-dimensional Bose gases: Experimental signatures of beyond-Luttinger-liquid physics. Phys. Rev. A, 2015, 91: 043617.

[76] Olshanii M. Atomic scattering in the presence of an external confinement and a gas of impenetrable bosons. Phys. Rev. Lett., 1998, 81(5): 938.

[77] Flambaum V, Gribakin G, Harabati C. Analytical calculation of cold-atom scattering. Phys. Rev. A, 1999, 59(3): 1998.

[78] Dettmer S, Hellweg D, Ryytty P, et al. Observation of phase fluctuations in elongated Bose-Einstein condensates. Phys. Rev. Lett., 2001, 87: 160406.

[79] Gerbier F, Thywissen J H, Richard S, et al. Momentum distribution and correlation function of quasicondensates in elongated traps. Phys. Rev. A, 2003, 67: 051602.

[80] Estève J, Trebbia J B, Schumm T, et al. Observations of density fluctuations in an elongated Bose gas: Ideal gas and quasicondensate regimes. Phys. Rev. Lett., 2006, 96: 130403.

[81] Decamp J, Albert M, Vignolo P. Tan's contact in a cigar-shaped dilute bose gas. Phys. Rev. A, 2018, 97(3): 033611.

[82] Nagamiya T. Statistical mechanics of one-dimensional substances i. Proceedings of the Physico-Mathematical Society of Japan. 3rd Series, 1940, 22(8-9): 705.

[83] Girardeau M. Relationship between systems of impenetrable bosons and fermions in one dimension. J. Math. Phys., 1960, 1: 516.

[84] Yang C N, Yang C P. Thermodynamics of a one-dimensional system of bosons with repulsive δ-function interaction. J. Math. Phys., 1969, 10: 1115.

[85] De Rosi G, Massignan P, Lewenstein M, et al. Beyond-Luttinger-liquid thermodynamics of a one-dimensional bose gas with repulsive contact interactions. Phys. Rev. R, 2019, 1(3): 033083.

[86] Petrov D S, Shlyapnikov G V, Walraven J T M. Regimes of quantum degeneracy in trapped 1D gases. Phys. Rev. Lett., 2000, 85: 3745.

[87] Gogolin A O, Nersesyan A A, Tsvelik A M. Bosonization and Strongly Correlated Systems. Cambridge University Press, 2004.

[88] Giamarchi T. Quantum Physics in One Dimension. Oxford: Carendon Press, 2004.

[89] Haldane F D M. Effective harmonic-fluid approach to low-energy properties of one-dimensional quantum fluids. Phys. Rev. Lett., 1981, 47: 1840.

[90] Cazalilla M A, Citro R, Giamarchi T, et al. One dimensional bosons: From condensed matter systems to ultracold gases. Rev. Mod. Phys., 2011, 83: 1405.

[91] Olshanii M, Dunjko V. Short-distance correlation properties of the Lieb-Liniger system and momentum distributions of trapped one-dimensional atomic gases. Phys. Rev. Lett., 2003, 91: 090401.

[92] Tan S. Large momentum part of fermions with large scattering length. Ann. Phys. (NY), 2008, 323: 2971.

[93] Tan S. Generalized virial theorem and pressure relation for a strongly correlated Fermi gas. Ann. Phys. (NY), 2008, 323: 2987.

[94] Tan S. Energetics of a strongly correlated Fermi gas. Ann. Phys. (NY), 2008, 323: 2952.

[95] Fabbri N, Clément D, Fallani L, et al. Momentum-resolved study of an array of 1d strongly phase-fluctuating bose gases. arXiv:1009.3480, 2010.

[96] Batrouni G G, Scalettar R T, Zimanyi G T. Quantum critical phenomena in one-dimensional Bose systems. Phys. Rev. Lett., 1990, 65: 1765.

[97] Kashurnikov V A, Krasavin A V, Svistunov B V. Mott-insulator-superfluid-liquid transition in a one-dimensional bosonic hubbard model: Quantum monte carlo method. JETP Lett., 1996, 64(2): 99.

[98] Kühner T D, Monien H. Phases of the one-dimensional Bose-Hubbard model. Phys. Rev. B, 1998, 58: R14741.

[99] Kühner T D, White S R, Monien H. One-dimensional Bose-Hubbard model with nearest-neighbor interaction. Phys. Rev. B, 2000, 61: 12474.

[100] Elstner N, Monien H. Dynamics and thermodynamics of the bose-hubbard model. Phys. Rev. B, 1999, 59(19): 12184.

[101] Despres J, Villa L, Sanchez-Palencia L. Twofold correlation spreading in a strongly correlated lattice Bose gas. Sci. Rep., 2019, 9: 4135.

[102] Schulz H J. Critical behavior of commensurate-incommensurate phase transitions in two dimensions. Phys. Rev. B, 1980, 22: 5274.

[103] Giamarchi T. Resistivity of a one-dimensional interacting quantum fluid. Phys. Rev. B, 1992, 46: 342.

[104] Kolomeisky E B. Universal jumps of conductance at the metal-insulator transition in one dimension. Phys. Rev. B, 1993, 47: 6193.

[105] Büchler H P, Blatter G, Zwerger W. Commensurate-incommensurate transition of cold atoms in an optical lattice. Phys. Rev. Lett., 2003, 90(13): 130401.

[106] Boéris G, Gori L, Hoogerland M D, et al. Mott transition for strongly interacting one-dimensional bosons in a shallow periodic potential. Phys. Rev. A, 2016, 93: 011601(R).

[107] Boninsegni M, Prokof'ev N, Svistunov B. Worm algorithm for continuous-space path integral Monte Carlo simulations. Phys. Rev. Lett., 2006, 96: 070601.

[108] Boninsegni M, Prokof'ev N V, Svistunov B V. Worm algorithm and diagrammatic Monte Carlo: A new approach to continuous-space path integral Monte Carlo simulations. Phys. Rev. E, 2006, 74: 036701.

[109] Evers F, Mirlin A D. Anderson transitions. Rev. Mod. Phys., 2008, 80: 1355.

[110] Diener R B, Georgakis G A, Zhong J, et al. Transition between extended and localized states in a one-dimensional incommensurate optical lattice. Phys. Rev. A, 2001, 64(3): 033416.

[111] Abrahams E, Anderson P W, Licciardello D C, et al. Scaling theory of localization: Absence of quantum diffusion in two dimensions. Phys. Rev. Lett., 1979, 42: 673.

[112] Aubry S, André G. Analyticity breaking and Anderson localization in incommensurate lattices. Ann. Israel Phys. Soc., 1980, 3: 133.

[113] Damski B, Zakrzewski J, Santos L, et al. Atomic Bose and Anderson glasses in optical lattices. Phys. Rev. Lett., 2003, 91: 080403.

[114] Biddle J, Das Sarma S. Predicted mobility edges in one-dimensional incommensurate optical lattices: An exactly solvable model of Anderson localization. Phys. Rev. Lett., 2010, 104: 070601.

[115] Hofstadter D R. Energy levels and wave functions of Bloch electrons in rational and irrational magnetic fields. Phys. Rev. B, 1976, 14: 2239.

[116] Tang C, Kohmoto M. Global scaling properties of the spectrum for a quasiperiodic Schrödinger equation. Phys. Rev. B, 1986, 34: 2041.

[117] Kohmoto M, Sutherland B, Tang C. Critical wave functions and a Cantor-set spectrum of a one-dimensional quasicrystal model. Phys. Rev. B, 1987, 35: 1020.

[118] Simon B. Almost periodic schrödinger operators: A review. Advances in Applied Mathematics, 1982, 3(4): 463.

[119] Avila A, Jitomirskaya S. The ten martini problem. Annals of Mathematics, 2009: 303-342.

[120] Yao H, Khoudli H, Bresque L, et al. Critical behavior and fractality in shallow one-dimensional quasiperiodic potentials. Phys. Rev. Lett., 2019, 123: 070405.

[121] Giamarchi T, Schulz H J. Localization and interactions in one-dimensional quantum fluids. Europhys. Lett., 1987, 3: 1287.

[122] Giamarchi T, Schulz H J. Anderson localization and interactions in one-dimensional metals. Phys. Rev. B, 1988, 37(1): 325.

[123] Fisher M P A, Weichman P B, Grinstein G, et al. Boson localization and the superfluid-insulator transition. Phys. Rev. B, 1989, 40(1): 546.

[124] Fallani L, Lye J E, Guarrera V, et al. Ultracold atoms in a disordered crystal of light: Towards a Bose glass. Phys. Rev. Lett., 2007, 98: 130404.

[125] Roux G, Barthel T, McCulloch I P, et al. Quasiperiodic Bose-hubbard model and localization in one-dimensional cold atomic gases. Phys. Rev. A, 2008, 78(2): 023628.

[126] D'Errico C, Lucioni E, Tanzi L, et al. Observation of a disordered bosonic insulator from weak to strong interactions. Phys. Rev. Lett., 2014, 113: 095301.

[127] Stöferle T, Moritz H, Schori C, et al. Transition from a strongly interacting 1d superfluid to a mott insulator. Physical review letters, 2004, 92(13): 130403.

[128] Kollath C, Iucci A, Giamarchi T, et al. Spectroscopy of ultracold atoms by periodic lattice modulations. Phys. Rev. Lett., 2006, 97(5): 050402.

[129] Orso G, Iucci A, Cazalilla M, et al. Lattice modulation spectroscopy of strongly interacting bosons in disordered and quasiperiodic optical lattices. Phys. Rev. A, 2009, 80(3): 033625.

[130] Gori L, Barthel T, Kumar A, et al. Finite-temperature effects on interacting bosonic one-dimensional systems in disordered lattices. Phys. Rev. A, 2016, 93: 033650.

[131] Yao H, Giamarchi T, Sanchez-Palencia L. Lieb-Liniger bosons in a shallow quasiperiodic potential: Bose glass phase and fractal Mott lobes. arXiv:2002.06559, 2020.

[132] Meinert F, Panfil M, Mark M J, et al. Probing the excitations of a Lieb-Liniger gas from weak to strong coupling. Phys. Rev. Lett., 2015, 115: 085301.

[133] Meinert F, Knap M, Kirilov E, et al. Bloch oscillations in the absence of a lattice. Science, 2017, 356(6341): 945.

[134] Yan Z Z, Ni Y, Robens C. et al. Bose polarons near quantum criticality. arXiv: 1904. 02685, 2019.

[135] Perrin H, Garraway B M. Trapping atoms with radio frequency adiabatic potentials. http://www.sciencedirect.com/science/article/pii/S1049250X17300137.

[136] Bollmark G, Laflorencie N, Kantian A. Dimensional crossover and phase transitions in coupled chains: Density matrix renormalization group results. Physical Review B, 2020, 102(19): 195145.

[137] Cazalilla M, Ho A, Giamarchi T. Interacting bose gases in quasi-one-dimensional optical lattices. New Journal of Physics, 2006, 8(8): 158.

[138] Mancini M, Pagano G, Cappellini G, et al. Observation of chiral edge states with neutral fermions in synthetic hall ribbons. Science, 2015, 349(6255): 1510.

[139] Genkina D, Aycock L M, Lu H I, et al. Imaging topology of hofstadter ribbons. New Journal of Physics, 2019, 21(5): 053021.

[140] Hofferberth S, Lesanovsky I, Fischer B, et al. Non-equilibrium coherence dynamics in one-dimensional bose gases. Nature, 2007, 449(7160): 324.

[141] Burkov A, Lukin M D, Demler E. Decoherence dynamics in low-dimensional cold atom interferometers. Physical Review Letters, 2007, 98(20): 200404.

[142] Crépin F, Laflorencie N, Roux G, et al. Phase diagram of hard-core bosons on clean and disordered two-leg ladders: Mott insulator–luttinger liquid–bose glass. Physical Review B, 2011, 84(5): 054517.

[143] Atala M, Aidelsburger M, Lohse M, et al. Observation of chiral currents with ultracold atoms in bosonic ladders. Nature Physics, 2014, 10(8): 588.

[144] Orignac E, Giamarchi T. Meissner effect in a bosonic ladder. Physical Review B, 2001, 64(14): 144515.

[145] Kamar N A, Kantian A, Giamarchi T. Dynamics of a mobile impurity in a two-leg bosonic ladder. Physical Review A, 2019, 100(2): 023614.

[146] Petrov D S, Holzmann M, Shlyapnikov G V. Bose-Einstein condensation in quasi-2d trapped gases. Phys. Rev. Lett., 2000, 84(12): 2551.

[147] Petrov D, Shlyapnikov G. Interatomic collisions in a tightly confined Bose gas. Phys. Rev. A, 2001, 64: 012706.

[148] Pricoupenko L, Olshanii M. Stability of two-dimensional Bose gases in the resonant regime. J. Phys. B: At. Mol. Opt. Phys., 2007, 40: 2065.

[149] Hadzibabic Z, Krüger P, Cheneau M, et al. Berezinskii-Kosterlitz-Thouless crossover in a trapped atomic gas. Nature (London), 2006, 441(7097): 1118.

[150] De Rossi C, Dubessy R, Merloti K, et al. Probing superfluidity in a quasi two-dimensional bose gas through its local dynamics. New J. Phys., 2016, 18(6): 062001.

[151] Sbroscia M, Viebahn K, Carter E, et al. Observing localisation in a 2D quasicrystalline optical lattice. arXiv:2001.10912, 2020.

[152] Ha L C, Hung C L, Zhang X, et al. Strongly interacting two-dimensional bose gases. Phys. Rev. Lett., 2013, 110(14): 145302.

[153] Schick M. Two-dimensional system of hard-core bosons. Phys. Rev. A, 1971, 3(3): 1067.

[154] Mora C, Castin Y. Extension of bogoliubov theory to quasicondensates. Phys. Rev. A, 2003, 67(5): 053615.

[155] Hadzibabic Z, Dalibard J. Two-dimensional Bose fluids: An atomic physics perspective. Rivista del Nuovo Cimento, 2011, 34: 389.

[156] Carleo G, Boéris G, Holzmann M, et al. Universal superfluid transition and transport properties of two-dimensional dirty bosons. Phys. Rev. Lett., 2013, 111: 050406.

[157] Berezinskii V L. Destruction of long range order in one-dimensional and two-dimensional systems having a continuous symmetry group. 1. classical systems. Sov. Phys. JETP, 1971, 32: 493.

[158] Kosterlitz J M, Thouless D J. Ordering, metastability and phase transitions in two-dimensional systems. J. Phys. C: Solid State Phys., 1973, 6(7): 1181.

[159] Boettcher I, Holzmann M. Quasi-long-range order in trapped two-dimensional bose gases. Phys. Rev. A, 2016, 94: 011602.

[160] Harte T L, Bentine E, Luksch K, et al. Ultracold atoms in multiple radio-frequency dressed adiabatic potentials. Phys. Rev. A, 2018, 97: 013616.

[161] Merloti K, Dubessy R, Longchambon L, et al. A two-dimensional quantum gas in a magnetic trap. New Journal of Physics, 2013, 15(3): 033007.

[162] Dubessy R, De Rossi C, Badr T, et al. Imaging the collective excitations of an ultracold gas using statistical correlations. New Journal of Physics, 2014, 16(12): 122001.

[163] Rossi C D, Dubessy R, Merloti K, et al. Probing superfluidity in a quasi two-dimensional Bose gas through its local dynamics. New Journal of Physics, 2016, 18(6): 062001.

[164] Guo Y, Dubessy R, de Herve M D G, et al. Supersonic rotation of a superfluid: A long-lived dynamical ring. Phys. Rev. Lett., 2020, 124(2): 025301.

[165] Sunami S, Singh V P, Garrick D, et al. Observation of the berezinskii-kosterlitz-thouless transition in a two-dimensional bose gas via matter-wave interferometry. Phys. Rev. Lett., 2022, 128: 250402.

[166] Elliott E, Krutzik M, Williams J, et al. Nasa's cold atom lab (cal): system development and ground test status. Npj Microgravity, 2019, 4(1): 1-7.

[167] Lundblad N, Carollo R A, Lannert C, et al. Shell potentials for microgravity bose-einstein condensates. Npj Microgravity, 2019, 5: 010402.

[168] Tononi A, Salasnich L. Bose-Einstein condensation on the surface of a sphere. Phys. Rev. Lett., 2019, 123: 160403.

[169] Tononi A, Cinti F, Salasnich L. Quantum bubbles in microgravity. Phys. Rev. Lett., 2020, 125: 010402.

[170] Padavić K, Sun K, Lannert C, et al. Vortex-antivortex physics in shell-shaped bose-einstein condensates. Phys. Rev. A, 2020, 102: 043305.

[171] Gupta S, Murch K W, Moore K L, et al. Stamper-Kurn, Bose-Einstein condensation in a circular waveguide. Phys. Rev. Lett., 2005, 95: 143201.

[172] Arnold A S, Garvie C S, Riis E. Large magnetic storage ring for Bose-Einstein condensates. Phys. Rev. A, 2006, 73: 041606.

[173] Moulder S, Beattie S, Smith R P, et al. Quantized supercurrent decay in an annular Bose-Einstein condensate. Phys. Rev. A, 2012, 86: 013629.

[174] Murray N, Krygier M, Edwards M, et al. Probing the circulation of ring-shaped Bose–Einstein condensates. Phys. Rev. A, 2013, 88: 053615.

[175] Ryu C, Blackburn P W, Blinova A A, et al. Experimental realization of Josephson junctions for an atom SQUID. Phys. Rev. Lett., 2013, 111: 205301.

[176] Jendrzejewski F, Eckel S, Murray N, et al. Resistive flow in a weakly interacting Bose-Einstein condensate. Phys. Rev. Lett., 2014, 113: 045305.

[177] Onsager L. Statistical hydrodynamics. Il Nuovo Cimento Series 9, 1949, 6(2): 279.

[178] Feynman R. Chapter II application of quantum mechanics to liquid helium. http://www.sciencedirect.com/science/article/pii/S0079641708600773.

[179] Madison K W, Chevy F, Wohlleben W, et al. Vortex formation in a stirred Bose-Einstein condensate. Phys. Rev. Lett., 2000, 84: 806.

[180] Abo-Shaeer J R, Raman C, Vogels J M, et al. Observation of vortex lattices in Bose-Einstein condensates. Science, 2001, 292: 476.

[181] Schweikhard V, Coddington I, Engels P, et al. Rapidly rotating Bose-Einstein condensates in and near the lowest Landau level. Phys. Rev. Lett., 2004, 92(4): 040404.

[182] Ho T L. Bose-einstein condensates with large number of vortices. Phys. Rev. Lett., 2001, 87: 060403.

[183] Baym G. Vortex lattices in rapidly rotating bose-einstein condensates: Modes and correlation functions. Phys. Rev. A, 2004, 69: 043618.

[184] Cooper N R. Rapidly rotating atomic gases. Advances in Physics, 2008, 57(6): 539.

[185] Dalibard J. Le magnétisme artificiel pour les gaz d'atomes froids, course Atomes et rayonnement. Collège de France Lecture Note, year 2013-2014.

[186] Fetter A L, Jackson B, Stringari S. Rapid rotation of a bose-einstein condensate in a harmonic plus quartic trap. Phys. Rev. A, 2005, 71: 013605.

[187] Bretin V, Stock S, Seurin Y, et al. Fast rotation of a Bose-Einstein condensate. Phys. Rev. Lett., 2004, 92(5): 050403.

[188] Kavoulakis G M, Baym G. Rapidly rotating bose-einstein condensates in anharmonic potentials. New Journal of Physics, 2003, 5(1): 51.

[189] Minogin V G, Richmond J A, Opat G I. Time-orbiting-potential quadrupole magnetic trap for cold atoms. Phys. Rev. A, 1998, 58: 3138.

[190] Engels P, Coddington I, Haljan P C, et al. Observation of long-lived vortex aggregates in rapidly rotating bose-einstein condensates. Phys. Rev. Lett., 2003, 90: 170405.

[191] Fetter A L. Rotating trapped bose-einstein condensates. Laser Physics, 2008, 18: 023637.

[192] Garraway B M, Perrin H. Recent developments in trapping and manipulation of atoms with adiabatic potentials. Journal of Physics B: Atomic, Molecular and Optical Physics, 2016, 49(17): 172001.

[193] Ryu C, Andersen M F, Cladé P, et al. Observation of persistent flow of a Bose-Einstein condensate in a toroidal trap. Phys. Rev. Lett., 2007, 99: 260401.

[194] Wright K C, Blakestad R B, Lobb C J, et al. Driving phase slips in a superfluid atom circuit with a rotating weak link. Phys. Rev. Lett., 2013, 110: 025302.

[195] de Goër de Herve M, Guo Y, Rossi C D, et al. A versatile ring trap for quantum gases. Journal of Physics B: Atomic, Molecular and Optical Physics, 2021, 54(12): 125302.

[196] Sherlock B E, Gildemeister M, Owen E, et al. Time-averaged adiabatic ring potential for ultracold atoms. Phys. Rev. A, 2011, 83: 043408.

[197] Lesanovsky I, von Klitzing W. Time-averaged adiabatic potentials: Versatile matter-wave guides and atom traps. Phys. Rev. Lett., 2007, 99(8): 083001.

[198] Kumar A, Dubessy R, Badr T, et al. Producing superfluid circulation states using phase imprinting. Phys. Rev. A, 2018, 97: 043615.

[199] Brand J, Reinhardt W P. Generating ring currents, solitons and svortices by stirring a bose-einstein condensate in a toroidal trap. Journal of Physics B: Atomic, Molecular and Optical Physics, 2001, 34(4): L113.

[200] Piazza F, Collins L A, Smerzi A. Vortex-induced phase-slip dissipation in a toroidal Bose-Einstein condensate flowing through a barrier. Phys. Rev. A, 2009, 80: 021601.

[201] Cominotti M, Rossini D, Rizzi M, et al. Optimal persistent currents for interacting bosons on a ring with a gauge field. Phys. Rev. Lett., 2014, 113: 025301.

[202] Eckel S, Lee J G, Jendrzejewski F, et al. Hysteresis in a quantized superfluid 'atom-tronic' circuit. Nature, 2014, 506(7487): 200.

[203] Anderson P W. More is different. Science, 1972, 177(4047): 393.

[204] Tsui D C, Stormer H L, Gossard A C. Two-dimensional magnetotransport in the extreme quantum limit. Phys. Rev. Lett., 1982, 48: 1559.

[205] Thouless D J, Kohmoto M, Nightingale M P, et al. Quantized hall conductance in a two-dimensional periodic potential. Phys. Rev. Lett., 1982, 49: 405.

[206] Simon B. Holonomy, the quantum adiabatic theorem, and berry's phase. Phys. Rev. Lett., 1983, 51: 2167.

[207] Laughlin R B. Anomalous quantum hall effect: An incompressible quantum fluid with fractionally charged excitations. Phys. Rev. Lett., 1983, 50: 1395.

[208] von Klitzing K, Chakraborty T, Kim P, et al. 40 years of the quantum hall effect. Nature Reviews Physics, 2020, 2(8): 397.

[209] Wen X G. Colloquium: Zoo of quantum-topological phases of matter. Rev. Mod. Phys., 2017, 89: 041004.

[210] Bednorz J G, Müller K A. Possible high T_c superconductivity in the Ba-La-Cu-O system. Zeitschrift für Physik B Condensed Matter, 1986, 64(2): 189.

[211] Wen X G. Vacuum degeneracy of chiral spin states in compactified space. Phys. Rev. B, 1989, 40: 7387.

[212] Wen X G, Niu Q. Ground-state degeneracy of the fractional quantum hall states in the presence of a random potential and on high-genus riemann surfaces. Phys. Rev. B, 1990, 41: 9377.

[213] Kitaev A Y. Fault-tolerant quantum computation by anyons. Annals of Physics, 2003, 303(1): 2.

[214] Nayak C, Simon S H, Stern A, et al. Non-abelian anyons and topological quantum computation. Rev. Mod. Phys., 2008, 80: 1083.

[215] Feynman R P. Simulating physics with computers. International Journal of Theoretical Physics, 1982, 21(6): 467.

[216] Dalibard J, Gerbier F, Juzeliūnas G, et al. Colloquium: Artificial gauge potentials for neutral atoms. Rev. Mod. Phys., 2011, 83: 1523.

[217] Goldman N, Juzeliūnas G, Öhberg P, et al. Light-induced gauge fields for ultracold atoms. Rep. Prog. Phys., 2014, 77(12): 126401.

[218] Aidelsburger M, Nascimbene S, Goldman N. Artificial gauge fields in materials and engineered systems. Comptes Rendus Physique, 2018, 19(6): 394.

[219] Zhang D W, Zhu Y Q, Zhao Y X, et al. Topological quantum matter with cold atoms. Advances in Physics, 2018, 67(4): 253.

[220] Cooper N R, Dalibard J, Spielman I B. Topological bands for ultracold atoms. Rev. Mod. Phys., 2019, 91: 015005.

[221] Zhai H. Degenerate quantum gases with spin–orbit coupling: a review. Rep. Prog. Phys., 2015, 78(2): 026001.

[222] Zhang W, Yi W, Melo C A R S. Synthetic Spin-Orbit Coupling in Cold Atoms. Singapore. World Scientific, 2018.

[223] Eckardt A. Colloquium: Atomic quantum gases in periodically driven optical lattices. Rev. Mod. Phys., 2017, 89(1): 011004.

[224] Anandan J. The geometric phase. Nature, 1992, 360(6402): 307.

[225] Resta R. The insulating state of matter: A geometrical theory. The European Physical Journal B, 2011, 79(2): 121.

[226] Xiao D, Chang M C, Niu Q. Berry phase effects on electronic properties. Rev. Mod. Phys., 2010, 82: 1959.

[227] Berry M V. Quantal phase factors accompanying adiabatic changes. Proceedings of the Royal Society of London. A. Mathematical and Physical Sciences, 1984, 392(1802): 45.

[228] Batelaan H, Tonomura A. The Aharonov–Bohm effects: Variations on a subtle theme. Phys. Today, 2009, 62(9): 38.

[229] Ehrenberg W, Siday R E. The refractive index in electron optics and the principles of dynamics. Proceedings of the Physical Society. Section B, 1949, 62(1): 8.

[230] Aharonov Y, Bohm D. Further considerations on electromagnetic potentials in the quantum theory. Phys. Rev., 1961, 123: 1511.

[231] Tonomura A, Osakabe N, Matsuda T, et al. Evidence for aharonov-bohm effect with magnetic field completely shielded from electron wave. Phys. Rev. Lett., 1986, 56: 792.

[232] Sakurai J J, Napolitano J. Modern Quantum Mechanics. 3rd ed. Cambridge: Cambridge University Press, 2020.

[233] Zak J. Berry's phase for energy bands in solids. Phys. Rev. Lett., 1989, 62: 2747.

[234] Carbone D, Rondoni L. Necessary and sufficient conditions for time reversal symmetry in presence of magnetic fields. Symmetry, 2020, 12(8): 1336.

[235] Harper P G. Single band motion of conduction electrons in a uniform magnetic field. Proceedings of the Physical Society. Section A, 1955, 68(10): 874.

[236] Hofstadter D R. Energy levels and wave functions of bloch electrons in rational and irrational magnetic fields. Phys. Rev. B, 1976, 14: 2239.

[237] Bernevig B A, Hughes T L. Topological Insulators and Topological Superconductors. Princeton and Oxford: Princeton University Press, 2013.

[238] Aidelsburger M. Artificial gauge fields with ultracold atoms in optical lattices. PhD dissertation of Ludwig-Maximilians-Universität München, Germany, 2016.

[239] MacDonald A H. Landau-level subband structure of electrons on a square lattice. Phys. Rev. B, 1983, 28: 6713.

[240] Fukui T, Hatsugai Y, Suzuki H. Chern numbers in discretized brillouin zone: Efficient method of computing (spin) hall conductances. Journal of the Physical Society of Japan, 2005, 74(6): 1674.

[241] Eckardt A, Anisimovas E. High-frequency approximation for periodically driven quantum systems from a floquet-space perspective. New Journal of Physics, 2015, 17(9): 093039.

[242] Aidelsburger M, Atala M, Lohse M, et al. Realization of the hofstadter hamiltonian with ultracold atoms in optical lattices. Phys. Rev. Lett., 2013, 111: 185301.

[243] Miyake H, Siviloglou G A, Kennedy C J, et al. Realizing the harper hamiltonian with laser-assisted tunneling in optical lattices. Phys. Rev. Lett., 2013, 111: 185302.

[244] Jaksch D, Zoller P. Creation of effective magnetic fields in optical lattices: The hofstadter butterfly for cold neutral atoms. New J. Phys., 2003, 5(1): 56.

[245] Mueller E J. Artificial electromagnetism for neutral atoms: Escher staircase and laughlin liquids. Phys. Rev. A, 2004, 70: 041603.

[246] Osterloh K, Baig M, Santos L, et al. Cold atoms in non-abelian gauge potentials: From the hofstadter "moth" to lattice gauge theory. Phys. Rev. Lett., 2005, 95: 010403.

[247] Gerbier F, Dalibard J. Gauge fields for ultracold atoms in optical superlattices. New J. Phys., 2010, 12(3): 033007.

[248] Kolovsky A R. Creating artificial magnetic fields for cold atoms by photon-assisted tunneling. Europhys. Lett., 2011, 93(2): 20003.

[249] Creffield C E, Sols F. Comment on "creating artificial magnetic fields for cold atoms by photon-assisted tunneling" by kolovsky A. R. Europhysics Letters, 2013, 101(4): 40001.

[250] Bermudez A, Schaetz T, Porras D. Synthetic gauge fields for vibrational excitations of trapped ions. Phys. Rev. Lett., 2011, 107: 150501.

[251] Aidelsburger M, Atala M, Nascimbène S, et al. Experimental realization of strong effective magnetic fields in an optical lattice. Phys. Rev. Lett., 2011, 107: 255301.

[252] Atala M. Measuring topological invariants and chiral meissner currents with ultracold bosonic atoms. 2014, http://nbn-resolving.de/urn:nbn:de:bvb:19-177350.

[253] Aidelsburger M, Lohse M, Schweizer C, et al. Measuring the chern number of hofstadter bands with ultracold bosonic atoms. Nat. Phys., 2015, 11(2): 162-166.

[254] Tai M E, Lukin A, Rispoli M, et al. Microscopy of the interacting harper-hofstadter model in the two-body limit. Nature, 2017, 546: 519.

[255] Ludlow A D, Boyd M M, Ye J, et al. Optical atomic clocks. Rev. Mod. Phys., 2015, 87: 637.

[256] Bothwell T, Kennedy C, Aeppli A E A. Resolving the gravitational redshift across a millimetre-scale atomic sample. Nature, 2022, 602: 420.

[257] Storey P, Cohen-Tannoudji C. The Feynman path integral approach to atomic interferometry. A tutorial. Journal de Physique II, 1994, 4(11): 1999-2027.

[258] Cladé P, de Mirandes E, Cadoret M, et al. Determination of the fine structure constant based on bloch oscillations of ultracold atoms in a vertical optical lattice. Phys. Rev. Lett., 2006, 96: 033001.

[259] Andia M, Jannin R, Nez F M C, et al. Compact atomic gravimeter based on a pulsed and accelerated optical lattice. Phys. Rev. A, 2013, 88: 031605.

[260] Asenbaum P, Overstreet C, Kim M, et al. Atom-interferometric test of the equivalence principle at the 10^{-12} level. Phys. Rev. Lett., 2020, 125: 191101.

[261] Aoyama T, Kinoshita T, Nio M. Revised and improved value of the QED tenth-order electron anomalous magnetic moment. Physical Review D, 2018, 097(3): 036001.

[262] Morel L, Yao Z, Cladé P, et al. Determination of the fine-structure constant with an accuracy of 81 parts per trillion. Nature, 2020, 588(7836): 61.

[263] Parker R H, Yu C, Zhong W, et al. Measurement of the fine-structure constant as a test of the Standard Model. Science, 2018, 360: 191.

[264] Dimopoulos S, Graham P W, Hogan J M, et al. Gravitational wave detection with atom interferometry. Physics Letters B, 2009, 678(1): 37.

[265] Saffman M, Walker T G, Mølmer K. Quantum information with rydberg atoms. Reviews of Modern Physics, 2010, 82(3): 2313.

[266] Wu X, Liang X, Tian Y, et al. A concise review of rydberg atom based quantum computation and quantum simulation. Chinese Physics B, 2021, 30(2): 020305.

[267] Ravets S. Development of tools for quantum engineering using individual atoms : optical nanofibers and controlled Rydberg interactions. Theses, Institut d'Optique Graduate School (Dec. 2014), https://pastel.archives-ouvertes.fr/tel-01132435.

[268] 陈丞. 超冷原子气体中里德堡相互作用实验研究. 清华大学博士学位论文, 2021.

[269] Lienhard V. Experimental quantum many-body physics with arrays of Rydberg atoms. PhD dissertation Institut d'Optique Graduate School, 2019. https://oqatomlcfio.files.wordpress.com/2020/08/these-vincent-lienhard.pdf.

[270] Fuhrmanek A, Bourgain R, Sortais Y R P, et al. Light-assisted collisions between a few cold atoms in a microscopic dipole trap. Phys. Rev. A, 2012, 85: 062708.

[271] Barredo D, Lienhard V, de Léséleuc S, et al. Synthetic three-dimensional atomic structures assembled atom by atom. Nature, 2018, 561: 79.

[272] Scholl P, SchulerM, Williams H J, et al. Quantum simulation of 2d antiferromagnets with hundreds of Rydberg atoms. Nature, 2021, 595: 233.

[273] Jaksch D, Cirac J I, Zoller P, et al. Fast quantum gates for neutral atoms. Physical Review Letters, 2000, 85(10): 2208.

[274] Nielsen M A, Chuang I. Quantum computation and quantum information. Cambridge: Cambridge University Press, 2010.

《21世纪理论物理及其交叉学科前沿丛书》

已出版书目

(按出版时间排序)